U0386043

广东省生态文明与低碳发展研究报告

GUANGDONG SHENG SHENGTAI WENMING YU DITAN FAZHAN YANJIU BAOGAO (2020)

（2020）

傅京燕　主编

·广州·

图书在版编目（CIP）数据

广东省生态文明与低碳发展研究报告 . 2020/傅京燕主编 . —广州：中山大学出版社，2021. 12

ISBN 978 -7 -306 -07359 -4

Ⅰ. ①广…　Ⅱ. ①傅…　Ⅲ. ①生态文明—研究报告—广东—2020 ②低碳经济—经济发展—研究报告—2020　Ⅳ. ①X321. 265 ②F127. 65

中国版本图书馆 CIP 数据核字（2021）第 249139 号

出 版 人：王天琪
策划编辑：李先萍
责任编辑：李先萍
封面设计：曾　斌
责任校对：袁双艳
责任技编：靳晓虹
出版发行：中山大学出版社
电　　话：编辑部 020 -84110283，84111996，84111997，84113349
　　　　　发行部 020 -84111998，84111981，84111160
地　　址：广州市新港西路 135 号
邮　　编：510275　　传　　真：020 -84036565
网　　址：http://www. zsup. com. cn　E-mail：zdcbs@ mail. sysu. edu. cn
印 刷 者：广东虎彩云印刷有限公司
规　　格：787mm ×1092mm　1/16　17. 375 印张　303 千字
版次印次：2021 年 12 月第 1 版　2021 年 12 月第 1 次印刷
定　　价：50. 00 元

本书的出版得到了广东省人文社科重点研究基地暨南大学资源环境与可持续发展研究所和国家社会科学基金项目（项目编号：19BJY079）的资助

前 言

一

2020年突发的新冠肺炎疫情使我们认识到可持续发展的重要性与迫切性。习近平总书记在2020年第七十五届联合国大会上郑重宣布，中国将力争于2030年前实现碳达峰、2060年前实现碳中和。这为中国经济高质量发展提供了方向指引，也是推进绿色低碳经济发展、形成绿色经济新动能的客观需要。在促进人与自然和谐共生、建设美丽城市的目标下，广东省生态文明建设充满机遇但也任重道远，在推动绿色经济复苏和新一轮经济高质量发展的过程中，更需要加快社会经济发展的全面绿色转型。

新冠肺炎疫情的暴发及其常态化防控表明，在能源依赖、稳定就业等方面，传统商业模式有一定的脆弱性。为了实现“绿色复苏”，社会大众一致认为，世界需要重建经济，重点是要通过一个“绿色复苏”框架来增强社会、环境和经济的可持续性，将其作为“绿色复苏”的一个组成部分。在后疫情时代，加快经济复苏是国家与地方的工作重心，恢复原有的“棕色”经济模式已不符合可持续发展的要求，而通过“绿色复苏”实现向可持续、低碳经济的全面转型才是可行之举。在疫后经济复苏的过程中，我们要把生态环境保护摆在与经济发展同等重要的位置，二者和谐互动、高效包容，才能最终实现人与自然关系的平衡，创造一个有韧性、可持续的现代经济体系。

虽然以市场为基础的可持续金融体系已逐渐被国际资本市场所

接受，但其在世界各地的有效实施需要纳入与全球发展目标相一致的各国发展规划。可持续性的制度创新将取决于国家规划和市场机制之间的互补伙伴关系。这种全球范围内的公私伙伴关系可以充分激发资源和资本的潜力，将其配置到新兴的可持续金融体系中。

在过去的20多年中，环境与资源经济学已从福利经济学中的一个相对模糊的应用领域成为经济学中的突出领域，主要表现为两点：其一，主流经济学期刊有关资源环境的文章的数量在持续增加；其二，环境经济学对公共政策的影响也在显著增加，特别是环境保护的市场化政策工具得到了更多地运用。因此，本书的编撰也力图体现学科发展的相关特点。

第一，推动理论性与政策性的融合。经济学是致用之学，因此选题需要考虑其前沿性和现实性。暨南大学资源环境与可持续发展研究所作为广东省人文社科重点研究基地，始终秉承理论结合实际的研究风格。本书选入的文章有的是直接的政策研究，有的虽然没有直接转化为政策研究成果，但也有可能为政府的政策制定提供理论参考。

第二，跨学科的合作研究。低碳发展与生态文明的研究，涉及多个学科，包括经济学、环境科学、生态学和工程学等。而且，在经济学里又涉及产业经济、能源经济、环境经济、国际经济和金融学等多个应用型经济的二级学科。本书从宏观政策、绿色产业和金融、能源经济等多个维度遴选文章，目的是使本书可以反映低碳发展与生态文明的多个切面，同时也可以展示不同学科研究的关注点和方法的差异，以及各自学科对生态问题的理解。

第三，区域性和国际性结合。从区域上看，作为改革开放的前沿阵地，广东一直是全国的焦点。广东先行先试的一系列探索实践和取得的成效也一直为各方关注，如何在绿色发展方面为中国智慧和中国方案提供广东范例，应该成为政策研究的侧重点。暨南大学资源环境与可持续发展研究所是一个开放和充满活力的机构，其国际性和跨学科性及立足广东本土的双重特点使其在成立不久就成为广东乃至华南地区最重要的环境经济学智库。从2017年在广州举办的《财富》全球论坛再到2021年年初举办的国际金融论坛，我们一直在努力寻找代表广州本土内容的、有本土特色但也有大湾区标准的科研角度，这也是一个非常有潜力的学术研究方向，相信未来会有更多可以延续的成果。在成果形成的阶段，大家的交流和学习研讨能为思想观点的聚集和发散提供途径和平台。

二

从时间上看，本书的大部分成果形成于2019年至今，超出了单个年度范围，编者想尽量体现研究的时效性。另外，在以往产业高质量发展、新旧动能替换等研究的基础上，本书增加了绿色生态和绿色金融、自然教育和环境科普的实践与模式等方面的内容。低碳和绿色发展的主体，除了企业和政府，还包括个人；除了工业等绿色生产的供给，还包括对绿色产品及美丽生态环境的需求，以满足人们对美好生活的向往。

1. 气候变化是一个全球性的问题，任何国家都不可能独善其身

自2021年6月以来，美国和加拿大西北部地区遭遇罕见热浪袭击。在“热浪苍穹”的烘烤下，多地气温接连打破历史最高纪录，甚至连加拿大的北极地区都发布了高温预警。气候变化导致全球极端天气频繁发生。北美地区是全球大豆、玉米、棉花、油菜籽、小麦等作物的重要产区，持续干旱对农作物生产造成很大的影响。我国作为农产品进口大国，北美地区是主要进口地之一，从而导致国内大豆、玉米、油菜籽等农产品的价格也因此受到显著的影响。

美国也一直是中国主要的农产品进口国之一，2020年，中国从美国进口的农产品总金额高达1627.4亿元，同比增长66.9%。中国从美国进口的主要是玉米、大豆，而高温、干旱正在严重影响美国这两大农作物的种植。据美国干旱减灾中心的数据显示，全美有近40%的地区经历干旱，其中西部约有88%的地区处于严重干旱状态，这些地方恰恰是玉米、大豆的主产区。恶劣的天气导致玉米价格大幅提升。目前，芝加哥交易所的玉米期货价格是2020年的2倍多，一度超过小麦价格，为近8年来首次。因此，个别小块区域的生态修复并不意味着大范围的气候改善，人类可能会面对一个更加不确定的未来，这就需要全球合作，共同为应对气候变化提供公共产品。

2. 疫情防控

2021年5—6月，广州再次暴发的新冠肺炎疫情，考验着城市在共治共享共建过程中的创建模式，也展现了广州在智慧城市建设中的应用实战成果。另外，疫情促使5G、人工智能、智慧城市等新技术、新业态、新平台蓬勃兴起，网上购物、在线教育、远程医疗等“非接触型经济”的发展全面提速，为社会经济发展提供了新路径。有鉴于此，我们要主动应变、化危为机，深化结构性改革，以科技创新和数字化变革催生新的发展动能。

作为国家新一代人工智能创新发展试验区，广州培育了一批人工智能的领军型企业。从2021年5月30日至今，科大讯飞推出的“智医助理电话机器人”已在广东完成了123万次呼叫。佳都科技采用“AI＋红外热成像”技术研发的快速智能测温仪可实现“无接触式”远距体温精准监测和人员身份识别，在广州近百所学校应用，也为2021年的高考保驾护航。广电运通旗下的广州像素数据技术股份有限公司为2021年的高考提供了基于人脸采集检测和识别技术的考生身份验证，以及基于先进视频分析技术的试卷保密和流转跟踪系统、智慧巡考系统等服务。广州通达汽车电气股份有限公司自主研发的全流程无接触核酸采样车，可实现对重点场所、重点人群的就近检测，采样时间全程不超过20秒，有效降低了病毒传播风险。

3. 广州绿色金融改革的深化

2017年6月23日，经国务院批准，中国人民银行等七部委联合发布了《广东省广州市建设绿色金融改革创新试验区总体方案》（简称《方案》）。《方案》指出，在广州市花都区率先开展绿色金融改革创新试点，这是广州市首个经国务院批准建设的金融专项试验区，也是华南地区唯一的绿色金融改革创新试验区。绿色金融改革创新试验区各有特色、各有亮点、各有侧重，其中，广州绿色金融改革创新试验区具有以下两个特色：其一，广州绿色金融改革创新试验区是经济体量最大的。广州市场经济体制比较成熟，改革的侧重点是探索和建立绿色金融改革与经济增长相互兼容的新型发展模式。其二，广州绿色金融改革创新试验区是唯一拥有碳交易试点的绿色金融改革创新试验区，在碳排放权交易与绿色金融协同发展方面有独特优势。

截至2021年第一季度，广州地区银行机构绿色贷款余额超4300亿元，同比增长39.58%，累计发行各类绿色债券739亿元。在创新产品和服务方面，各机构积极拓宽绿色金融融资工具，在公交、光伏、造纸、水利等领域落地多项全国首创的绿色金融成果，开发采用保险标的价格直接挂钩农产品期货价格的“保险+期货+信贷”金融产品模式。2021年2月，南方电网成为全国首批6个碳中和债的发行人之一；3月其又成功发行全国首个碳中和绿色资产证券化产品。同时，还开展了碳排放权、排污权、水权等环境权益的交易，搭建了绿色权益评估与投融资平台。2021年3月，广州作为首个中国城市，向联合国提交《活力 包容 开放 特大城市的绿色发展之路——联合国可持续发展目标广州地方自愿陈述报告》，向全球分享中国城市绿色发展经验。

广州绿色金融改革创新试验区区别于国内其他试验区的显著特点是其位于粤港澳大湾区，而绿色金融改革创新有助于大湾区实现体制机制创新的突破。大湾区城市具有差异化和多样性的制度背景、产业形态和发展模式，同时其经济体量大、绿色产业种类多。因此，需要考虑区域发展基础、发展差异和产业特色，探索将大湾区绿色金融标准互通并进行标准对接，助力大湾区国际服务贸易的对外开放；进一步优化和凸显绿色金融的作用，积极发挥绿色金融改革创新的功能，围绕碳达峰、碳中和目标，支持提升发展绿色金融改革创新试验区，探索大湾区绿色金融标准互通和绿色企业、绿色项目互认机制。

4. 产业与生态的关注

2021年7月7日，小鹏汽车上市仪式在香港联交所和广州小鹏汽车全球总部同时举行。智能电动汽车领域正全面融合，这会给全球交通领域带来更高效、更安全，并符合碳中和要求的全新出行和生活方式。小鹏汽车亦将以此次在港成功上市为契机，翻开公司快速发展的新篇章。小鹏汽车总裁顾宏地表示，作为第一家在香港上市的智能电动车公司，其增长轨迹为内地和香港的投资者提供了重要而独特的投资机会。

2021年7月，在深圳大鹏湾出现的国家一级保护动物布氏鲸（昵称“小布”）引起了社会各界的广泛关注，大鹏新区良好的生态、丰富的鱼群，让“小布”能安心地大口鲸吞“干饭”。大鹏新区通报了科研团队的初步分析结果，这是国内首次报告野外大型鲸类潜水及捕食等行为数据。

5. 特大城市如何因地制宜实现人与自然和谐共生

应对气候变化和实现城市可持续发展，意味着生产方式的变革，包括国土空间、产业、能源、金融和城市生态廊道和景观设计等方面的适应性改变。广州是连接香港和国际生态廊道的重要桥梁城市，是国际候鸟迁徙中途的重要栖息地。因此，粤港澳大湾区应加强绿色发展合作治理。同时，地方也需要深化“两山”理论，在生态修复的基础上体现生态产品的经济价值和健康价值，还可以通过扩大植树面积和提高森林质量，提升生态系统碳汇增量，进一步体现“绿水青山”向“金山银山”的价值转换。

环境就是民生，青山就是美丽，蓝天也是幸福。顺应自然、保护生态，我们才会有美好的未来。

6. 全国统一碳排放权交易市场的启动

2021年7月，全国统一碳排放权交易市场（简称“碳市场”）启动，中国将成为全球规模最大的碳市场。减排政策的实施通常具有不可逆性，相关政策实施以后，企业为达到减排任务所做出的投资通常较大，如购置更为先进的低碳装置或生产设备。而实际减排结果与均衡水平存在的偏差，会给企业和社会带来巨大的沉没成本。随着信息技术的不断发展，不确定性虽然能够通过各种方法加以控制，但是市场永远存在新的不确定性，不确定性是无法彻底消除的。所以，政府在选用减排政策工具时，目标设定不再是实现事前分析的确定结果，而是选用恰当的工具，以尽可能减少偏差带来的沉没成本，即实现一种次优水平。

环境经济学的奠基人、哈佛大学教授马丁·韦茨曼（Martin Weitzman）探讨了价格和数量工具之间的不对称性，并提出了一个定理，该定理确定了单位税收下的预期福利收益超过、等于或低于可销售许可证（配额）制度下的预期福利收益的条件。简而言之，该定理指出，大多数学者所追捧的价格手段并不总能如预期实现有效的成本节约，而政府的预期与实际往往会有差距，所以相对于成本最小化，政府更应该从最小化市场失灵情况下的损失的角度来选用政策。因此，我国碳市场需要考虑出台政策的阶段性，需要思考相应阶段我国应遵循的原则。例如，碳市场与前面所分析的环境变化、环境经济之间应该有什么样的关系？我们可以理解为，环境好坏与经济呈现正相关关系，而碳市场政策又应该与环境息息相关、紧密相连。因为大气环境污染物与温室气体具有高度同源性，但是各自的减排手段则有不同，这使得二者的协同治理效应存在不确定性。为此，建议系统深入研究我国目前绿色低碳转型的政策体系的协调性问题，精细化设计合理的政策体系，以真正做到地区、行业协同有序应对气候变化，实现减碳乃至碳中和。

碳排放权交易机制是指政府根据环境容量及稀缺性理论设定污染物排放总量，并通过配额的形式分配或出售给排放者，作为一定量特定排放物的排放权。当企业实际排放量较多时，超出部分可以在碳交易市场上花钱购买；而对于排放量较少的企业，结余部分就可以在市场上进行出售。但是，如何对这种碳排放量进行定价并且保证碳价的有效性和权威性就成了问题的关键，低碳转型涉及风险管理、预期引导、宏观政策、投资观念等金融体系的方方面面，这既是对低碳转型提供基础支撑的需要，也是金融体系自身高质量发展与风险防范的需要。

三

经济发展与环境质量的改进起源于一系列的制度创新与政府治

理能力。基于对此问题的关注，暨南大学资源环境与可持续发展研究所自2015年起已连续5年编著出版《广东省生态文明与低碳发展蓝皮书》（2018年更名为《广东省生态文明与低碳发展研究报告》），形成了具有区域优势的学术品牌；同时，该书的作者来自高校、政府、企业和科研机构，因而对这一领域研究的人才涵养和人才聚集也有一定的帮助。在征稿时，我们希望作者对相关研究领域进行前瞻性思考和探讨，避免纯数理化的推导或者单纯的政策梳理。感谢各位作者的真知灼见和学术成果分享，在此书的编写过程中，我只是起到收集和归整的作用，更多的是大家的努力。

希望以上指导思想和研究初衷在本书中有所体现。最后，感谢中山大学出版社对本书出版的大力支持，对于研究和撰写中存在的不足及局限，恳请读者批评指正。

傅京燕

暨南大学经济学院教授/博士研究生导师
暨南大学资源环境与可持续发展研究所所长

2021年8月5日于广州

目　录

宏观政策篇

生态与资源经济篇

贸易与环境篇

能源与低碳经济篇

绿色产业与绿色金融篇

宏观政策篇

持续疫情下的城市韧性与绿色经济复苏的新动能

傅京燕[1]

摘　要：新冠肺炎疫情让我们进一步领悟到人与自然和谐共生的重要性。疫情后的绿色经济复苏，也使我们认识到可持续发展的迫切性。人与自然和谐共生对超大城市的发展尤显重要，因为超大城市的发展需要环境与经济具有更大的韧性。因此，在当前疫情防控和经济社会发展面临挑战的情况下，我们要继续打好污染防治攻坚战，实现低碳发展与环境保护齐头并进，在实践中努力探索出一条以生态优先、绿色发展为导向的高质量发展新路子。

关键词：城市韧性；新冠肺炎疫情；绿色复苏

2020年，习近平总书记提出，我国力争2030年前实现碳达峰，2060年前实现碳中和。碳达峰、碳中和目标为中国经济社会高质量发展提供了方向指引，是推进绿色经济发展、形成绿色经济新动能的客观需要。由于控制碳排放会在一定程度上影响经济活动，因此，企业需要改变商业模式，投资者需要改变投资策略，政府的政策和规管方式也需要做出相应改变，以顺应时代发展。

2021年5月21日，广州荔湾区发生由德尔塔变异株引起的局部聚集性疫情，截至2021年6月24日，全市累计报告感染个案167例。直至2021年6月26日，包括荔湾区等在内的中风险地区清零，广州市降为低风险地区。这次突如其来的持续一个多月的疫情对广州市的消费、生产和就业等方面形成了冲击。但是，疫情对经济的冲击在时间上具有递减性，广州市各个行政区的封闭管理和风险影响等级在空间上也具有不均衡性。因此，我们可以根据疫情形势和防控成效，统筹推进疫情防控和经济社会高质量发展，以降低"十四五"开局之年全年经济运行的不确定性。

---

① 傅京燕：博士，暨南大学经济学院教授、博士研究生导师，暨南大学资源环境与可持续发展研究所所长。研究方向：开放条件下的环境问题。电子邮箱：fuan2@163.com。

这次广州的疫情防控，考验着城市在共治共享共建过程中的创建模式，也让广州展现了在智慧城市建设中的应用实战成果。因此，在当前疫情防控和经济社会发展面临挑战的情况下，我们要继续打好污染防治攻坚战，实现低碳发展与环境保护齐头并进，在实践中努力探索出一条以生态优先、绿色发展为导向的高质量发展新路子。

一、碳达峰、碳中和目标的经济学含义

习近平总书记在2020年第七十五届联合国大会上提出，我国二氧化碳排放力争于2030年前达到峰值，争取2060年前实现碳中和。具体来看，“双碳”目标是以能源为主的系统性变革，涉及经济结构、产业结构、能源结构，以及节能、碳技术与碳市场等，重点在于能源结构调整与节能降耗。其实，碳达峰的相关政策以前就有，但是这次跟碳中和一起提出，就显得更加重要。这意味着不仅要实现二氧化碳排放量达顶，然后往下走，也要实现碳的排放和碳的吸收相等，所以碳中和使碳达峰的意义比以前更加突出。

碳达峰和碳中和也涉及效率和公平这一经济学永恒的主题。效率是指在碳达峰和碳中和过程中实现碳排放（或碳减排）资源配置的最大产出，从指标的角度看，就是使有限的碳排放资源得到最大化的利用，实现单位碳排放产出水平的最大化。温室气体排放既是生态环境问题，也是发展权问题，因此也涉及区域间的公平。

二、以碳达峰、碳中和为战略方向，促进经济社会发展全面转型

“十四五”期间，中国经济发展的压力依然非常大，同时又要叠加环保问题的约束，发展与减排之间的矛盾会变得空前突出。从供给侧看，只有将先进的绿色工艺技术、管理理念注入传统产业，建立低耗高产的制造体系，才能使之焕发新的活力。从需求侧看，满足人们不断增长的对绿色安全等高品质产品的消费需求，同样离不开工业体系绿色发展水平的提升。

根据中央关于碳达峰、碳中和的决策部署，需要坚持分类施策、因地制宜、上下联动，推进各地区有序达峰。因此，应该充分结合本地的经济发展水平、产业结构及在国家绿色发展中的定位等，探索适合本地的绿色低碳发展模式。以广州为例：①广州具有生态要素齐全和产业种类多样的特点，具有绿色发展的产业基础和生态禀赋，有深厚的产业背景和制造业企业群，为绿色发展

提供了实物载体。②广州有更多的传统制造型企业，虽然2019年广州高技术制造业增加值同比增长了21%，但占规模以上工业增加值的比重仅为16.2%。传统制造业和服务业亟待改造，金融机构与先进制造业、高技术制造业等产业的发展还不够匹配。③广州科技资源丰富，汇聚了广东省大多数高层次科技创新人才，低碳技术研发能力较强。国家根据气候债券倡议组织相关规定编制并准备出台的《绿色产业指导目录》，也准备纳入农业等部门，以应对不同产业对气候韧性的要求。因此，广州需要考虑产业转型及城市更新发展特色和产业多样性问题。

基于国际、国内的“绿色复苏”发展的重要机遇，绿色可持续将成为“十四五”时期高质量发展的一个关键驱动力。就广州而言，除了建设美丽广州，推进人与自然和谐共生的“广州故事”也一直在书写：首先，广州作为国家中心城市，正在不断落实可持续发展目标并探索绿色发展之路。2020年2月，广州率先积极响应，启动了可持续发展目标地方自愿陈述工作，讲好“广州故事”，传递“绿色理念”。其次，提升生态系统稳定性，改善人居环境，促进人与自然和谐共生，打造共生的生命共同体。如海珠湿地品质提升和生物多样性保护，白云山“还绿于民”工程串联自然山水和城市公园，等等。最后，能源替代是实现碳达峰的关键，《广州市能源发展第十四个五年规划(2021—2025年)》提出，要因地制宜壮大可再生能源装机规模，将太阳能的开发利用积极拓展至大型企业、城市综合体和各类公共机构，并大力推动终端用能的电能、氢能替代。

三、碳达峰、碳中和给金融机构开展绿色金融业务带来的新机遇和新要求

2020年末，中国本外币绿色贷款余额约12万亿元（约合2万亿美元），存量规模居世界第一；绿色债券存量约8000亿元（约合1200亿美元），存量规模居世界第二，为支持绿色低碳转型发挥了积极作用。同时，国家积极推动六省（自治区）九地绿色金融改革创新试验区建设。这六个省（自治区）是浙江、江西、广东、贵州、甘肃和新疆，有的省（自治区）有两个试验区，新疆还选择了三个地方探索绿色金融的发展。到2020年末，这六省（自治区）九地绿色金融改革创新试验区的状况可通过两组数据得知：①这六省（自治区）九地绿色贷款的余额已经达到2368.3亿元，占六省（自治区）九地全部贷款余额的15.1%，比全国的平均水平高了4.3个百分点。②这六省（自治区）九地的绿色债券余额达到1350亿元，同比增长66%。截至2020年

12月，广州累计发行各类绿色债券705.5亿元[①]。2021年1月，在中债-粤港澳大湾区绿色债券指数发布会上，中央结算公司的信息披露系统使用了湾区“9+2”城市群作为数据样本，其中，市值权重来自广州的占53.66%，在湾区“9+2”城市群中居于首位。

中国金融资源的配置与产业结构和产业政策紧密相关。金融机构通过配置金融资源影响实体经济，也由此承担环境责任。发展绿色金融，合理承担环境责任是金融机构支持经济增长的重要手段，也是中国金融机构未来发展的重要方向。尽管目前对金融资源配置与环境污染的理论研究很少，但二者关系的本质是金融、经济与环境的关系。在宏观层面上，绿色金融不仅有助于引导金融体系内部资金从污染领域流向绿色领域，也有助于吸引社会资本流向绿色领域；在微观层面上，绿色金融既强化了金融机构对资金使用方的监督功能，又提升了金融机构自身的环境责任效率。因此，资金配置向绿色产业转移，既是宏观金融效率提升的要求，也是微观金融效率提升的要求；既是银行自身风险防控的需要，也是经济发展的内在要求。

1. 关于碳达峰的巨额融资缺口

2020年10月，由生态环境部等部门出台的《关于促进应对气候变化投融资的指导意见》明确指出，投入应对气候变化领域的资金规模明显增加。在碳达峰、碳中和的目标下，我国未来几十年在绿色低碳领域将出现大量的融资需求。据估算，我国实现碳中和所需要的绿色低碳投资规模应该在百万亿元以上，也可能达到数百万亿元。这样巨大的资金需求，政府资金只能覆盖很小一部分，缺口要靠市场资金弥补。这就需要建立和完善绿色金融政策体系，引导和激励金融体系以市场化的方式支持绿色投融资活动。

中国的绿色金融发展前期存在较明显的政策导向特征，随着发展的渐趋成熟及市场体制机制的逐步完善，未来以市场化的方式进行绿色投融资活动将是大势所趋。政府的角色定位是建立完善的政策体系，营造良好的政策与市场环境，从而为市场主体开展绿色金融活动提供引导与支持；而各市场主体在利用国内、国际市场进行绿色金融业务拓展时，应遵守政府的政策体系的规范，进而吸引社会资本进入绿色领域，促进经济社会的绿色可持续发展。以市场为导向、政府与市场双轮驱动的绿色金融发展模式是中国绿色金融发展的可行模式。

2. 在政策框架中纳入气候变化因素

在金融稳定方面，在对金融机构压力测试的研究中，中国人民银行（简称“央行”）将气候环境问题所引发的外部性的内在化反映到金融机构和企业

---

① 数据来自Wind数据库终端统计。

的财务报表中，以达到系统性地考虑气候变化因素的效果。在货币政策方面，央行正在研究通过优惠利率、绿色专项再贷款等支持工具，激励金融机构为碳减排提供资金支持。央行的具体激励措施有：①对绿色信贷的差异性贷款和专项再贷款；②在外汇储备投资方面将继续增加对绿色债券的配置；③对绿色债券的购买支持可以保证绿色债券维持较低的发行价格，从而降低发债企业的成本。

3. 鼓励金融机构积极应对气候挑战

央行已经指导试点金融机构测算项目的碳排放量，评估项目存在的气候、环境风险；已按季评价银行绿色信贷情况，并公布了评估金融机构开展绿色信贷、绿色债券等的业绩评价标准。2021 年 6 月 9 日，央行印发《银行业金融机构绿色金融评价方案》（简称《方案》）。《方案》指出，绿色金融评价指标包括定量和定性两类。其中，定量指标权重是 80%，定性指标权重是 20%。评估结果和运用方面，《方案》明确指出，绿色金融评价结果纳入央行金融机构评级等央行政策和审慎管理工具。鼓励央行分支机构、监管机构、各类市场参与者积极探索和依法依规拓展绿色金融评价结果的应用场景，鼓励银行业金融机构主动披露绿色金融评价结果。

4. 及时评估、应对气候变化对金融稳定和货币政策实施的影响

国际研究普遍认为，气候变化可能导致极端天气等事件增多、经济损失增加、金融不确定性增强、企业违约率提高；同时，绿色转型可能使高碳排放的资产价值下跌，打乱企业的初始资产配置，影响企业和金融机构的资产质量。一方面，这将会增加金融机构的信用风险、市场风险和流动性风险，进而影响整个金融体系的稳定；另一方面，这也可能影响货币政策空间和传导渠道，扰动经济增速、生产率等变量，导致评估货币政策立场更为复杂。这也是在维护金融稳定、实施货币政策上面临的新课题。

5. 关于绿色金融标准

中国已有三套不同的绿色金融标准：《绿色信贷统计制度》《绿色债券支持项目目录》《绿色产业指导目录》，用以防止部分企业用“绿色”资金进行一些非绿色项目的运营，绿色金融标准是绿色金融的核心，中国人民银行在 2015 年、2018 年分别制定了针对绿色债券和绿色信贷的标准，目前即将完成修订《绿色债券支持项目目录》，删除化石能源的相关内容。此前，国内的《绿色产业指导目录（2019 年版）》等绿色标准与国外绿色金融标准的一大差别就在于，国内标准将“化石能源的清洁利用”类项目纳入绿色项目中，这与中国整体能源结构现状有关。新版的《绿色债券支持项目目录》将传统化石能源的生产、消费类项目移出，增加气候友好型项目，这是一个较大的改变，彰显了中国坚定履行减排承诺的担当和决心，也是实现碳达峰、碳中和目标的必然要求。同时，央行正在与欧方共同推动绿色分类标准的国际趋同，争取2021年出台一套共同的分类标准。这是中国绿色金融标准渐进实现与国际对接迈出的重要一步。欧洲在金融标准制定过程中将支持应对气候变化作为其主导原则，且强调符合其标准的经济活动不得损害其他可持续发展目标，这对中国来说具有一定的示范意义。中国在与国际合作的过程中将逐步强化气候目标约束在金融上的应用。

6. 测算项目的碳排放量，评估项目的气候、环境风险

对于金融机构的信息披露，不能仅披露对气候环境的贡献，还应披露碳排放等负面环境信息，包括银行贷款和股权投资者投资项目产生的碳排放等，以及达到碳达峰、碳中和双目标的一些绿色发展理念、制度和政策措施等。这也是接下来信息披露制度完善的一大方向，如商业银行披露机制中的定量披露就包括对减排二氧化碳当量、绿色运营指标和碳排放等数据的要求。披露需要有一个完整的制度体系，需要金融机构设置正确的绿色发展理念和对应的措施，更需要有统一的科学的碳排放、碳足迹测算体系。目前，央行已经指导试点金融机构测算项目的碳排放量，以评估项目的气候、环境风险。接下来，应进一步拓展碳足迹测算的覆盖面，加强数字技术和金融科技在碳核算方面的应用，服务碳中和目标。

四、绿色经济复苏的新动能

中国作为全球第二大经济体和温室气体排放大国之一，提出力争2060年前实现碳中和这一目标，意味着中国经济和社会将进行全面低碳变革。应对新冠肺炎疫情和实现碳中和目标，国家想实现经济长期可持续化发展，需要推动形成减缓和适应气候变化的能源结构、产业结构、生产方式和生活方式，建立和实现通过技术进步、创新驱动和制度改革促进经济增长、社会高质量发展和全面现代化的新增长范式。与此同时，这将带来生产、生活、消费和贸易方式的结构性变革。

第一，发展绿色产业（包括绿色工业、绿色农业和绿色服务业）是实现环境与经济协调发展的重要手段。在全球范围内，发展绿色经济已是大势所趋。产业结构调整需要以环境承载力为界限，以绿色发展为导向，以可持续发展为目标，降低产业发展过程中生态资源要素的消耗量，同步实现产业增长目标和生态修复目标。实现经济的绿色发展，需要从加法和减法两个方面来努力：所谓加法，就是指促进绿色产业化，考虑生态产品的实现价值，同时实现经济增长和资源环境可持续性的改善。例如，着力构建绿色制造体系，重点推进绿色产品、绿色工厂、绿色园区、绿色供应链的打造，发展绿色制造业；推进乡村振兴及精准扶贫，依托生态和农业基础，着力发展绿色农业、特色产业。所谓减法，是指经济增长要实现产业结构调整，淘汰落后产业，实现产业的绿色化。经济发展与减排之间如何平衡，涉及公平和效率的经济学经典问题，例如，高耗能企业受到冲击后如何退出市场、如何在环境目标约束下实现产业高质量发展等。

第二，发展包括资源与环境权益交易等在内的多元化绿色金融，多用市场化手段和信息化手段协同减排。降低政策实施的企业适应成本，需要推进经济政策和社会政策，包括信息手段和市场手段在环境治理上的应用。绿色项目普遍具有较强的外部性，但也具有技术含量高、投资回收期限较长、前期投入资金量大等特点，因此，更应通过综合利用财政、税收和金融，优化资源配置，实现经济、能源绿色转型，通过市场的调节作用促进经济健康发展。例如，绿色债券和其他公司债券相比，需要发行人承诺将其收益用于可持续发展的环保友好型项目，同时也将受到更严格的信息披露的约束和资金审查。同时，转型项目存在前期资金投入大、成本回收时间长、初期回报速度慢等特性，因此需要融入资本长期、稳定的支持。转型金融可以使转型项目的需求和资金流速、流量相匹配，有利于转型项目持久发展。

另外，需利用大数据平台对污染排放进行监督和管控，构建污染数据质量统计体系，重视对总量控制目标数据的统计工作，并对地区环境承载力进行核算和评估，建立环境承载力技术评估体系，从而能对环境风险及时发出预警和进行调控。

第三，将数字化和低碳化相结合，促进产业转型升级和经济高质量发展。新气候目标对于引领经济绿色复苏和激发创新发展动能是一个明确的指引。数字经济的发展必将推动区块链技术在绿色产业和金融服务实体经济上的应用，减少资源能源的消耗。广州通过加大力度推进检测试剂、人工智能辅助诊断等技术攻关及应用，探索健康码在餐饮、购物、交通、住宿等更多生活场景的应用，为疫情防控提供了有力的科技支撑。目前，AI、大数据和云计算等领域依然是技术与应用创新的热点，而量子信息、5G、物联网、区块链等新兴技术也在加快发展与普及，从而带动了低碳、清洁、高效的新型能源体系加速形成，为产业在新业态下的优化发展助力。

第四，绿色消费对经济社会绿色转型具有多重传导机制。从经济学角度来讲，消费可以通过价格机制、竞争机制、信息传导、共存机制等“倒逼”生产领域的绿色转型。消费者价值观念和消费行为的变化，同样可以推动社会的绿色转型。过度浪费型的不合理消费方式加剧了资源环境问题，同时消费领域的环境污染和负荷也超过了生产领域，应从消费端将绿色消费作为满足人民日益增长的美好生活需要的支撑点，促进经济和社会系统转型。政府要加大绿色采购力度，逐步将绿色采购制度扩展至国有企业；要加强对企业和居民采购绿色产品的引导，可以采取补贴、积分奖励等方式促进绿色消费。同时，政府可以推动电商平台设立绿色产品销售专区。

第五，联动粤港澳大湾区、放眼国际，建设人与自然和谐共生的美丽湾区。一方面，粤港澳大湾区需要通过绿色金融等手段吸引更多的国际资本进入本地的绿色产业；另一方面，积极对接国际环境标准，通过内外联动、多方协作，推进人与自然和谐共生。新冠肺炎疫情对全球贸易的冲击让世界经济发展速度减缓，全球产品供给和需求面临巨大挑战，通过提高数字化水平，可以为进出口贸易提供便利。随着数字技术的不断进步，数字生产、数字服务等使国际贸易结构发生了一些变化，不可进行贸易的服务在数字技术的推动下变得可贸易化。因此，互联网、大数据和人工智能等与贸易的有机融合正在发掘发展新动能，未来“数字贸易示范区”的建设也将推动数字贸易加速发展。

环境规制与就业：基于 SO_2 减排的分析

钟 怡 吴建新[①]

摘 要：本文着眼于2006年“十一五”规划颁布的 SO_2 减排目标，以研究环境规制政策对就业的影响。基于中国346个地级行政区域2001—2010年的工业企业面板数据，运用三重差分法进行研究发现，环境规制政策会在一定程度上减少污染行业企业的劳动力需求，并且随着时间的推移年度效应逐年增长。从企业性质来看，私营企业比国有企业在就业方面对环境规制的反应更为敏感，包括国有企业及私营企业在内的国内企业的就业比外资企业的就业对环境规制的反应更为敏感；从不同区域及城市规模来看，东部地区及中等规模城市的就业对于环境规制的反应更敏感，而西部地区及小规模城市的就业对环境规制的反应较小。同时，为了探究环境规制政策是否会影响到城市的就业情况，本文使用2001—2010年286个城市的相关数据，运用双重差分法进行研究发现，环境规制政策会使城市的城镇登记失业率上升。基于此，本文建议促进政绩考核机制改革，转变政策制定者不合时宜的环境治理理念；因地制宜地实施命令型环境规制政策，同时向市场激励的财政政策手段转变，完善环境规制管理体制；环境规制需要政府分区联合治理；重视环境规制引发的摩擦性失业。

关键词：环境规制；就业；三重差分法；失业率

一、引言

经济发展的同时不可避免地会伴随着环境污染，而随着世界范围内污染的

① 钟怡：暨南大学经济学院硕士研究生，研究方向：城市环境污染问题。电子邮箱：jnzhongyi1996@163.com。吴建新：博士，暨南大学经济学院副教授，博士研究生导师，暨南大学资源环境与可持续发展研究所副所长。研究方向：环境经济与政策。电子邮箱：wjx1115@163.com。

加重，人们越来越意识到环境保护的重要性。根据美国发布的《2020 年全球环境绩效指数报告》显示，中国环境各指标近十年来均有所上升，但整体环境绩效指数在全球 180 个国家中排名第 120。根据 2019 年《中国生态环境状况公报》显示，中国 337 个城市中有 180 个城市（53.4%）环境指标超标，累计发生重度污染 1666 天，比 2018 年增加 88 天。469 个监测降水的城市中，出现酸雨的城市比例为 33.3%，全国有超过 79.1% 的河流在地表水环境质量监测评估中被评为极差或较差。这意味着中国环境污染的严重程度及环境保护的迫切性，高污染、高能耗的粗放式发展模式难以为继，而新时期对中国的经济社会发展与生态环境保护提出了更高的要求。

在中国，空气污染一直是个严重的问题，其中 SO_2 的排放尤为严重。中国的工业 SO_2 排放量一直居高不下，自 2000 年以来每年有 1500 万～2000 万吨排放量，2005 年中国成为世界上 SO_2 排放量最大的国家之一，因此，减少 SO_2 排放是中央政府密切关注和亟待解决的问题。中国从 20 世纪 80 年代开始实施一系列环境规制政策来控制空气污染的排放，自 2006 年“十一五”规划提出 SO_2 减排目标后，中央政府采取了更为严厉的环境监管措施，并取得了一定的成果，2010 年全国 SO_2 排放量比 2005 年减少 14.29%。随着人们逐渐意识到环境污染对公众健康的危害和给公共资源造成的负担，环境规制必然会不断得到加强。

党的十八大提出了包括生态文明在内的“五位一体”总体发展布局，党的十九大要求实行最严格的生态环境保护制度，“十四五”规划（2020—2025 年）提出了旨在 2035 年基本建成美丽中国的新要求，为此，中国投入了大量的人力、物力、资金用于改善生态环境、促进污染治理。根据《中国统计年鉴（2001—2018）》的相关数据，环境污染治理投资总额从 2000 年的 1014.9 亿元增加到 2017 年的 9539.0 亿元，增长了约 8 倍；而环境污染治理投资占 GDP 的比例从 2000 年的 1.13% 到 2010 年达到峰值 1.86% 后下降至 2017 年的 1.15%，然而中国环境污染治理投资占比仍低于发达国家（2%～2.5%）。

环境规制会影响经济的增长，尤其是就业的增长。新时期中国经济发展要求实现“更加充分更高质量的就业”，这就要求政策制定者在促进就业增长与环境保护之间寻求双赢的可能。近年来，环境规制政策对就业的潜在影响已成为一个重要的经济问题。企业为了实现环境规制目标而选择淘汰落后设备，这必然会在短期内增加企业的生产运营成本，导致企业生产规模减小，劳动力数量和劳动力结构均会受到影响，因此，环境规制可以通过企业生产投入（产出效应）、准固定要素投入（要素替代效应）影响就业规模。根据 Berman、Bui（2001）的有关研究，当环境规制对就业的产出效应与要素替代效应为负时，环境规制对就业整体的监管效应也为负。中国作为世界上最大的发展中国家，其环境规制对就业的影响是否与已有文献研究结果类似，还需要进一步进行实证分析。基于此，本文着重分析中国“十一五”规划的 SO_2 减排目标对就业的影响，以期为实现环境与就业之间的可持续发展提供政策依据。

二、文献综述

近年来，环境规制对就业的影响问题受到越来越多研究者的关注。人们普遍认为污染排放的减少将导致岗位的流失，这意味着环境规制的加强会导致更高的生产成本、企业的利润降低、生产规模缩小，从而使企业减少劳动力需求。MiShra、Smyth（2002）认为，一方面，环境规制会通过提高企业生产成本直接影响就业；另一方面，环境规制可以通过雇佣工人安装和维护污染治理设备来增加就业。国外对于环境规制与就业之间的研究较为全面。Greenstone（2002）利用1972—1987年美国制造业的企业数据，运用双重差分法考察了县级达标状况对就业的影响，结果显示，1970年《清洁空气法》修正案的实施导致未达标县相对于达标县减少了约60万个岗位。Kahn、Mansur（2013）研究发现，能源密集型产业在未达标县的就业率相对于达标县有所降低。Chi（2018）认为哥伦比亚环境税的增加减少了就业，且环境税使中、低等学历男性的失业率分别提高了1.4%、2.4%。Berman、Bui（2001）研究发现，并没有足够的证据证明洛杉矶盆地空气质量法规大规模的实施减少了就业，反而有可能增加了就业。Gray、Shadbegian（1998）研究发现，环境法规会使美国纸浆和造纸行业的就业减少，但估计结果并不具有统计意义。Ferris等（2014）通过研究美国环保署 SO_2 交易计划发现，几乎没有证据表明交易计划导致受监管的化石燃料发电厂的就业大幅减少。Cole、Elliot（2007）研究发现，以污染减排成本占总附加值的百分比来衡量，环境规制政策对英国1999—2003年的就业没有显著影响。

到目前为止，大部分关于环境规制对就业影响的实证研究都集中在包括美国和西欧在内的发达经济体。中国制定环境法规的过程与西方经济体较为不同。在中国，中央政府负责制定总体的环保目标，各级地方政府负责设立和执行详细的环境法规。与西方不同的是，中国的工会往往不会独立于政府，且在保护工人利益方面发挥的作用不那么重要（Talor、Li，2007）。因此，由于中国的法规和工会设置与西方经济体存在较大差异，中国的环境规制政策对就业的影响可能与西方经济体不同。国内学者对于环境规制与就业的研究处于快速发展阶段，Liu等（2017）通过对江苏太湖地区纺织印染企业的相关数据运用双重差分法进行回归分析，发现环境规制会使就业岗位减少7%。王勇等（2019）通过研究考察了排污费修订对企业就业增长的影响，结果表明环境成本上升降低了企业就业增长；从动态趋势看，环境成本上升对企业就业增长的抑制作用呈现先上升后下降的倒“U”形趋势。孙文远等（2017）对全国287个地级市的相关数据运用双重差分法进行回归分析，发现“两控区”政策不利于城市总就业水平的提高，但是对于城市职工平均工资却有着正面的影响。王勇等（2013）分析了中国2003—2010年间38个行业的数据，发现环境规制与就业存在着“U”形关系。

关于环境规制强度的衡量，王勇等（2015）认为大致可以从四个方面入手：基于自然试验，即关于环境规制的相关法律法规；污染治理投入方面，如污染减排成本；污染物排放方面，如污染物排放量；综合评价的衡量。例如，Chen等（2018）选用了“十一五”规划的市级化学需氧量（Chemical Oxygen Demand，COD）减排目标及每个城市政府工作报告的环境相关文本比例作为环境规制强度的衡量标准。Shi等（2018）采用了“十一五”规划的省级SO_2减排目标，Liu等（2017）使用了江苏太湖区域COD减排目标，Cai等（2016）则使用了1998年制定的“两控区”政策，任胜钢等（2019）和吕朝凤等（2020）均选择了2007年实行的SO_2排放权交易试点政策作为准自然实验衡量环境规制强度。

鉴于此，本文以“十一五”规划的SO_2减排目标作为环境规制的衡量标准，利用三重差分法探究环境规制政策对就业的影响。与现有的文献相比，本文的贡献主要体现在以下几个层面：①数据层面，已有文献对于中国环境规制政策的衡量大多集中于省级层面或是局部区域，本文根据Chen等（2018）的有关研究计算出了“十一五”规划中的市级SO_2减排目标，并根据工业企业面板数据库中的企业信息精确到346个地级行政区域。②方法层面，国内大多数就业相关研究的文章采取的是双重差分法或非线性估计，但考虑到双重差分法无法消除其他政策的干预及随时间变化的地区特征的干扰（任胜钢等，2019），本文根据Shi等（2018）的研究引入各行业的SO_2排放强度实行三重差分法。③目前的文献鲜有关于环境规制政策对城市失业率的研究，环境规制会促使污染行业的企业减少其劳动力需求，那这些减少的需求是否会增加城市的失业率呢？因此，本文拟使用双重差分法研究2001—2010年286个城市的城镇登记失业率是否会因为环境规制政策而有所变化。

三、政策背景

近几十年来，随着中国经济的快速增长，中国的空气污染越来越严重，其中煤炭燃烧产生的 SO_2 排放量一直是空气污染的主要来源之一。考虑到经济的长期可持续发展，从“九五”规划（1996—2000 年）开始，中央就开始限制 SO_2 的排放。1998 年国务院制定了“两控区”政策，以限制大气中的 SO_2 排放，遏制酸雨的增加。中央在“十五”规划（2001—2005 年）中提出要紧密结合经济结构调整，确保到 2005 年“两控区”内 SO_2 排放量比 2000 年减少 20% 的目标。然而“两控区”政策对于全国 SO_2 排放的影响并不明显，因此在“十一五”规划（2006—2010 年）期间，中央提出确保 2010 年全国 SO_2 排放量比 2005 年减少 10% 的规划目标，并采取了更为严格的监管措施。2006 年 8 月，国务院颁布了《关于“十一五”期间全国主要污染物排放总量控制计划的批复》，进一步明确了各省的 SO_2 减排目标，该减排目标是基于经济发展水平、产业结构、排放基数、环境容量和减排潜力等多个因素所制定的。环境规制的加强也有了相应的回报，从图 1 可以看出，无论是总 SO_2 排放量还是工业

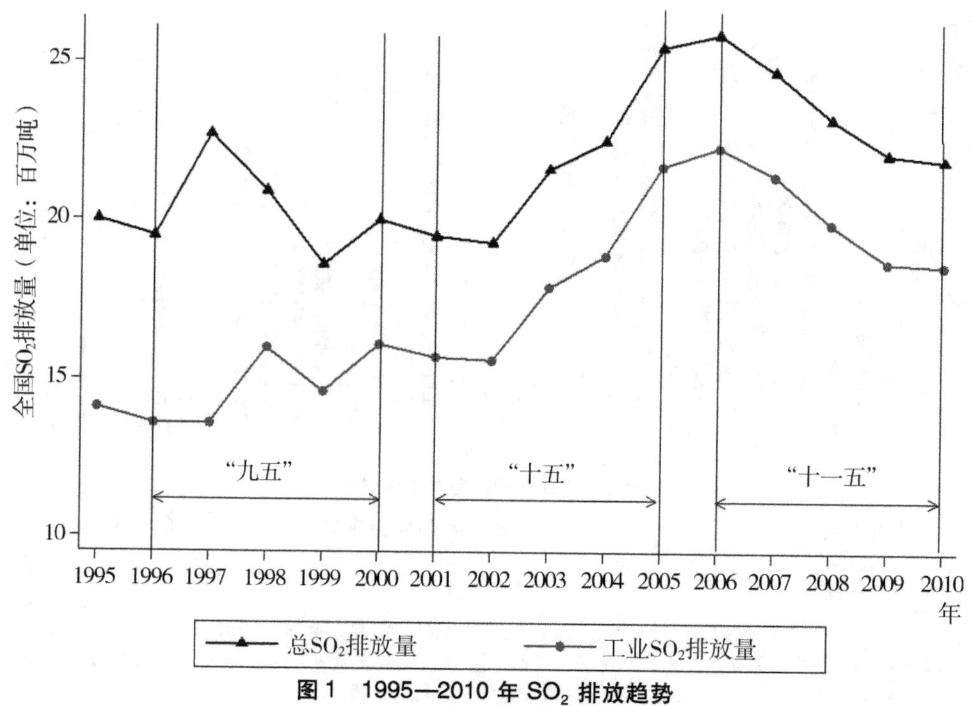

图 1　1995—2010 年 SO_2 排放趋势

［资料来源：《中国统计年鉴》（1996—2011）］

SO_2 排放量，在 2006 年后都呈现显著下降的趋势，这证明中国“十一五”规划制定的 SO_2 减排目标政策取得了较为显著的成果。

一般来说，省级环保部门制定的 SO_2 排放指标之和不得超过国家下达的总量指标，污染较为严重的省份需要承担更高的 SO_2 减排目标。省级 SO_2 减排目标如图 2 所示，SO_2 减排目标存在区域差异①，东部地区的 SO_2 减排目标一般偏大，中西部地区的 SO_2 减排目标偏小。由于国家并没有给出具体的市级 SO_2 减排指标的分配公式，本文采用生态环境部对于 COD 减排目标的省内分配公式计算 p 省 c 市的 SO_2 减排目标，具体的计算公式见式（1）。

$$\Delta SO_{2\ c,05-10} = \Delta SO_{2\ p,05-10} \times \frac{P_{c,2005}}{\sum_{j=1}^{j} P_{j,2005}} \tag{1}$$

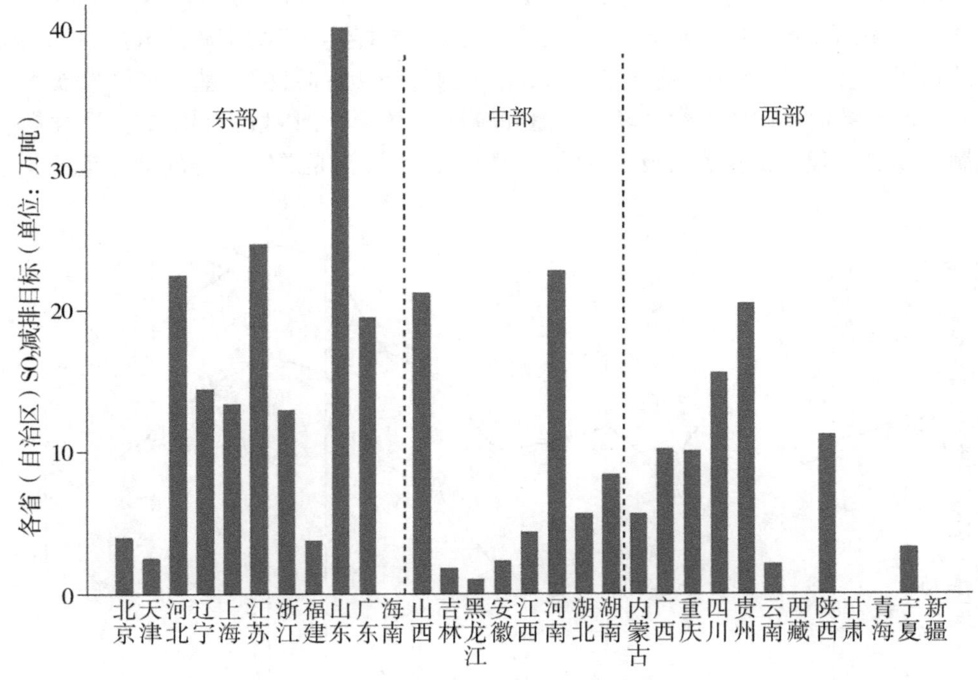

图 2　省级 SO_2 减排目标分布

（资料来源：《关于“十一五”期间全国主要污染物排放总量控制计划的批复》）

---

① 中国东部地区包括北京、天津、河北、辽宁、上海、江苏、浙江、广东、福建、山东及海南；中部地区包括山西、安徽、吉林、黑龙江、江西、河南、湖北及湖南；西部地区包括内蒙古、广西、重庆、陕西、四川、贵州、云南、西藏、甘肃、青海、宁夏及新疆。

式（1）中，$\Delta SO_{2\,c,05-10}$ 表示 c 市 2005—2010 年的 SO_2 减排目标；$\Delta SO_{2\,p,05-10}$ 表示 p 省 2005—2010 年的 SO_2 减排目标；$P_{c,2005}$ 表示 2005 年 c 市的 SO_2 排放量；$\sum_{j=1}^{j} P_{j,2005}$ 代表 2005 年 p 省所有城市的 SO_2 排放总量，j 表示该省的城市总数。然而在实际中，市级 SO_2 排放量很难被正确而完整地收集，但是可以从各市工业生产活动中被估算出来。因此，本文根据 Chen 等（2018）的有关研究使用 2005 年两位数行业的产值来估计每个城市的 SO_2 排放比例，具体见式（2）。

$$\Delta SO_{2\,c,05-10} = \Delta SO_{2\,p,05-10} \times \sum_{i=1}^{39} \mu_i \frac{output_{ci}}{output_{pi}} \tag{2}$$

式（2）中，$\sum_{i=1}^{39} \mu_i \frac{output_{ci}}{output_{pi}}$ 是以 2005 年各行业 SO_2 排放量占比 μ_i 为权重计算的各城市两位数行业的产值占该省的加权平均值。

四、实证研究

（一）计量模型

当一项政策开始实施并改变企业决策进而影响到经济发展时，比较政策前后差异的政策评估便有了重要的意义，其中最常用的方法就是双重差分法。该方法将政策的实施看作一种自然实验，将样本分为实验组与对照组，通过比较实验组与对照组之间指标的平均变化来评估政策的实施效果。

双重差分法虽然能够有效地达到实证的目的，但是，其一方面无法排除研究期间其他政策的干预，另一方面也无法排除地域特征时间效应等内生性因素的干扰。基于这一考虑，本文结合三种差异，即时间差异（“十一五”规划政策前后）、城市差异（市级 SO_2 减排目标）及行业差异（不同行业的污染强度），根据 Chen 等（2018）的有关研究分别选用了 3 个重污染的两位数行业与 4 个轻污染的两位数行业作为对照组与实验组，构造了一个虚拟变量 $Dirty$。若该行业为重污染行业，则 $Dirty$ 为 1，反之为 0。三重差分法回归模型如下：

$$\ln Employ_{ict} = \beta \times \ln Target_c \times Post_t \times Dirty + \mu_{ct} + \delta_{ci} + \gamma_{ti} + \varepsilon_{ict} \tag{3}$$

式（3）中，$Employ_{ict}$ 为 t 年 c 市 i 行业的从业人员数。$Target_c$ 表示 c 市的 SO_2 减排目标。$Post_t$ 为时间虚拟变量，表示政策实施的时间，若 $t \geqslant 2006$ 则为 1，反之为 0。$Dirty$ 为虚拟变量，若该行业为重污染行业，则为 1，反之为 0。μ_{ct}、δ_{ci}、γ_{ti} 和 ε_{ict} 分别为城市－年份固定效应、城市－行业固定效应、行业－年

份固定效应及误差项。

考虑到全部39个两位数行业的差异，本文根据 Shi 等（2018）的有关研究引入分行业 SO_2 排放强度来衡量各行业的污染程度。三重差分法回归模型见式（4）：

$$\ln Employ_{ict} = \beta \times \ln Target_c \times Post_t \times \ln SO_{2i} + \mu_{ct} + \delta_{ci} + \gamma_{ti} + \varepsilon_{ict} \quad (4)$$

式（4）中，SO_{2i} 为 i 行业的 SO_2 排放强度（排放量/工业增加值），其余与式（3）相同。理论上来说，式（3）所得到的回归系数比式（4）的大，环境规制的就业效应更明显。

（二）变量说明

本文采用中国2001—2010年346个地级行政区域工业企业的面板数据为实证研究的样本，所用数据来自国家统计局统计的全部国有企业及规模以上（主营业务收入超过500万元）非国有工业企业的年度数据，其中346个地级行政区域包括286个地级市、4个直辖市、29个自治州、24个地区和3个盟。

（1）行业层面数据。本文使用2007年的全国各行业 SO_2 排放强度（排放量/工业增加值）来衡量全部39个两位数行业的污染程度（见图3）。与此同时，本文确定了三种空气污染较为严重的行业作为 SO_2 主要的排放源：电力、热力的生产和供应业（44）、非金属矿物制品业（31）、黑色金属冶炼及压延加工业（32）。这三个行业的企业 SO_2 排放量分别占2005年 SO_2 排放量的59.73%、9.13%及7.28%，因此是地方政府减排的主要对象。通信计算机及其他电子设备制造业（40）、仪器仪表及文化办公用机械制造业（41）、工艺品及其他制造业（42）、废弃资源和废旧材料回收加工业（43），它们只占 SO_2 排放量的一小部分（总量低于1%）。

（2）工具变量。根据 Hering、Poncet（2014）的方法，本文使用2000—2004年的平均通风系数作为工具变量。10米高度风速和边界层高度的信息（用于测量0.125°×0.125°单元网格的混合高度）由欧洲中期天气预报中心的 ERA-Interim 数据库收集所得。本文先将中国各城市的经纬度与 ERA-Interim 数据库进行匹配，再将各单元的10米高度风速和边界层高度相乘得到通风系数 Vc。

（3）失业率及控制变量。本文选用2001—2010年286个城市的相关数据，该数据来源于《中国城市统计年鉴》（2002—2012）。本文参考 Fu 等（2010）的有关研究，选用了非农人口数、普通高等学校在校学生数、劳动力增长率、私营企业劳动力占比等会影响到失业率的变量作为失业率的控制变量，以减少遗漏变量及内生性对回归分析造成的不利影响。其中，劳动力增长率为单位劳动力人数与私营企业劳动力人数的增长率，私营企业劳动力占比为私营企业从业人员数占年末从业人员数与私营企业从业人员之和的比例。失业率（以百分点表示）的计算公式见式（5）：

$$Unemprate_{it} = \frac{城镇登记失业人口}{年末单位就业人口 + 私营企业单位就业人口 + 城镇登记失业人口} \times 100\% \tag{5}$$

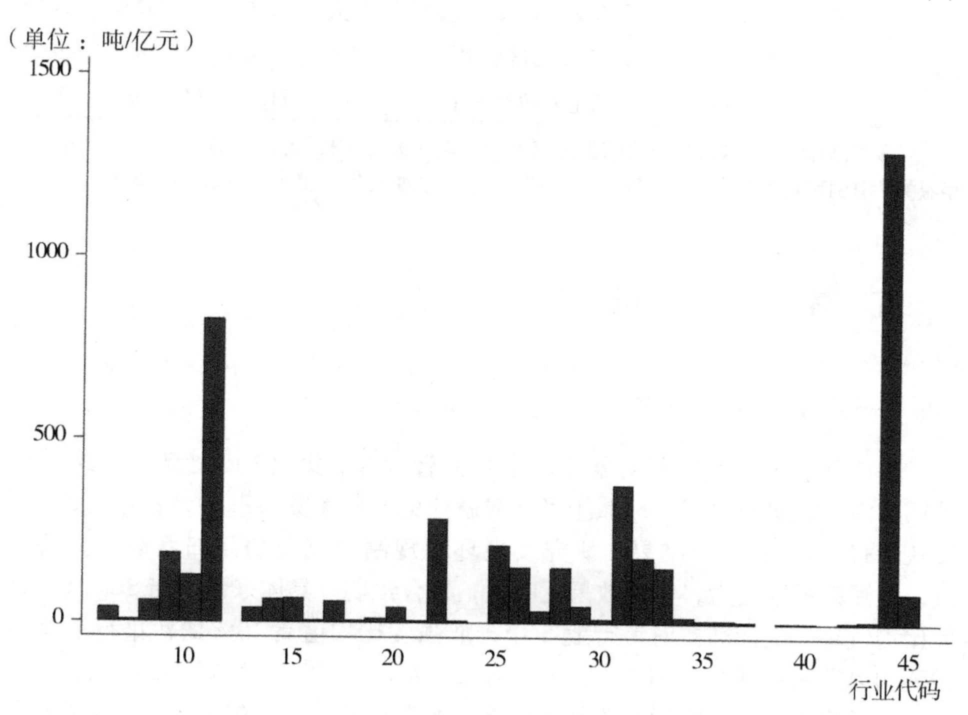

图3　2007年分行业 SO_2 排放强度

（数据来源：《中国城市统计年鉴》）

表1显示了主要变量的定义和描述性统计。

表1　主要变量的描述性统计

变量类型	符号	经济含义	单位	均值	标准差	样本量
被解释变量	ln *Employ*	从业人员数的对数	人	5.183	3.724	134940
	Unemprate	失业率	%	5.037	2.901	2860
核心解释变量	*Target*	市级 SO_2 减排目标	万吨	0.875	1.615	346
	ln *Vc*	市级通风系数的对数	平方米/秒	7.363	0.801	346

续上表

变量类型	符号	经济含义	单位	均值	标准差	样本量
控制变量	$\ln SO_2$	行业 SO_2 排放强度的对数	吨/亿元	3.268	1.863	39
	$\ln Pop$	非农人口的对数	万人	4.601	0.738	2860
	Student	高等学校在校学生数	万人	5.546	11.072	2860
	Growth	劳动力增长率	%	7.484	25.566	2860
	Private	私企劳动力占比	%	21.092	13.153	2860

[资料来源：中国工业企业数据库（2001—2010）、《中国统计年鉴》《中国城市统计年鉴》《中国环境统计年鉴》（2001—2012）、欧洲中期天气预报中心（2000—2004）]

五、实证结果分析

（一）基础回归分析

表2显示了环境规制对就业的平均监管效果：第（1）列反映了式（3）的回归结果，研究发现 SO_2 减排目标对就业的回归系数显著为负；第（2）列反映了式（4）的回归结果，研究发现环境规制对就业的回归系数也显著为负，且回归系数更大，监管效果更明显，符合预期。具体来说，当 SO_2 减排目标比均值高一个标准差时，行业 SO_2 排放强度比均值高10%的污染行业企业的劳动力需求会减少7.61%[①]，比平均从业人数（7184万）减少546万。

为了检验不同污染行业的监管效果，本文在式（3）的基础上引入了三个虚拟变量，分别为 *Electricity*、*Nonmetallic* 及 *Ferrous*，进而分析该环境规制政策分别对电力热力的生产和供应业、非金属矿物制品业及黑色金属冶炼及压延加工业的影响，结果如第（3）列所示，环境规制对这三个重污染行业就业都具有显著负效应，其中，对黑色金属冶炼及压延加工业的影响最大。

上述结论表明，随着环境规制政策的实施，企业生产成本上升，在利润最大化的驱使下，污染行业的企业会选择减少其劳动力需求。

---

① 该结果由 $\Delta = \hat{\beta} \times \ln(Target_{mean} + Target_{sd}) \times \ln[SO_{2mean} \times (1 + 10\%)] - \hat{\beta} \times \ln(Target_{mean}) \times \ln(SO_{2mean})$ 计算而得。其中，Δ 为 $\ln employ$ 的比例变化，$\hat{\beta}$ 为表2中列（1）的系数，$Target_{mean}$、$Target_{sd}$ 分别为 SO_2 减排目标的平均值和标准差（0.875、1.615），SO_{2mean} 为行业 SO_2 排放强度的平均值（117.303）。

表 2　环境规制对就业的平均监管结果

变量	(1)	(2)	(3)
ln *Target* × *Post* × *Dirty*	-0.112***		
	(0.009)		
ln *Target* × *Post* × $lnSO_2$		-0.015***	
		(0.001)	
ln *Target* × *Post* × *Electricity*			-0.055***
			(0.011)
ln *Target* × *Post* × *Nonmetallic*			-0.047***
			(0.009)
ln *Target* × *Post* × *Ferrous*			-0.121***
			(0.015)
城市 × 年份固定效应	控制	控制	控制
行业 × 年份固定效应	控制	控制	控制
城市 × 行业固定效应	控制	控制	控制
观测值	24220	134940	24220
调整 R^2	0.902	0.903	0.901

注：①括号内报告的是聚类在城市 - 年份层面的稳健标准误；② ***表示 10% 的显著性水平。

（二）平行趋势假设检验

通过三重差分法，得到无偏估计的前提是处理组和对照组满足平行趋势假设，即在政策实施之前处理组和对照组之间不存在显著的差异。为此，本文参考了 Jacobson 等（1993）的事件研究法对环境规制政策的平行趋势假设进行实证检验，模型设定见式（6）：

$$\ln Employ_{ict} = \sum_{j=-5}^{4} \beta_t \times \ln Target_c \times Year_{2006+j} \times \ln SO_{2i} + \mu_{ct} + \delta_{ci} + \gamma_{ti} + \varepsilon_{ict} \tag{6}$$

式（6）以 2001 年作为基准年，式中，$Year_{2006+j}$ 代表年份虚拟变量，β_t 表示 SO_2 减排目标在第 t 年对就业的边际影响。平行趋势假设检验结果见表 3，从中可发现环境规制对就业的估计系数在政策实施前的阶段（即在 2006 年之前）是不显著的，说明政策实施前处理组和对照组之间不存在明显的差异，满足平行趋势假设。自政策实施后的2006年开始，环境规制对就业具有显著为负的影响效应，且估计系数呈现逐年增长的趋势。研究结果表明，环境规制对就业的政策效应是立竿见影的，不存在预期与滞后效应，且随着时间推移该政策的年度效应逐年增加。

表3　平行趋势假设检验结果

变量	*lnEmploy*
$\ln Target \times 2002 \times \ln SO_2$	0.002
	(0.006)
$\ln Target \times 2003 \times \ln SO_2$	-0.002
	(0.005)
$\ln Target \times 2004 \times \ln SO_2$	-0.004
	(0.005)
$\ln Target \times 2005 \times \ln SO_2$	-0.007
	(0.005)
$\ln Target \times 2006 \times \ln SO_2$	-0.010**
	(0.005)
$\ln Target \times 2007 \times \ln SO_2$	-0.014***
	(0.005)
$\ln Target \times 2008 \times \ln SO_2$	-0.019***
	(0.005)
$\ln Target \times 2009 \times \ln SO_2$	-0.021***
	(0.006)
$\ln Target \times 2010 \times \ln SO_2$	-0.025***
	(0.006)
常数项	5.115***
	(0.027)
城市×年份固定效应	控制
行业×年份固定效应	控制
城市×行业固定效应	控制
观测值	134940
调整 R^2	0.903

注：①括号内为行业-年份层面的聚类稳健标准误；②**、***分别表示5%和10%的显著性水平；③2001年是被忽略的基准年。

（三）稳健性检验

1. 安慰剂检验

为了检验估计结果是否由于被遗漏的变量引起的，本文参照 Cai 等（2016）的有关研究采取在346个城市中随机分配 SO_2 减排目标进行安慰剂检验，并重复随机抽取回归系数500次，随机性使虚假的 SO_2 减排目标 $Target_c^{false}$ 对就业没有影响，因此若没有显著的遗漏变量存在，则估计系数 $\hat{\beta}^{false}=0$。图4为绘制了500次随机抽样回归系数核密度图，研究发现，随机抽样得到的绝大多数回归系数均分布在0附近（均值几乎为0），且 P 值都大于0.1，同时真正的估计系数是明显的离群值。综上所述，安慰剂检验结果符合预期，并进一步证实了就业的减少确实是由 SO_2 减排目标引起的，不会因为遗漏变量而产生严重偏差。

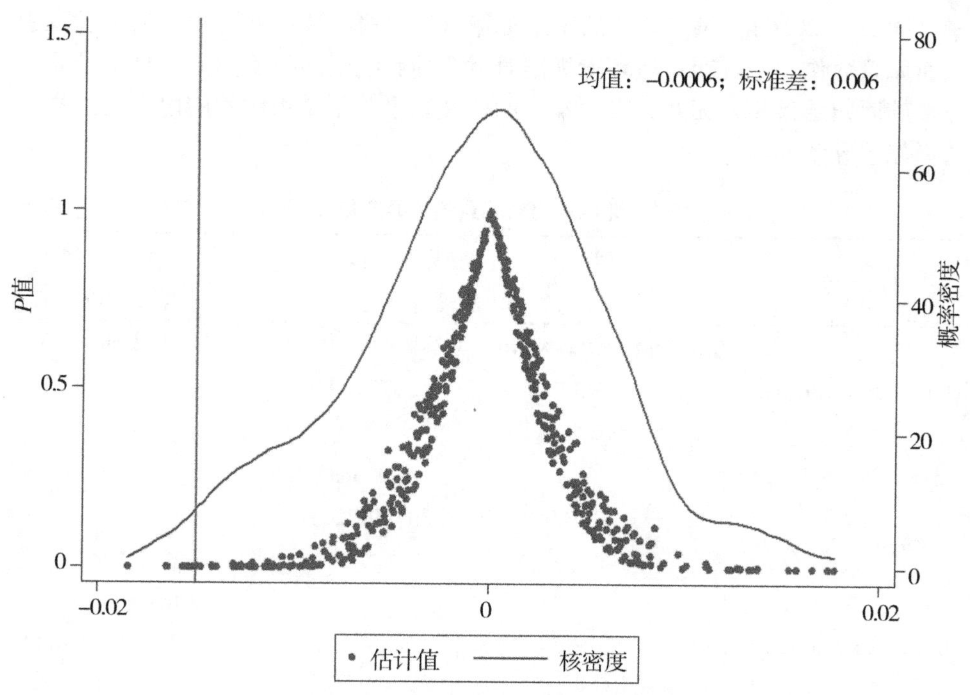

图4 500次随机抽样回归系数核密度

2. 工具变量法

随时间变化的不可预测因素可能与“十一五”规划的 SO_2 减排目标相关。为了解决模型中的内生性问题，本文参照 Cai 等（2016）的有关研究采用

2000—2004 年的各城市附近单元的平均通风系数 *Vc* 作为 SO_2 减排目标的工具变量。

根据 Jacobson（2002）的 Box 模型，有两种气象作用力决定污染扩散程度：第一个是风速，其中较快的风速有助于污染物水平扩散；第二个是混合层高度，较高的混合层高度有助于污染物垂直扩散。具体来说，通风系数定义为风速和混合层高度的乘积，其数值越大则污染物扩散越快，能检测到的 SO_2 排放量越少，所对应的 SO_2 减排目标越小，因此从理论上来说，通风系数与 SO_2 减排目标呈负相关。

通过工具变量法计算的结果如表 4 所示，第一阶段的结果如第（1）、第（2）列所示，SO_2 减排目标与通风系数呈负相关，满足相关性条件。此外，通风系数是由气象系统和地理条件决定的（任胜钢等，2019），满足外生性条件。第一阶段的 *F* 值均显著大于 10，说明本文选用的通风系数不是弱工具变量（Olney，2016）。第二阶段的结果如第（3）、第（4）列所示，从中发现引入通风系数作为工具变量后环境规制对就业的影响仍然显著为负，且估计系数与基础回归结果相差无几，表明本文的研究结果并不是由政策的内生性或样本选择偏差导致的。

表 4　环境规制对就业的工具变量分析

变量	(1)	(2)	(3)	(4)
	第一阶段		第二阶段	
	$\ln Target \times Post \times Dirty$	$\ln Target \times Post \times \ln SO_2$	$\ln Employ$	
$\ln Vc \times Post \times Dirty$	−1.363***			
	(0.228)			
$\ln Vc \times Post \times \ln SO_2$		−1.363***		
		(0.228)		
$\ln Target \times Post \times Dirty$			−0.387***	
			(0.078)	
$\ln Target \times Post \times \ln SO_2$				−0.017**
				(0.008)
F 值	35.61	35.61	24.28	5.09
观测值	24220	134940	24220	134940
调整 R^2	0.721	0.891	−0.155	−0.112

注：①括号内为城市 − 年份层面的聚类稳健标准误；② **、***分别表示 5% 和 10% 的显著性水平。

（四）异质性检验

虽然本文已经论证了环境规制对就业的整体经济效益，但对不同性质企业、不同区域及不同城市规模之间的就业是否存在一定的差异还需要进一步的研究论证，同时，对这部分问题的研究将有助于加深对“污染避难所”假说的理解。

1. 企业所有制异质性分析

本文拟通过式（4）探讨环境规制对不同所有制企业的劳动力需求是否会产生不同的影响。如表5所示，根据第（1）、（2）列结果，本文发现私营企业的劳动力需求对环境规制更为敏感，国有企业虽然也显著为负，但估计系数较小，这表明私营企业在面对环境规制时比国有企业更有可能会减少其劳动力需求。上述异质效应可能归因于以下两方面：一方面，私营企业在资源的重新分配和效率改进方面比国有企业更加灵活（任胜钢等，2019）；另一方面，国有企业通常都有诸如改善当地的投资环境的社会目标而不是纯粹的实现利润最大化，在面对环境规制政策时，国有企业往往会考虑到失业率的情况（Chen et al.，2018），而不会直接减少劳动岗位。

表5　环境规制对不同所有制企业就业的分析

变量	(1) 国有企业	(2) 私营企业	(3) 外资企业	(4) 国内企业
$\ln Target \times Post \times \ln SO_2$	-0.004***	-0.016***	-0.006***	-0.014***
	(0.001)	(0.001)	(0.001)	(0.001)
常数项	2.745***	4.232***	2.024***	4.955***
	(0.004)	(0.004)	(0.003)	(0.004)
城市×年份固定效应	控制	控制	控制	控制
行业×年份固定效应	控制	控制	控制	控制
城市×行业固定效应	控制	控制	控制	控制
观测值	134940	134940	134940	134940
调整 R^2	0.803	0.881	0.854	0.894

注：①括号内为城市－年份层面的聚类稳健标准误；②***表示10%的显著性水平。

根据表5第（3）、第（4）列，可发现环境规制政策对于国内企业和外资企业的影响都显著为负。其中，与国内企业相比，外资企业虽然也显著为负，但系数比国内企业小。这表明国内企业在面对环境规制政策时比外资企业更有可能减少其劳动力需求。原因可能是，外资企业往往在其本国受到更严格的环境监管的约束，因此对中国环境监管政策的变化不太敏感。此外，Cai 等（2016）研究发现，外资企业的来源国的监管严格程度也会对此造成不同的影响，但是因为本文的数据无法区分外资企业的来源国，因此，表5的第（3）列仅代表了平均监管效果，这可能会对结果有所影响。

2. 区域及城市规模异质性分析

由于中国幅员辽阔，各个不同区域及不同规模城市之间在经济发展水平、产业结构之间存在较大差异（吕朝凤等，2020），因此本文根据式（4）分别使用东、中、西部及大、中、小规模城市的样本进行回归分析，研究环境规制政策对不同区域的就业的影响，结果见表6。第（1）～（3）列表明环境规制对东、西部区域的就业呈现负且显著的影响，中部地区系数虽然也为负，但并不具有统计学意义。此外，不同规模城市的就业也存在差异，结果如表6的第（4）～（6）列所示，环境规制对大、中、小规模城市的就业均具有显著为负的影响，其中，中等规模城市的影响系数最大。

研究结果表明，环境规制更有可能减少东部地区及中等规模城市的就业，而对中部地区及小规模城市的就业影响较小。原因可能是，不同的区域及不同规模城市之间存在着劳动力市场结构及就业分布的差异，因此环境规制对不同区域及不同规模城市会产生不同的影响。

表6　环境规制对不同区域及不同规模城市企业就业的分析

变量	区域			城市规模		
	(1)	(2)	(3)	(4)	(5)	(6)
	东部	中部	西部	大	中	小
$\ln Target \times Post \times \ln SO_2$	−0.013***	−0.004	−0.009***	−0.008***	−0.011***	−0.006***
	(0.003)	(0.005)	(0.001)	(0.002)	(0.003)	(0.002)
常数项	6.852***	5.467***	3.624***	6.705***	5.362***	2.957***
	(0.002)	(0.010)	(0.009)	(0.002)	(0.007)	(0.016)
城市×年份固定效应	控制	控制	控制	控制	控制	控制
行业×年份固定效应	控制	控制	控制	控制	控制	控制
城市×行业固定效应	控制	控制	控制	控制	控制	控制
观测值	39780	42510	52650	51480	43290	40170
调整 R^2	0.928	0.876	0.875	0.910	0.881	0.857

注：①括号内为城市－年份层面的聚类稳健标准误；② ***表示10%的显著性水平。

（五）环境规制对城市失业率的影响

环境规制会促使更多新建的污染企业及就业向环境规制较为宽松的区域转移，就业转移是影响失业率波动的重要因素之一（Cytler 等，1993）。因此，本文通过对 2001—2010 年 286 个城市的城镇登记失业率来研究就业是否得到充分有效的转移，以期为政府制定实现环境与就业可持续发展的战略提供理论依据。由于难以区分各个行业的城镇登记失业率，本文参考 Fu 等（2010）的有关研究采取双重差分法来探讨，回归模型见式（7）：

$$Unemrate_{ct} = \beta \times \ln Target_c \times Post_t + \lambda X_{ct} + \delta_c + \gamma_t + \varepsilon_{ct} \quad (7)$$

式（7）中，$Unemrate_{ct}$ 代表的是 c 市 t 年的城镇登记失业率（以百分点表示）。$Target_c$ 表示 c 市的 SO_2 减排目标。$Post_t$ 为时间虚拟变量，表示政策实施的时间，即 $t \geqslant 2006$ 则为 1，反之则为 0。X_{ct} 代表的是非农人口 *Pop* 、普通高等学校在校学生数 *Student* 、劳动力增长率 *Growth* 及私营企业劳动力占比 *Private* 等一系列可能会影响到失业率的控制变量。δ_c、γ_t、ε_{ct} 分别表示城市固定效应、年份固定效应及误差项。为了确保研究结果的稳定性，本文通过逐步添加控制变量的方式，回归结果如表 7 所示。研究发现，环境规制对失业率的影响显著为正，具体表现为当 SO_2 减排目标比均值高一个标准差时，就会使失业率上升 0.246%①。

Student 的系数在 5% 的水平上显著为负，该变量代表城市劳动力的平均受教育程度，说明高人力资本存量降低了失业率。非农人口 *Pop* 的系数为正但并不显著，说明随着城市规模的增大反而会提高失业率，其主要体现在工资差距的扩大及通勤成本的增加上。Simon（1998）认为城市规模与失业率之间存在着正相关关系。*Growth* 控制了劳动力增长对失业的影响，研究发现该回归系数是正且显著的，这意味着过快的劳动力供给增长可能会造成失业率的上升。*Private* 代表劳动力市场结构，中国向市场经济转型主要体现在私营企业的增长上，可发现该变量的回归系数显著为负，表明市场经济转型有助于降低失业率。

---

① 该结果由 $\Delta = \hat{\beta} \times \ln(Target_{mean} + Target_{sd}) - \hat{\beta} \times \ln Target_{mean}$ 计算而得。其中，Δ 为 *Unemrate* 的比例变化，$\hat{\beta}$ 为表 7 中第（4）列的系数，$Target_{mean}$ 、$Target_{sd}$ 分别为 SO_2 减排目标的平均值和标准差（1.079、1.773）。

表7　环境规制对失业率的估计结果

变　量	(1)	(2)	(3)	(4)
ln *Target* × *Post*	0.223*	0.222*	0.249**	0.256**
	(0.117)	(0.117)	(0.117)	(0.118)
Student	-0.026**	-0.026*	-0.028**	-0.032**
	(0.013)	(0.013)	(0.013)	(0.013)
ln *Pop*		0.049	0.043	0.041
		(0.069)	(0.068)	(0.068)
Growth			0.011***	0.008***
			(0.002)	(0.002)
Private				-0.029***
				(0.008)
常数项	5.237***	5.008***	4.969***	5.647***
	(0.088)	(0.325)	(0.323)	(0.384)
城市固定效应	控制	控制	控制	控制
年份固定效应	控制	控制	控制	控制
观测值	2860	2860	2860	2860
调整 R^2	0.529	0.529	0.537	0.543

注：①括号内为城市层面的聚类稳健标准误；② *、**、***分别表示1%、5%和10%的显著性水平。

六、结论与政策建议

在中国经济飞速发展的背后，高污染、高能耗的粗放式发展模式也带来了严重的环境污染。近年来，如何处理好环境规制与就业之间的关系成了环境经济学中的一个热点问题。考虑到中国经济的可持续发展，环境规制必然会不断加强，因此，全面评价环境规制对就业的影响，有助于政策制定者了解环境规制的就业效应，从而制定出能够实现环境和就业的可持续发展的相关政策。本文一方面以2001—2010年346个地级行政区域的工业企业面板数据为研究对象，基于“十一五”规划的 SO_2 减排目标，采用三重差分法、平行趋势假设检验、安慰剂检验、工具变量法及一系列稳健性检验，研究结果发现环境规制政策减少了污染行业企业的劳动力需求；另一方面，基于2001—2010年286个城市的相关数据，并运用双重差分法，研究发现环境规制政策增加了城市的失业率。同时，通过对不同企业所有制、不同区域及不同规模城市的就业效应进行分析，发现私营企业、东部地区及中等规模城市的就业对于环境规制的反应更敏感。

基于生态文明观的环境治理理念、建设美丽中国的新时代要求，以前的高污染、高能耗的粗放式发展模式将难以为继，若环境污染的恶化程度超过环境自身的承载能力，必然会制约经济的增长，尤其是就业的增长。在此背景下，如何协调环境保护与维持就业稳定显得尤为重要。根据本文的研究结果，提出以下几点政策建议：

（1）促进政绩考核机制改革，转变政策制定者不合时宜的环境治理理念。自2005年政府将环境效益纳入官员政绩考核机制以来，中国的环保事业取得了显著的进步，然而现行的政绩考核机制仍是以经济增长为重，政府官员也仅仅局限于完成上级下达的目标而缺乏保护环境的积极性。随着以环境为重的环境治理理念的不断深化，必然要求政府官员更加注重环境效益，促进环境的可持续发展。

（2）因地制宜地实施命令型环境规制政策，向市场激励的财政政策手段转变，完善环境规制管理体制。命令型环境规制政策可能对中国的就业水平产生较为负面的影响。陆旸（2011）认为，适当的环境税及所得税政策可以实现就业的“双重红利”。因此，中国应当积极尝试实施环境税、排污权交易政策等以市场激励型为主导的环境规制政策。

（3）实施环境规制政策会减少就业，并使就业向环境规制较为宽松的区域转移。政府若实行分区联合治理，一方面可以防止地方政府在治污过程中陷入集体行动困境，另一方面可以控制污染企业外流。

（4）政府需重视环境规制引发的摩擦性失业。环境规制政策实施过程中，由于产业结构的变化，劳动力在交换工作时会产生临时性失业，从而增加了城市的失业率。因此，政府一方面要进一步调整劳动力市场结构，大力发展人力资本，促进市场经济转型，从而降低摩擦性失业；另一方面，要控制城市规模过大及劳动力过快增长，缓解因过剩的劳动力供给而导致失业率增加。政府应当通过加强对绿色技术及环保基础设施的开发与建设来创造就业岗位，以缓解就业压力（吴明琴等，2016），与此同时，政府应当为劳动力市场提供更好的就业信息服务平台，并加强对劳动力的再就业培训。

参考文献：

[1] 李珊珊．环境规制对异质性劳动力就业的影响：基于省级动态面板数据

的分析[J]. 中国人口·资源与环境，2015（8）：135－143.
[2] 王勇，谢婷婷，郝翠红. 环境成本上升如何影响企业就业增长：基于排污费修订政策的实证研究[J]. 南开经济研究，2019（4）：12－36.
[3] 孙文远，杨琴. 环境规制对就业的影响：基于我国“两控区”政策的实证研究[J]. 审计与经济研究，2017（5）：96－107.
[4] 王勇，施美程，李建民. 环境规制对就业的影响：基于中国工业行业面板数据的分析[J]. 中国人口科学，2013（3）：54－64.
[5] 王勇，李建民. 环境规制强度衡量的主要方法、潜在问题及其修正[J]. 财经论丛，2015（5）：98－106.
[6] 任胜钢，郑晶晶，刘东华，等. 排污权交易机制是否提高了企业全要素生产率：来自中国上市公司的证据[J]. 中国工业经济，2019（5）：5－23.
[7] 吕朝凤，余啸. 排污收费标准提高能影响 FDI 的区位选择吗：基于 SO_2 排污费征收标准调整政策的准自然实验[J]. 中国人口·资源与环境，2020（9）：62－74.
[8] 陆旸. 中国的绿色政策与就业：存在双重红利吗？[J]. 经济研究，2011，46（7）：42－54.
[9] 吴明琴，周诗敏，陈家昌. 环境规制与经济增长可以双赢吗：基于我国“两控区”的实证研究[J]. 当代经济科学，2016（6）：44－54.
[10] BERMAN E，BUI L T. Environmental regulation and employment demand: evidence from the south coast air basin [J]. Journal of public economics，2001，79（2）：265－295.
[11] MISHRA V，SMYTH R. Environmental regulation and wages in China [J]. Journal of enviromental planning management，2012，55（8）：1075－1093.
[12] GREENSTONE M. The impacts of environmental regulations on industrial affect employment demand? evidence from the pulp and paper industry [J]. Journal of environmental economics and management，2002，110（6）：1175－1219.
[13] KAHN M E，MANSUR E T. Do local energy prices and regulation affect the geographic concentration of employment? [J]. Journal of public economics，2013（101）：105－114.
[14] CHI M Y. On the employment market consequences of environmental taxes [J]. Journal of environmental economics and management，2018（89）：136－152.

[15] GRAY W B, SHADBEGIAN R J. Environmental regulation, investment timing, and technology choice [J]. Journal of industrial econmics, 1998, 46 (2): 235 -256.

[16] FERRIS A E, SHADBEGIAN R J, Wolverton A. The effect of environmental regulation on power sector employment: phase I of the Title IV SO_2 trading program [J]. Journal of the association of environmental and resource economists, 2014, 1 (4): 521 -553.

[17] COLE M A, ELLIOTT R J. Do environmental regulations cost jobs? An industry-level analysis of the UK [J]. The B. E. journal of economic analysis and policy, 2007, 7 (1): 1 -27.

[18] TALOR B, LI Q. Is the ACFTU a union and does it matter? [J]. Journal of industrial relations, 2007, 49 (5): 701 -715.

[19] LIU M, SHADBEGIAN R, ZHANG B. Does environmental regulation affect employment demand in China? evidence from the textile printing and dyeing industry [J]. Journal of environmental economics and management, 2017 (86): 277 -294.

[20] CHEN Z, KAHN M K, LIU Y, et al. The Consequences of spatially differentiated water pollution regulation in China [J]. Journal of environmental economics and management, 2018 (88): 468 -485.

[21] SHI X Z, XU Z F. Environmental regulation and firm exports: evidence from the eleventh Five-Year Plan in China [J]. Journal of environmental economics and management, 2018 (89): 187 -200.

[22] CAI X Q, LU Y, WU M Q, et al. Does environmental regulation drive away inbound foreign direct investment? evidence from a quasi-natural experiment in China [J]. Journal of development economics, 2016 (123): 73 -85.

[23] HERING L, PONCET S. Environmental policy and exports: evidence from chinese cities [J]. Journal of environmental economics and management, 2014 (68): 296 -318.

[24] FU S H, DONG X F, CHAI G J. Industry specialization, diversification, churning and unemployment in Chinese cities [J]. China economic review, 2010 (21): 508 -520.

[25] JACOBSON L S, LA LONDE R J, SULLIVAN D G. Earnings losses of displaced workers Earnings losses of displaced workers [J]. The American economic review, 1993, 83 (4): 685 -709.

[26] JACOBSON M Z. Atmospheric pollution: history, science, and regulation [M]. New York: cambridge university Press, 2002: 49 - 54.

[27] OLNEY W W. Impact of corruption on firm-level export decisions [J]. Economics inquiry, 2016, 54 (2): 1105 - 1127.

[28] BRAINARD S L, CUTLER D M. Sectoral shifts and cyclical unemployment reconsidered [J]. The Quarterly Journal of Economics, 1993, 108 (1): 219 - 243.

[29] SIMON C. Frictional unemployment and the role of industrial diversity [J]. Quarterly journal of economics, 1998 (103): 715 - 728.

统筹疫情防控以及经济高质量发展的建议

傅京燕[①]

摘　要：2020年伊始，突发的新冠肺炎疫情严重影响了我国经济的发展。作为全国第一经济大省，广东守护着祖国的“南大门”。面对疫情的反复和不断变异的病毒，如何统筹做好疫情防控，并保障经济发展，既是我们要面对的一次“大战”，也是对我们的一次“大考”。为赢得这次“大考”，我们需要对包括医疗卫生、社区治理等在内的各方面进行完善，并需要统筹实现疫情防控下的经济复苏。本文提出以下建议：①实行相机抉择的宏观经济政策，统筹疫情防控和经济社会发展。②因时、因势优化措施，持续做好疫情防控工作。③以精细化的财政金融调控措施为相关地区提供直达实体经济的实质性帮助。财政金融资金帮扶需要下沉到社区。社区的网格化管理具备灵活的优势。④主动应变、化危为机，深化结构性改革，以科技创新和数字化变革催生新的发展动能。⑤推进疫情后绿色金融支持城市改造和现代产业，不断优化国际营商环境。

关键词：新冠肺炎疫情；疫情防控；高质量发展

2020年，新冠肺炎疫情对各国经济均产生了极大的冲击，由于决策层强大的决断能力和执行力，中国政府获得了广大民众的支持。2020年4月8日，武汉解封标志着中国成功地遏制住了新冠病毒的蔓延，率先迈出了经济复苏的步伐，但疫情的反复依然考验着各国的防控能力。2021年5月21日，广州荔湾区发生了由德尔塔变异株引起的局部聚集性疫情，截至2021年6月24日，全市累计报告感染个案167例。直至2021年6月26日，包括荔湾区等在内的中风险地区清零，广州市全市降为低风险地区。这次突如其来的持续一个多月的疫情对广州的消费、生产和就业等方面造成了冲击。但是，疫情对经济的冲击在时间上具有递减性，广州市各个行政区的封闭管理和风险影响等级在空间

---

① 傅京燕：博士，暨南大学经济学院教授、博士研究生导师，暨南大学资源环境与可持续发展研究所所长。研究方向：开放条件下的环境问题。电子邮箱：fuan2@163. com。

上也具有不均衡性。因此，相关部门可以根据疫情形势变化和防控成效，统筹推进疫情防控和经济社会高质量发展，以降低“十四五”开局之年全年经济运行的不确定性。

为提振投资，增强市场信心，发挥政府对“战疫情，保发展”的支持作用，广州市人民政府在2021年6月23日及时印发了《关于积极应对新冠肺炎疫情影响 着力为企业纾困减负若干措施》（简称《措施》），通过重建信心、信息疏通和政策叠加，以期把疫情影响降至最低，促进经济平稳健康发展。加大对中小微企业财税、金融、社保等方面政策的支持力度，有针对性地帮扶批发零售、住宿餐饮、物流运输、文化旅游等重点行业企业，共推出纾困、减负、帮扶三大类共9项具体措施。经测算，各项措施实施后可为企业减负超300亿元。随后，2021年6月30日，广州市地方金融监督管理局联合银保监局、财政局等部门又细化出台了《关于强化金融服务支持疫情防控 促进经济平稳发展的意见》（简称《意见》），针对曾被列为中高风险区域、曾实施封控封闭管理区域及其邻近区域，积极采取金融帮扶措施，支持受疫情影响较大的区域加快恢复正常经济活动。

这次疫情是一个分水岭，疫情后的发展支持措施也决定了广州未来的发展优势。《措施》和《意见》在具体措施上及时地为受疫情影响的行业和广州市各区强化了金融支持，但在宏观层面上，如何协调经济发展模式和政府治理以推动经济全面恢复及稳健增长，既是一次“大战”，也是一次“大考”。

一、统筹推进疫情防控和经济社会高质量发展的重要性

广州在国家经济发展中具有重要的“风向标”作用。具体表现在两方面：第一，广州白云机场是我国门户枢纽中的“南大门”，不仅面向东南亚市场，也是我国通往大洋洲、非洲等地区的重要交通网络节点。同时，白云机场又处在粤港澳大湾区机场群的核心枢纽位置。全国每天入境的人数，广东占了90%。疫情期间，广东每天隔离将近3万人，相关防疫工作人员有近2万人。2020年，白云机场超过美国亚特兰大机场，成为全球全年旅客吞吐量排名第一的机场，大多数旅客由此入境。第二，广州由于特殊的地理位置、发达的交通网络和医疗体系，隔离酒店的数量在全国也居于前列。广州一方面要拼尽全力稳定经济发展，另一方面又要站在抗击病毒的最前线。即使在这种情况下，广州在2021年第一季度的经济增速仍领跑一线城市。

防控疫情是经济社会发展的重要前提。哪里控制得住疫情，哪里就可以发展经济。如果迅速及时落实纾困政策，广州的经济在下半年还可能出现一定程

度的补偿性反弹。因此，尽早、尽快落实恢复经济的措施，把疫情对全年经济的影响降到最低，是打赢疫情防控战的重要标志。

稳定经济是有效防控疫情的重要保障。针对与疫情防控直接相关的医用物资，群众生活必需品生产、销售、运输和城市公共服务等领域，进一步加大金融支持力度，有助于促进企业扩大产能和服务供给，提高应急储备和应急保障能力。

广州有条件、有能力统筹做好疫情防控，同时保证经济社会高质量发展。第一，广州具有包容、韧性的文化和较完善灵活的市场化机制，为战胜疫情奠定了重要基础。第二，广州产业体量大，具备多样化的产业体系，有很强的抗冲击能力和自我修复能力。广州具有超大规模市场优势，包括数字经济运用的场景和庞大的消费群体，疫情防控也将促使高质量发展步伐的加快和创新能力的提高，推动绿色发展和城市韧性建设。第三，广州在金融监管和金融风险防范方面一直处于全国前列，创新建设了全国首个地方金融风险监测防控机构，拥有充足的政策空间和政策工具来稳定经济，从而把疫情影响控制在最小范围和最短时间内。

二、努力降低疫情对经济社会发展的影响，促进经济平稳发展

疫情是否反复及是否成为危机，取决于城市的治理能力。这次广州疫情具有以下特点：

（1）防控要求更高。与2020年的疫情相比，这次德尔塔变异株具有传播力强、潜伏期短、病毒载量高、病情发展快等特点，给疫情应对和防控措施的实施提出了新的、更高的要求。集中隔离医学观察点是疫情防控的关键防线之一，酒店行业由于受疫情影响，经营收入较往年有一定的下降，而近期又承接了大量的隔离防控任务，导致酒店企业资金压力非常大。

（2）区域集聚度高。感染者存在一定程度的区域聚集，密接者和次密接者涉及广州、佛山、深圳和东莞的多个区域，而且其活动场所的类型比较复杂，东莞还出现了高校的感染病例。

（3）高度紧密的产业分工、人流和产业的联系。广州、佛山、深圳及东莞的疫情可以归因于紧密的产业分工、人流和产业的联系，从而使疫情呈现传播快等特点。

根据疫情的上述特点，其对经济的影响也呈现出与以往不同的特点，因此，针对性支持主要体现在以下方面：

（1）对中小微企业的支持。中高风险地区及实施封闭封控管理区域内的中小微企业受疫情影响较重。首先，需要缓解受到疫情影响的企业产能等经营收入压力。由于停止营业或减少营业时间，部分企业面临较大的资金周转压力、按期交货压力、交通运输压力与人力资源不足等多重压力。其次，需要解决企业对停工期间成本的部分覆盖。对于因疫情暂时无法正常返岗的员工，企业根据国家规定，必须正常支付其工资，这对许多小微企业来说确实压力不小，一些小微企业甚至面临生存危机，急需政府的针对性帮扶。

（2）对受疫情冲击较大行业的支持。这次疫情对餐饮、文旅、酒店、商贸、交通等服务行业产生较大冲击，这些行业恢复运营，关系基本民生。同时，严格的隔离措施和限制人员流动直接影响线下消费活动，需要鼓励线上线下融合，帮助这些行业恢复运营。例如，在这次疫情中，很多餐饮业在关闭堂食之后马上转为线上订餐。此外，还可以通过加大政策支持，实施结构性减税降费，提供差异化优惠金融服务，缓解企业经营压力。

三、统筹做好疫情防控与经济社会未来高质量发展的建议

疫情防控考验着城市在共治共享共建过程中的创建模式。疫情将重组经济模式，当前，广州走在全国前列，在医治、管控和治理等方面输出“广州模式”；经济复苏后，我们应该顺应自然、顺应生命、顺应经济发展规律。

1. 以疫后“绿色复苏”为契机，寻求人与自然关系的平衡点

在后疫情时代，加快经济复苏是国家与地方的工作重心，恢复原有的“棕色”经济模式已不符合可持续发展的要求，通过“绿色复苏”实现向可持续、低碳经济的长期转型才是可行之举。持续的疫情催生了新业态和新的服务模式。例如，在环保行业中，废弃物处理、环境监测及环保装备领域得到了良好的发展机遇，为疫后的环境质量提升提供了支持。在商业模式上，经过疫情的考验，更多的企业意识到建立“有韧性”的商业模式的重要性，着眼商业可持续发展、加快数字化转型成为企业逆境发展的新动能。

疫情为城市之间的互联互通以及智慧城市的建设按下了加速键。经济活动的无人化及城市管理的高效化成为疫情后的显著变化，在此过程中，需要发挥数字经济在减少资源投入和降低能源消耗方面的作用。在疫后经济复苏的过程中，我们要把生态环境保护摆在与经济发展同等重要的位置，二者和谐互动、高效包容，实现人与自然关系的平衡，创造一个有韧性、可持续的现代化经济体系。地方可以研究发行特别地方债，调整优化地方政府专项债券投向，适度

扩大专项债使用范围，支持经济恢复性增长和医疗卫生、公共防疫、应急管理能力等补短板建设。在2020年的疫情期间，也有过类似案例，例如，2020年4月13日，广州开发区金融控股集团有限公司成功发行第一期20亿元非公开发行公司债券（疫情防控债），票面利率3.16%，创3年期定价期限私募公司债券发行利率历史新低。该债券募集资金将用于疫情防控相关项目，为参与疫情防控的重点企业加强金融服务和提供资金保障。

2. 积极扩大有效需求，多措并举暖市场、稳投资、增动能

挖掘需求潜力，既是对冲疫情影响的有效举措，也是增强经济发展后劲的重要途径。此外，疫情还促进了城市之间的互联互通及智慧城市的建设，例如，减少了交通出行及使城市的管理更为高效等，因此，疫情也是一次驱动产业绿色低碳改造、实现节能降耗减排的重要转折点。鉴于广州的金融体系具有产业性和市场性的特征，建议把支持实体经济恢复发展放到更加突出的位置。接下来要强化土地、资金等要素保障，创新投融资体制机制，推动疫情催生的广州国际健康驿站、广州呼吸中心和越秀南生命健康产城融合综合体等大健康产业，以及琶洲数字经济中心、广州城市生态形象名片广州花园等文体商旅和绿色经济产业集群的建设与发展。在社会民生项目方面，重点推进教育、医疗卫生的发展和旧村改造等，打造大湾区宜居的舒适环境。在公共投资方面，据Wind金融终端的数据统计显示，广东省近两年共发行了3笔地方绿色政府债，发行总额为281.91亿元，占全国地方绿色政府债发行总额的49.86%，为解决城市管理和生态环境问题发挥了重要的作用。

3. 以精细化的财政金融调控措施，落实相关地区提供直达实体经济的政策工具

首先，可以根据疫情对广州市各区的隔离措施影响，结合疫情防控和复工复产不同阶段面临的主要问题，分阶段、有梯度地出台再贷款再贴现政策，对名单实施动态调整。2020年以来，中国人民银行根据疫情暴发初期、疫情得到初步控制、防控取得重大阶段性成果等不同阶段的生产生活恢复需要，3批次分别增加3000亿元、5000亿元、1万亿元再贷款再贴现额度。由于疫情防控要对大量的密集性人员进行隔离，酒店和酒店用品洗涤企业是纾困的主要对象。例如，为着力纾解隔离酒店、酒店用品洗涤企业困难，2021年6月，中国建设银行花都分行从客户在线申请到实际放款，仅用15分钟便为相关酒店用品洗涤企业放款200万元。而对位于花都区、白云区的机场和高铁联运模式企业，银行则应视企业的接待能力给予800万～1500万元不等额度的信贷支持。其次，注重引入激励相容机制，下沉到社区的政府行政管理单元，发挥基层政府机构发展经济的积极性。一方面，发挥银行网点和信贷人员挖掘掌握信息和配置信贷资源的优势，促进金融资源流向受疫情影响的重点领域和薄弱环节中具有更高效率的企业。另一方面，财政金融资金要在金融机构的基础上，再下沉到社区的政府行政管理单元。社区的网格化管理具备深耕区域、管理灵活的优势，这些服务地方经济和小微企业的基层政府机构具有天然的普惠性，因而可以发挥街道社区提振经济的积极性。由于社区在疫情防控中发挥了重要作用，因此在统筹经济社会发展方面，也可以将区一级政府的金融资金下沉工作落实，包括实施利率优惠、简化流程、缩短等待时间，切实落实监管要求，做好疫情防控各项金融服务保障。

4. 深化信用服务实体经济功能，特别是对轻资产的科技企业的扶持

为具体解决小微企业受疫情影响而出现的资金周转困难问题，尤其是资金到期还款压力和因缺乏担保品而贷款难这两大痛点，中国人民银行创设了两个直达实体经济的货币政策工具，使货币政策工具带来的资金和实惠通过商业银行直达最需要支持的企业。通过政策叠加降低融资成本，政府引导便捷融资通道，引导金融机构加大对小微企业、民营企业、三农企业、制造业的信贷支持，增强金融的普惠性。广州中小科技企业数量多。作为轻资产企业，它们缺乏担保。为缓解这一难点与痛点，需要建立长效机制，为缓解中小微企业融资难题大胆创新。一方面，应加强标准化权属交易平台建设。2020 年 5 月，广州市地方金融监督管理局印发了《广州市普惠贷款风险补偿机制管理办法》，以促进合作银行增加对小微企业信用贷款、应收账款质押贷款和知识产权质押贷款的投放，助力中小微企业共克时艰。因此，可以在此基础上，通过建立标准化融资平台，让中小企业的订单、产权和特许经营权在需要时迅速变现，通过叠加金融产品，实现金融跨期资源配置的作用，成为中小企业资金融通的及时雨和润滑剂。另一方面，为受疫情影响较大的地区和企业提供降低风险性和增加安全性的金融服务。由地方政府出资建立风险补偿基金，银行、保险公司、担保公司等共同参与，各方签订风险分担协议，按协议约定比例承担绿色企业的贷款违约损失，补偿和减轻金融机构信贷损失。

5. 加快培育发展新兴产业，推进城市管理韧性

疫情推动了风险预警、信息溯源、智慧城市、远程医疗、无人配送、企业在线运营等新技术、新业态发展和消费模式创新，为新兴产业发展带来了机遇。其一，结合乡村振兴和数字经济，推动商旅文融合发展，引导绿色健康消费。作为千年商都，广州商贸新业态发展活跃，其中电商发展稳居全国第一梯队。广州具有产业数字化和数字产业化的优势，其发达的 5G 互联网端应用场景和电商平台，可以推广绿色产品，促进健康卫生产品的消费，加快释放新兴消费潜力，同时通过对文化传承、生态宜居、交通便捷、生活便利等方面工作的落实，推动乡村振兴，推动综合城市功能出新出彩。其二，积极扩大有效投资，加快5G和智慧城市等新型基础设施建设。高清晰度和低延误使5G可以有很多新的应用，例如，在物联网、无人驾驶和远程医疗及智能制造等方面帮助企业打造新经济。

6. 推进疫情后绿色金融支持城市改造和现代产业，不断优化国际营商环境

大力倡导和推进改善城市的生态环境治理体系和治理能力，其实质就是在改善营商环境。2020年，在疫情冲击下，广州市持续深化“放管服”改革，不断优化营商环境，实有各类市场主体269.67万户，同比增长15.78%。2020年12月，根据国家优化营商环境工作部署，国务院计划设立一批营商环境创新试点城市，广州市为首批6个试点城市之一。

另外，广州市花都、天河和南沙等区多样性的绿色金融实践，可以助力大湾区特色金融支持绿色产业的发展。具体做法有两点：第一，打造绿色产业的国际标准，提升高质量发展水平。标准化是高质量发展的重要基础，标准国际化是对接国际一流城市的重要手段。根据能代表广州国际化城市和产业种类齐全的特点，构建与广州本地产业相匹配的绿色标准、披露、检测、认证、评估系统架构，可提升高质量发展水平并创新绿色金融的产业生态。第二，将广州市绿色经济与城市形象相结合，策划与绿色经济相关的会议，打造绿色产业生态圈。绿色金融是一种国际性的产业金融形式，也是国际性大都市建设所需要的金融形态。2020年，广州举办的国际金融论坛取得成功。同时，世界银行、亚洲开发银行等国际机构也都围绕“绿色金融和经济复苏”这一主题召开会议，开始显示高端会议的主题集聚效应。建议定期搭建信息交流合作平台以加强绿色金融的宣传、交流与合作，如以香港亚洲金融论坛、中国进出口商品交易会等信誉良好的大型活动为依托，在加强大湾区内信息交流的同时，向世界展示广州在大湾区绿色金融上的影响力。

生态与资源经济篇

生态资本化：绿水青山如何变成金山银山

刘金山　刘慧琳[①]

摘　要：碳达峰、碳中和目标实现的前提之一是对当前发展阶段的生态问题的认识。生态问题是工业化（资本逻辑）产生的外部效应。绿水青山就是金山银山，关键是绿水青山如何变成金山银山？工业文明与生态文明的契合之路是生态资本化，即用资本逻辑解决资本逻辑带来的问题，并最终形成生态化产业体系。生态资本化已成为发达国家经济发展的新动力。我国要顺应发展理念转型，贯彻新发展理念，培育与建设生态化现代产业体系，从工业品生产大国转变为生态化工业品生产大国，进而把生态化融入生产、分配、交换、消费的各个环节，形成生态化社会再生产循环系统。

关键词：工业化；生态资本化；生态化产业体系

一、问题的提出

生态危机是我国乃至全球面临的最严峻的问题之一。2020 年，我国首次提出，二氧化碳排放力争于 2030 年前达到峰值，争取 2060 年前实现碳中和。2021 年，碳达峰和碳中和被写入《政府工作报告》。这些愿景目标的实现，需要有科学的理性逻辑和路径规划，其中最为重要的是对当前发展阶段所面临的问题进行科学研判。

当前，我国高质量发展面临的关键问题之一是生态文明与工业文明如何携手并进。习近平总书记多次强调，绿水青山就是金山银山。我们如何把绿水青山变成金山银山，这一点至关重要。如何基于约束条件，探索出一条可持续的高质量发展道路，是地区、企业、个人需要认真研究的任务。

---

① 刘金山：博士，暨南大学经济学院教授，博士研究生导师。研究方向：区域经济与产业创新发展。电子邮箱：jinshanliu0909@ sina. com。刘慧琳：暨南大学经济学院硕士研究生，研究方向：国民经济。

（一）我国能否在工业文明框架内建设生态文明

生态危机在一定程度上是基于资本逻辑（利润增值）的工业文明的结果。解决生态危机，需要认清两个典型事实。

其一，中国的工业化是一个意义极其巨大的世界历史事件，其给全球工业化版图带来了巨大变化；工业是中国成为世界有影响力大国最重要的经济基础。2010 年，中国制造业超过美国居世界第一位，目前是唯一拥有联合国产业分类全部工业门类（39 个工业大类、191 个工业中类、525 个工业小类）的国家。

其二，中国仍处于并将长期处于社会主义初级阶段，产业层次总体不高，大而不强，工业文明的路还没有走完；发达国家的再工业化战略警示我们，工业不可丢。根据发展经济学家霍利斯·钱纳里（Hollis B. Chenery）的工业化阶段理论，按照2019 年人均 GDP（按2013 年美元调整）划分，作为我国第一经济大省，广东省处于后工业化时期，但在省内的 178 个县域经济单位（含市辖镇及街道、区，不含部分功能区）中，处于工业化初期的有 13 个，占 7.3%，主要在粤北地区；处于工业化中期的有 47 个，占 26.4%，主要在粤东西北地区；处于工业化后期的有 62 个，占 34.8%，主要在珠三角地区；处于后工业化阶段的有 49 个，占 27.5%，主要在珠三角地区；迈过工业化进入发达阶段的有 7 个，占 3.9%，全部在广州、深圳这两个中心城市。广东尚且如此，更遑论中西部地区。

尤其需要指出的是，在实施乡村振兴战略时，既要警惕“去农化”，又要警惕“过度服务化”。经调研，我们发现，发展第一产业，收入规模可以达到十万元级；发展第三产业，收入规模可以达到百万元级；发展第二产业，收入规模可以达到千万元级。农村工业化是乡村振兴的关键路径之一。

为此，我们既要补好工业文明的课，又要走好生态文明的路；既要健全以资本逻辑为核心的工业文明体系，又要建设与生态文明相适应的经济社会发展模式。如何做到生态文明促进发展而不是约束发展，需要研究解决工业文明难题的办法。

（二）我国能否实现经济增长与生态文明建设的兼容

我国经济处于由高速增长转向以中高速增长为特征的高质量发展的阶段，意味着经济增速不能降得太快。现阶段，我国经济增速已经从 2010 年的 10% 左右下降到目前的 6% 左右，未来有可能降到 5%。习近平总书记在《中共中央关于制定国民经济和社会发展第十四个五年规划和二〇三五年远景目标的建议》中指出，到“十四五”末达到现行的高收入国家标准、到2035年实现经济总量或人均收入翻一番。这一目标的实现，需保证5%的经济增长速度。在结构调整中，保障一定的经济增速，这是一个世界级难题，同时又是中国必须要突破的难题。

在生态文明建设中实现经济稳步增长，既要完成能源消费削减目标，又要解决实现“第二个一百年目标”所面临的难题。如何把经济增长与消除经济活动的不良生态影响结合起来，如何实现经济增长与生态保护并非非此即彼的关系，需要寻求新突破。新发展理念之一是绿色发展，既要“绿色”，又要“发展”。可见，解决生态危机应该成为具有潜力的经济增长极。正如比尔·盖茨所言，零碳产业将是一个巨大的经济机遇，需要新的技术、新的公司和新的产品来降低“绿色溢价”，那些能在这一领域有所突破的国家，将是未来十几年引领全球经济的国家。

二、理论困境

生态危机往往会演变成一个情绪问题，人们可能会根据若干案例或部分数据就草率得出结论。这一情绪的实质是自然中心主义，但这并不能解决问题。生态问题是工业化（资本逻辑）产生的外部效应，而解决外部性的理论主张，并不能很好地解决生态问题。

（一）庇古税

1920年，英国经济学家阿瑟·庇古在《福利经济学》一书中提出了被后人称为“庇古税”的观点。庇古认为，市场失灵的原因之一是经济行为主体的私人成本与社会成本不一致，从而私人最优导致社会非最优。解决外部性的方案是政府通过征税或补贴来调整行为主体的私人成本，根据污染危害程度对排污者征税，用税收来弥补排污者生产的私人成本和社会成本之间的差距，使两者相等。对产生生态问题的主体进行征税，只是一种预防性或惩罚性措施，而并未从源头上根除生态问题，尤其是当污染的私人收益大于庇古税时。

（二）合并或兼并

该主张的理论支撑是解决市场失灵的外部性内部化。造成污染的企业与被污染的企业合并或兼并，生态问题就是合并后企业如何进行最大化选择问题。此刻最有可能产生内部人控制问题。这种外部性内在化，并不能减少产生生态问题的企业的生产冲动，甚至会为造成更大的污染提供了可能。

（三）生态补偿

该理论主张，政府作为出资主体，应通过专项经费或财政转移支付等方式进行生态环境保护，其方式包括中央政府与地方政府之间的纵向转移和地方政府间的横向转移。但资金来源、资金缺口、资金监管等问题难以得到有效解决，尤其是地区间横向转移交易成本很高，甚至会产生负向激励，即越补偿，越污染。

（四）科斯定理

该定理认为，只要财产权是明确的且交易成本为零或很小，无论在开始时将财产权赋予谁，市场均衡的最终结果都是有效率的，实现资源配置的帕累托最优。其核心在于清晰界定产权，没有界定产权时，资本利用自然力免费；一旦界定产权，资本利用自然力付费，直接或间接付给产权所有者。这实际上是建立了外部效应市场，这是科斯于1960年发表的《社会成本》一文的重要贡献，为在资本系统内部处理生态问题提供了理论支持。目前，世界各地碳交易市场的理论基础就是科斯定理。

科斯定理强调界定产权的重要性，但生态的公共产品属性决定了生态问题涉及的产权界定极其复杂，牵涉到不同发展阶段国家（地区）之间的博弈，亦牵涉到代际博弈，因此，界定产权的交易成本极高。而且，即使产权得到界定（暂不论公平与否），也没有从源头上解决生态问题，更多的只是基于社会成本最小化角度解决了谁应该付费的问题。

由此可见，依靠被动调整生态资源成本和污染成本的途径来解决生态问题，这些外部约束又会带来更多的问题，是资本逻辑的过度自信。能否化被动为主动，基于自身最大化目标，主动地做出有利于解决生态问题的行为，实现激励相容，才最为重要。

三、生态资本化：工业文明与生态文明的有效契合

（一）现实逻辑

放眼世界，生态资本化正在成为发达国家经济增长的新动力，这是发展理念的重大转型。工业文明与生态文明，不一定是两难选择。生态问题意味着产业商机可转化为资本盈利的空间。生态问题的最大根源来自不恰当的经济活动，而改进不恰当的经济活动就是商机。传统思维过于强调外部约束所造成的

成本冲击，生态预防和处理成本会导致更高的产品价格和降低竞争力，导致企业消极对待生态问题，而忽略了创新所带来的收益。

发达国家已经率先转变理念，正在进行顶层设计，通过生态资本化探索新的经济增长点。美国政府推出绿色经济复兴计划，将刺激经济增长、增加就业岗位的短期政策与长期的潜在增长能力结合起来，目标是使美国成为全球绿色创新中心，通过生态资本化和生态贸易化带来巨大商机与丰厚回报。

欧盟制订“环保型经济”发展规划，全力打造具有国际水平和全球竞争力的“绿色产业”，并以此作为欧盟产业调整及刺激经济复苏的重要支撑点，实现促进就业和经济增长两大目标。英国的“绿色产业振兴计划”，日本提出以“引领世界二氧化碳低排放革命”“建设健康长寿社会”和“发挥日本魅力”为三大支柱的经济增长规划，亦是如此。

（二）生态资本化：用资本逻辑解决资本逻辑带来的问题

现实逻辑是企业家精神的具体体现，资本永远向“市”而生。回到理论层面，以无止境的价值增值为目的的资本逻辑主导的生产方式，导致了生态问题的产生。解决生态问题的线性思维是：斩断资本链条。但现实世界是一个资本逻辑主导的世界，经济利益是主导人类行为的主要法则，作为促进经济发展强大动力的资本逻辑是现代社会资源配置的最有效方式。

利益关系是生态文明建设的核心问题。解决生态问题，不能消除资本的存在，更不能纯粹地将资本作为恶的化身进行伦理性批判。其重要的不是斩断资本链条，而是如何驾驭资本。从技术角度讲，生态问题是化学反应的结果，解决生态问题，一定要基于化学方程式。

资本对激励最为敏感的。如何通过理念创新、机制重建为资本逻辑注入新的内容，进而解决生态问题，至为重要。“资本主义市场经济内部可以利用的经济手段和机制，特别是价格机制，是解决生态问题的最好方法。”① “资本主义是一种特别易于产生生态危机的生产方式，但千万别忘了，其他生产方式也有它们自身独特的生态危机倾向。”② 生产方式变革，要超越自然中心主义（生态文明）与人类中心主义（工业文明）之间的片面对立，其突破路径就是生态资本化。

资本是能够创造、带来增值的价值附着物。资本化则是对未来收益的折现。生态资本化就是要把生态看成价值附着物，把解决生态问题作为价值增值

---

① ［印］萨拉·萨卡：《生态社会主义还是生态资本主义》，山东大学出版社2008年版，第148页。
② ［英］特德·本顿主编：《生态马克思主义》，社会科学文献出版社2013年版，第166页。

过程。早在 20 世纪 70 年代，就有环境经济学家指出，通过赋予自然以经济价值而将环境纳入市场，只要在经济决策中赋予环境适当的价值，环境就能得到更好的保护。1987 年，布伦特兰委员会在其报告《我们共同的未来》中提出，应当把环境当作资本来看待。

生态资本具有资本的一般属性，即增值性，通过资本循环来实现自身的不断增值。将生态资产盘活，成为能增值的资产，即生态资本，经过资本运营实现其价值增值，这一过程就是生态资本化。生态资本化的过程，就是生态要素获得资本属性（受益性、增值性、可交易性）的过程。生态资产通过级差地租或影子价格来规定并实现价值化。生态资源一旦有价格，就可成为逐利对象进而增值，生态资本化就实现了。生态环境因资本增值而改善，资本因生态环境改善而保证其增值的长期性。生态资本化的运作过程，既是生态环境的保护过程，又是生态资产的增值过程。

生态资本化具有产品属性。它既是产品，又是生态，二者合二为一。生态资本化的过程，在一定程度上是实现范围经济的过程。从抽象角度看，假设产品数量为 G，生态数量为 E，TC 为生产成本，则有 $TC(G, E) < TC(G) + TC(E)$。基于这一过程，从而实现成本节约量 $TC(G) + TC(E) - TC(G, E)$。从最终消费者看，生态是一种奢侈品，随着收入的增加，消费者有意愿将更多的支付能力用于生态上，因为生态和健康是一体的，健康是必需品。生态化产品具有奢侈品和必需品的双重属性，由此可构成生态资本化的社会循环过程。

总之，生态资本化其实质是用资本逻辑解决资本逻辑带来的问题。通过生态资本化，达到人的实现了的自然主义和自然界的实现了的人道主义。更为重要的是，政府是生态资本化的顶层设计者；企业是生态资本化的实践者，生态问题是企业内生性战略问题；公众是生态资本化的关键力量，是生态资本化产品的消费者；社会组织是生态资本化的促进者。以此最终形成生态资本化的社会再生产系统，其载体就是生态化产业体系。

回到现实，我国要在 2060 年实现碳中和，需比发达国家 2050 年实现碳中和付出更大努力。欧美国家从碳达峰到碳中和有 50 ～ 70 年的过渡期，而中国只有 30 年。2030 年后中国年减排率平均达 8% ～ 10%，将远超发达国家减排的速度和力度。清华大学气候变化与可持续发展研究院联合国内 18 家研究机构开展“中国低碳发展战略及转型路径”项目研究，其成果《中国长期低碳发展战略与转型路径研究》指出，以控制 1.5 ℃温升目标为导向，需新增投资约 138 亿元，超过每年 GDP 的 2.5%。能源系统转型将带来新经济增长点和新就业机会，可再生能源产业单位产能的就业人数是传统能源产业的 1.5 ～ 3.0 倍。

四、生态化产业体系：产业转型的战略取向

从生态资本化到生态化产业体系，是一个系统工程，其间伴随着建构理性与演进理性的互动，需要从产业链、产业组织、产业结构、产业政策及产业制度等方面寻求突破。生态化产业体系的主体是产业，内涵是生态化，目标是通过激励相容的最大化行动，实现产业（或经济活动）与生态的协调发展。

顺应发展理念的重大转型，需要厘清一个认识误区：生态文明建设不是“倒逼”产业转型升级，而是引领产业转型升级，进而最终形成生态化产业体系。要顺应这一发展理念的演进，抓住转型机遇，培育与建设生态化现代产业体系，形成新常态下经济增长新动力。

生态化产业链是生态化产业体系的逻辑起点，其最主要驱动力来自经济利益，生态化产业链的企业获得收益高于通过其他行为优化所能获得的收益。生态化产业链上各主体为有效利用共生产业链的内外资源而寻求能够实现激励相容的制度安排。利润最大化动机促使企业自发地连接在一起，形成生态化产业链系统。在生态化产业体系中，生态化产业是其主导产业，生态化农业、生态化工业与生态化服务业构成相互融合的产业体系。

目前，我们首要面临的是如何推进生态化可持续工业发展，并在此基础上推进生态化服务业、生态化农业及生态化新兴产业的发展。我国生态文明与工业文明契合的产业转型之路，是从工业品生产大国转变为生态化工业品生产大国，其目标是要形成生态化现代产业体系。

综合以上分析，从图1可见，我国从工业品生产大国转变为生态化工业品生产大国的基本路径如下：

首先，改革开放以来，基于全球化带动工业化，我国成为工业产品大国。工业文明成就了我国“世界制造中心”的地位，成为我国国际影响力日益提升的载体，这也是解决问题的逻辑起点，绝对不可去工业化。

其次，工业活动产生生态问题，生态问题意味着商机，资本介入进行创新与生态化生产，通过生产系统重构，形成生态化工业品生产体系。通过产业生态化生产，谋求成为生态化工业产品大国。生态化产品体系，不仅包括生态化消费品，更包括生态化生产设备。

最后，形成农业、工业、服务业相互融合的生态化现代产业体系，进而把生态化融入生产、分配、交换、消费的各个环节，形成生态化社会再生产循环系统，即生产—交换—消费—分解—还原—再生。最终，全社会形成工业文明与生态文明的契合与良性互动。

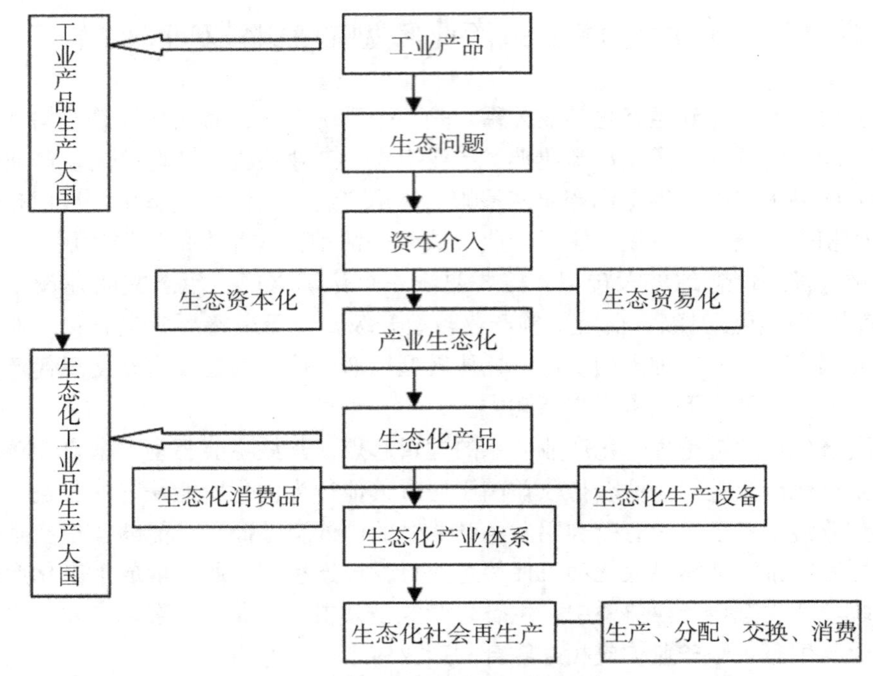

图1　生态化产业体系发展路径

（资料来源：曾晓文、刘金山《广东产业生态化的发展战略与路径》，载《广东财经大学学报》2016 年第 5 期，第 104 ～ 112 页）

五、生态化产业体系的战略路径

（一）“生态＋制造”产业模式

产业模式转变是从工业品生产大国转变为生态化工业品生产大国的关键点。产品作为联系生产与生活的中介，是工业文明与生态文明契合的微观基础。以产品为中心，把产品生产、使用及用后处理过程联系起来，构成一个产品系统，包括原材料采掘、原材料生产、产品制造、产品使用及产品用后的处理与循环利用。

所有生态问题都与产品系统密切相关，需要进行全过程生态设计，即将生态环境因素纳入产品设计之中，在产品生命周期每个环节都考虑其可能产生的生态环境负荷，将污染防治和处理从消费终端前移至产品开发设计阶段，通过改进设计使产品对生态环境的影响降到最小。

根据生态足迹原理，一方面，进行全产业链生态设计，实现微笑曲线的拓展。这是生产生态化工业产品的关键。另一方面，生产线与生产设备的生态再造或生态创新，超越微笑曲线，实现生态化设备替代生态化产品，实现更高层次的产业升级。

"生态 + 制造"产业模式，将引领生态化社会再生产的全过程。这一模式与生态文明的具体要求是一致的：①绿色发展。基于生态原则塑造产业链联系和社会再生产过程，形成符合"自然资源效率、生态环境效率"的全程生态发展的"绿色生产体系"，引领树立绿色生活理念。②循环发展。根据"资源—生产（产品）—再生资源—生产（产品）"的流动过程，以"减量化（reduce）、再使用（reuse）、再循环（recycle）"为基本原则，实现废物减量化、资源化和无害化。③低碳发展。即降低高能耗、高排放、高污染产业的比重，提高低消耗、低排放、低污染产业的比重。以低碳技术为核心、低碳产业为支撑、低碳政策制度为保障，通过创新低碳管理模式和发展低碳文化，形成经济社会低碳化发展方式。

（二）生态化产业体系建设的阶段性路径

生态化产业体系，是决定我国潜在经济增长率的关键因素之一，也是引领新常态的关键环节之一。基于此，我国生态化产业体系建设的阶段性路径如下：

第一阶段，启动制造业生态化进程，推进生态设计与工业设计的融合。从源头导入产品生态设计理念，引导工业企业开展生态设计，在原料、生产、流通、消费、回收、拆解等产品生命周期内充分考虑对生态、人类健康和安全的影响，以减量化、再利用、资源化和无毒无害替代为重要手段，推动制造方式向绿色、节约的生态设计方向转变。传统优势产业生态化技术改造，是其转型升级的关键路径之一。此外，还有拓展区域生态化合作的空间及路径，探索生态服务合作的途径；培育生态化产业集群、工业园和专业镇。

第二阶段，形成相对丰富的生态化工业产品生产体系，成为生态化消费品制造中心，推进生态化设备生产工作；研发若干具有影响力的生态化技术，形成具有影响力的生态化产业集群、工业园和专业镇；培育生态化产业战略联盟和主导企业。

第三阶段，形成相对成熟的生态化工业产品生产体系。构建相对丰富的生态化设备生产体系，初步完善生态化技术体系，打造若干专业镇成为生态化社会再生产的样本；以镇级区域为空间载体，形成产业共生网络，生态化产业集群与生态化专业镇发展相互融合；通过生态化专业镇建设，培育生态化社会再生产的专业县（市）样本，树立生态化区域品牌。

第四阶段，生态化工业设计具有较强的技术标准影响力与话语权，以生态化产品体系与生态化设备体系引领全球价值链。生态化工业产品与生态化设备并重发展，培育生态化产品的出口竞争力；生态化设备出口替代生态化产品出口，生态化工业、生态化服务业、生态化农业相融合，形成生态化现代产业体系。主动资本输出，开展生态化国际合作；通过生态化产品输出，树立生态化国际品牌。

六、结论

我国生态文明建设与产业转型升级寻求新突破，需要解决两大问题：能否在工业文明框架内建设生态文明？能否实现经济增长与生态文明建设的兼容？生态资本化与生态贸易化，正在成为发达国家经济增长的新动力，这是发展理念的重大转型：用资本逻辑解决资本逻辑带来的问题。因此，生态文明建设不是“倒逼”产业转型升级，而是引领产业转型升级。

我国要顺应这一发展理念的演进，从工业品生产大国转变为生态化工业品生产大国，进而把生态化融入生产、分配、交换、消费的各个环节，形成生态化社会再生产循环系统。“生态 + 制造”是我国产业转型升级的战略选择之一：进行全产业链生态设计，实现微笑曲线的拓展；生产线与生产设备的生态再造或生态创新，超越微笑曲线，实现生态化设备替代生态化消费品，是更高层次的产业升级。未来，要以生态化产品体系与生态化设备体系引领全球价值链，生态化工业、生态化服务业、生态化农业相互融合，从而形成完善的生态化现代产业体系。

参考文献：

[1] 韩德尔·琼斯，张臣雄．中国的全球化革命[M]. 北京：机械工业出版社，2014.
[2] 比尔·盖茨．气候经济与人类未来[M]. 北京：中信出版集团，2021.
[3] 马克思，恩格斯．马克思恩格斯文集（第七卷）[M]. 北京：人民出版社，2009.
[4] 林伟贤，杨屯山．低碳经济带来的新商业机会[M]. 北京：北京大学出版社，2013.
[5] 张志敏，何爱平，赵菡．生态文明建设中的利益悖论及其破解：基于政

治经济学的视角[J]. 经济学家，2014（7）：66－72.
[6] 萨拉·萨卡. 生态社会主义还是生态资本主义[M]. 济南：山东大学出版社，2012.
[7] 特德·本顿. 生态马克思主义[M]. 北京：社会科学文献出版社，2013.
[8] 约翰·贝拉米·福斯特. 生态危机与资本主义[M]. 上海：上海译文出版社，2006.
[9] 胡滨. 生态资本化：消解现代性生态危机何以可能[J]. 社会科学，2011（8）：55－61.
[10] 马克思. 资本论：第三卷[M]. 北京：人民出版社，1975.
[11] 曾晓文，刘金山. 广东产业生态化的发展战略与路径[J]. 广东财经大学学报，2016，31（5）：104－112.

广东省生态环境教育近中期（2020—2030 年）发展规划建议

吴俊丽　郑　威　杨中艺[①]　等[②]

摘　要：环境教育是以提升公民意识，向公众传播环保知识并形成环保行为为目的的教育活动，其对培养公众环境意识和责任意识有重要作用。中国生态环境教育经过40多年发展，已逐步探索出符合中国国情的环境教育模式。本文立足于“十四五”规划，结合广东省实际，提出广东省环境教育近中期发展规划建议。

关键词：广东省；生态环境教育；自然教育；近中期发展规划

一、问题的提出

（一）存在问题

1. 目前，生态环境教育缺乏相应的组织实施体系

生态环境教育的政府主导责任未确立，缺乏制度约束，部门职责不明确；机关、企事业单位缺乏有效的组织实施体系。

2. 单位重视度不高，整体普及水平较低

绿色学校、绿色社区的创建曾经是社会生态环境教育的主要形式，但目前整体覆盖率很低，且重创建轻实施的情况很普遍。虽然部分中小学校非常重视生态环境教育，也取得了不错的成效，但城乡差异、区域差异明显，仍有大量

---

① 吴俊丽：中山大学生命科学学院博士研究生、广东省环境教育促进会项目主管，研究方向：环境科学。郑威：中山大学生命科学学院博士研究生，研究方向：环境科学。杨中艺：博士，中山大学生命科学学院教授，博士研究生导师。研究方向：生态学、环境科学、环境教育。电子邮箱：adsyzy@mail. sysu. edu. cn。

② 中山大学生命科学学院的倪文娟、张岩、段慧霞、黄梦圆、赵瑾；中山大学环境科学与工程学院张兵也对本文有贡献。

中小学校不重视生态环境教育，甚至校长、老师普遍不知道教育部发布的《中小学生环境教育专题教育大纲》《中小学环境教育实施指南（试行）》；企事业单位、社会团体基本没有开展生态环境教育，部分党政机关部门会将生态文明建设内容纳入干部培训或公务人员继续教育内容，但未形成制度。

3. 资源配置不足，实施能力无法适应全民教育需求

广东省实施本科和大专学历教育的大专院校，包括师范院校，均未开设旨在培养环境教育师资的专业或课程，导致包括中小学生、机关和企事业单位人员在内的各种生态环境教育受众缺乏合格的环境教育教员。在课程体系建设方面，除了教育部发布的《中小学环境教育实施指南（试行）》外，广东省尚未建立适合大中小学生、机关和企事业单位人员的生态环境教育课程体系。尽管社会上已经出版了一些环境教育相关的教材，但广东省有关部门尚未组织编写或认定过任何生态环境教育教材。虽然广东省已经命名了342个环境教育基地，但数量上远远不能满足全省生态环境教育的需求，且部分环境教育基地因各种情况并未能有效承担生态环境教育的任务。同时，生态环境教育经费十分缺乏，学校、机关和企事业单位普遍未将生态环境教育经费列入年度预算。此外，除了绝对数量不足，广东生态环境教育资源配置所存在的较明显的地区差异和城乡差异也是亟待解决的问题。

（二）发展机遇

1. 生态文明建设日益强化

党的十八大和十九大确立了我国生态文明建设的战略方针，“五位一体”总体布局深入人心。习近平总书记在全国生态环境保护大会上的讲话及在《求是》杂志发表的《推动我国生态文明建设迈上新台阶》科学概括了新时代推进生态文明建设必须坚持的“六项原则”，确立了习近平生态文明思想，指导推动我国生态环境保护和生态文明建设发生了历史性、转折性、全局性变化，污染防治攻坚战也取得了历史性成就。生态环境教育是生态文明建设的重要内容，今后在实现中华民族伟大复兴中国梦的征程中必将发挥不可替代的重要作用。

2. 生态文明体制改革日益深化

生态文明体制改革总体方案的实施为构建生态文明建设的组织实施体系奠定了扎实基础。近期，国家发改委印发了《美丽中国建设评估指标体系及实施方案》，要求根据各部门工作职责，分阶段研究提出2025年、2030年、2035年美丽中国建设预期目标，各地方政府也将制定当地的目标和任务，该方案的发布为广东推进生态环境教育创造了良好的机遇。

3. 绿色低碳发展是“十四五”规划的主旋律

《中共中央关于制定国民经济和社会发展第十四个五年规划和二〇三五年远景目标的建议》（简称“十四五”规划）强调广泛形成绿色生产生活方式，碳排放达峰后稳中有降，生态环境根本好转，美丽中国建设目标基本实现。可以预期，绿色低碳发展必将成为“十四五”期间的主旋律之一，并穿插于各项工作和任务中。相信生态环境教育相关发展目标和任务也将纳入广东省“十四五”生态环境保护相关规划中。

4. 绿色生活创建行动提供了重要抓手

2019 年 9 月，中央全面深化改革委员会通过《绿色生活创建行动总体方案》，各责任部门已陆续出台实施办法或方案。广东省教育、商务、能源等部门分别明确了节约型机关、绿色学校、绿色商场、绿色能源等创建目标和相关措施，省文明委也发布了《广东省倡导文明健康绿色环保生活方式行动方案》，加上《广东省生态环境教育条例》已被列入十三届省人大立法规划，这些都将为广东省生态环境教育营造良好的氛围，并成为近期和中远期重要的工作抓手。2020 年 2 月，生态环境部、中央宣传部、中央文明办、教育部、共青团中央、全国妇联等六部门共同制定并发布了《“美丽中国，我是行动者”提升公民生态文明意识行动计划（2021—2025 年）》，再次为全国深化和推进生态环境教育明确了方向。

二、研究方法

本研究在分析广东省生态环境教育现状后，制作了相关表格对收集到的信息及分析结果进行统计与描述。

另外，为了了解广东省各地区环境教育及其实施能力的具体情况，本研究在广东省生态环境厅的协助下开展了政府信息收集工作。主要内容包括个别地级市环境教育职能、制度建设、环境教育示范基地创建，以及相应环境教育设施投入情况等。

三、研究结果

（一）指导思想和发展原则

（1）指导思想。以习近平生态文明思想为引领，贯彻落实党的十八大和十九大关于生态文明建设的战略方针和新发展理念，坚持“五位一体”总体布局，通过生态环境教育，全面提升全民生态文明意识，大力弘扬生态文化，营造广东省绿色、低碳、循环发展“软环境”。实现生态环境教育立法，确保生态环境教育有法可依，有规可循。落实生态环境教育主体责任，构建分工明确、职责到位的生态环境教育组织实施体系。明确未来5～10年广东省开展生态环境教育的目标、任务和保障措施，助力“美丽广东”建设，为广东在全面建成小康社会，实现中华民族伟大复兴的征程中续写可持续发展新篇章而努力。

（2）发展原则。①政府主导，全民参与；②责任明确，依法推进；③普及优先，突出重点；④循序渐进，分步实施；⑤立足省情，分类施策。

（二）发展目标

1. 总体目标

全民生态环境教育体系基本形成，并且有法可依、有章可循，相关法规制度具有约束力。完成生态环境教育组织实施体系的构建，各项工作的部门分工到位，职责明确，生态环境教育责任落实到各学校、机关、企事业单位和社会组织。全社会生态环境教育实施能力大幅增强，普及水平明显提升，人才培养体系初步完善，各市（县）均实现有师资、有基地、有经费，面向各主要受众的生态环境教育课程体系基本实现标准化。城乡居民生态环境教育意识明显提升，践行绿色生产、绿色生活的自觉性和能力明显增强，生态环境教育成为广东生态文明建设和高质量全面实现小康社会建设目标的重要抓手，将广东省建设成为全国领先、政策法规完善、组织实施能力突出、保障措施落实的生态环境教育强省。

（1）近期目标（2020—2025年）。通过实施，到2025年完成广东省生态环境教育法制化，初步构建全省生态环境教育组织实施体系，各市（县）均落实生态环境教育统筹协调责任，各学校、机关、企事业单位和社会组织均明确生态环境教育责任人。本科和大专院校设立生态环境教育必修或选修课，城镇中小学拥有环境教育师资，所有排污许可证持证单位落实生态环境教育主体责任，并自主开展教育活动，生态文明教育列入干部培训内容。学校和公务人员生态环境教育专题教育课程和教材实现标准化；生态环境绩效评价体系基本形成，主要媒体对生态环境教育的关注度大幅提升；各类生态环境教育基地数量实现倍增，并确保正常运行，同时启动生态环境教育馆建设，全省生态环境教育能力明显提升；生态环境教育融入各类绿色创建行动，全面超额完成各项任务，并形成持续实施的制度和模式。

（2）中远期目标（2026—2030年）。到2030年，全面形成有法可依、政府主导、部门责任和分工明确、单位措施落实的生态环境教育组织实施体系，所有地级市均设置生态环境教育服务机构，学校、机关、企事业单位和社会组织生态环境教育制度日益完善，全民教育格局基本形成。全省生态环境教育能力大幅提升，所有学校、机关、企事业单位和社会组织均拥有环境教育师资；所有受众的生态环境教育课程、教材均实现标准化；生态环境绩效评价体系日臻完善，主要媒体对生态环境教育的报道形成制度；生态环境教育基地数量再次倍增，每个县（区）均拥有不少于3个设施齐全、有师资、有课程的生态环境教育基地，每个地级市均建成生态环境教育馆。瞄准更高的目标持续推进绿色生活创建行动，经绩效评价确认公众生态环境意识、践行绿色生活的自觉性和能力有大幅提升。

各阶段具体目标如表1所示。

表1　广东省生态环境教育发展目标

指标项		现状[注1]	近期目标（2020—2025年）	中远期目标（2026—2030年）	备注
组织实施体系	生态环境教育相关责任人	部分地级市落实	地级市全部落实	所有市（县）落实	
	生态环境教育年度计划	部分地级市落实	地级市全部落实	所有市（县）落实	
	生态环境教育经费占本级财政生态环境支出比例	<1%	>1%	>3%	
	地级市环保宣教机构在编总人数	152人	增加10%	增加20%	
	地级市生态环境宣教机构总经费额	3385元	增加20%	增加50%	
	省级生态环境教育信息化管理系统	无	有	基本完善	
	媒体宣传报道比重	<1%	>1%	>2%	
绿色生活创建	党政机关达到节约型机关要求比例	—	>80%	100%	注2 注3
	城乡家庭初步达到绿色家庭要求比例	—	>70%	>80%	注2

续上表

	指标项	现状[注1]	近期目标（2020—2025年）	中远期目标（2026—2030年）	备注
绿色生活创建	大中小学达到绿色学校要求比例	1348个	>75%	>90%	注2 注3
	城市社区达到绿色社区要求的比例	290个	>65%	>80%	注2
	城区人口大于100万城市绿色出行比例	—	>75%	>85%	注2
	大中型商场达到绿色商场要求比例	3家	>50%	>60%	注2 注3
	城镇新建建筑中绿色建筑面积比例	>30%	>70%	>80%	注2 注3
环境教育基地建设	生态环境教育基地数量	342个	>700	>1500	
	生态环境教育馆	0	5	21	
	环保设施向公众开放比例	<5%	>15%	30%	
	地市环境教育基地接待公众人次	9208634	>10000000	>20000000	
	生态环境教育基地科教人员数量	716人	1500人	3000人	
环境教育人才培养	学校环境教育教员普及率	0	>20%	>30%	
	学校环境教育教员人数	<300人	>3000人	>10000人	
	企业环境教育教员人数	1064人	>5000人	>20000人	
	环境教育机构（企业、学校和社会团体）数量	11个	>30个	>100个	
	环境教育相关社会团体数量	145个	>200个	>300个	
效果评估	生态环境教育绩效评价体系	未形成	初步形成	比较完善	
	12369/12315/12345热线普及度	不详	>50%	>80%	
	生态环境信息公开公众满意度	不详	>50%	>80%	

注：1. 主要根据各地级市生态环境部门报送的数据整理。2. 参照《绿色生活创建行动总体方案》，到2022年，力争70%左右的县级及以上党政机关达到节约型机关创建要求，

60%以上的城乡家庭初步达到绿色家庭创建要求，60%以上的学校达到绿色创建要求，有条件的地方要争取达到70%，60%以上的社区达到绿色社区创建要求，60%以上的创建城市（直辖市、省会城市、计划单列市、公交都市创建城市及其他城区人口100万以上的城市）绿色出行比例达到70%以上，绿色出行服务满意率不低于80%，40%以上的大型商场初步达到绿色商场创建要求，城镇新建建筑中绿色建筑面积占比达到60%。3. 根据《广东省节约型机关创建行动方案》，到2022年，全省70%以上县级及以上党政机关完成节约型机关创建；根据《广东省绿色学校创建行动方案》，到2022年，70%以上大中小学达到广东省绿色学校创建规划；根据《广东省绿色商场创建实施工作方案》，到2022年，全省40%大型商场（建筑面积不小于10万平方米）达到绿色商场创建要求；根据《广东省绿色建筑行动实施方案》，到2020年年底，绿色建筑占全省新建建筑比重力争达到30%以上。

（三）主要任务

1. 完成生态环境教育立法，确保有法可依

2018年，广东省生态环境教育立法工作取得重要进展，省人大常委会已将《广东省生态环境教育条例》作为预备审议项目列入2019年和2020年立法计划，省生态环境厅已将条例征求意见稿上网公开征求公众意见，并报省政府。清远市于2019年3月正式施行《清远市环境教育规定》，成为我国第四个完成环境教育立法的地级市。

以上工作为广东省生态环境教育法制化奠定了扎实的基础，但是，要在本届人大任期内完成《广东省生态环境教育条例》的立法，仍有大量工作需要扎实推进。一方面，建议进一步完善《广东省生态环建教育条例》，在确保其指导性的同时增强其约束力；另一方面，建议省生态环境部门与省人大及省政府各相关部门加强沟通协调，进一步开展省内外的调研工作，增强对广东省生态环境教育立法的重要性、紧迫性的理解，加快立法进程。主要措施包括如下几方面：

（1）省生态环境厅联合省人大和省政府相关部门进一步开展生态环境教育立法调研（见表2）。

表2 “十四五”期间环境教育立法方面的调研项目

任务	项目名称	完成时间	建议责任单位
完成生态环境教育立法，确保有法可依	生态环境教育立法调研	2021年	省生态环境厅、省人大、省教育厅、省司法厅等

（2）为提高立法工作的效率和质量，由省政府牵头建立立法工作联席会议制度，成员包括省人大有关专门委员会、省人大常委会法制工作委员会、省生态环境厅、省司法厅、省教育厅、省林业局等的相关负责人，必要时还可以邀请其他相关部门的负责人和有关方面的代表、专家、学者参与。

（3）召开不同层次的听证会、座谈会，听取各方面的意见，深入地方开展调研，抓紧完善《广东省生态环境教育条例》送审稿，争取在2021年正式列入省人大的立法审议项目，力争在2022年完成立法。

（4）法律是治国之重器，良法是善治之前提，因此，尽快完成广东省生态环境教育立法，是构建生态环境教育“全民教育”体系的根本保障，对于构建全新的生态文明治理体系，明晰科学化法治化路径，确保环境教育有法可依，生态文明之路行稳致远有重要意义。

2. 完善生态环境教育组织领导体系，进一步明确责任和分工

构建生态环境教育体系是一项系统性、综合性很强的跨部门任务，需要进一步完善组织领导体系，形成协调联动机制，实现统一部署、科学决策、各部门联动的运作模式，建议采取以下措施。

（1）在2022年前明确各级人民政府负责本行政区域生态环境教育工作的领导责任，并在政府职能清单中清晰列明。

（2）在省、市、县各个层级进一步强化生态环境部门、教育部门、林业部门联合引领的作用，在2022年前完成各部门根据各自职能共同组织实施各类受众生态环境教育体系的构建。不仅要在本级人民政府的主导下联合开展地区性的生态环境教育行动，还应明确部门职责和分工，分别建章立制，确定各自的发展目标和保障措施，并明晰责任人。

（3）到2025年，逐步实现各职能部门制订年度生态环境教育计划，或将生态环境教育内容纳入本部门年度工作计划，并向本级人民政府报备。各级人民政府应该履行对所属各相关部门监督检查的职责。

（4）在2025年前，基本落实学校、机关、企事业单位、社会组织的生态环境教育主体责任，学校、机关和高污染企业应明确生态环境教育责任人，制订本单位生态环境教育年度计划和工作总结，并向当地主管部门报备。各级主管部门应指导和督促本地各有关单位开展生态环境教育。

（5）建议省生态环境部门牵头建立全省生态环境教育信息化管理系统（见表3），在2025年前为各部门、各单位提供报送生态环境教育相关信息的渠道，并负责系统运行管理以及信息分析和信息公开。

表3　“十四五”期间完善生态环境教育组织领导体系方面的系统建设项目

任务	项目名称	完成时间	建议责任单位
完善生态环境教育组织领导体系，进一步明确责任和分工	生态环境教育信息化管理系统建设	2025 年	省生态环境厅、省教育厅、省林业局

3. 建立全民生态环境教育规范，促进标准化

建立全民生态环境教育规范，分类开展教育活动，到 2025 年部分实现标准化，到 2030 年全面实现标准化。主要措施包括以下六个方面（见表 4）：

（1）建议由省生态环境部门牵头，在 2022 年前建立广东省生态环境教育专家委员会和专家库，为确保生态环境教育课程建设和教材开发的专业性、科学性储备专家资源。

（2）建议由省生态环境部门会同有关部门，在 2022 年前完成生态环境教育机构、生态环境教育基地、生态环境教育教员、骨干或基础性生态环境教育课程和教材的建设、培养或开发规范（评价标准），自然教育基地、教员、骨干或基础性课程和教材的建设、培养或开发规范（评价标准）由省林业部门牵头。

（3）建议由省教育部门牵头开展中小学（幼儿园）生态环境教育课程建设，并对骨干或基础性课程实施认证，同时围绕经认证的骨干或基础性课程开发标准化的教材，到 2022 年完成中小学生态环境教育课程体系构建和认证，2025 年基本完成相关教材的开发，2030 年全面完成相互配套的标准化课程体系和课程建设。

（4）建议由省生态环境部门会同其他相关部门，组织实施面向机关、企事业单位、社会组织以及社区、农村人员的生态环境教育课程体系建设，并对骨干或基础性课程实施认证，同时围绕经认证的骨干或基础性课程开发标准化的教材。完成时间参考中小学生态环境教育课程建设。

（5）建议由省林业部门牵头，在 2025 年前完成标准化的自然教育课程体系构建，开发教材和课件，并实施认证。

（6）鼓励学校、社会组织及其他教育机构开发多样化的校本课程、在地课程或专题性特色课程，为开发单位提供专家系统的服务，确保课程和教材的科学性。

表4 “十四五”期间建立全民生态环境教育规范方面的措施

任务	措施名称	完成时间	建议责任单位
建立全民生态环境教育规范，促进标准化	建立生态环境教育专家委员会和专家库	2022年	省生态环境厅、省教育厅、省林业局等
	建立生态环境教育（自然教育）机构认证规范和评价指标体系	2022年	省生态环境厅、省教育厅、省林业局等
	完善生态环境教育（自然教育）基地建设规范（指南）和评价指标体系	2021年	省生态环境厅、省林业局
	建立生态环境教育（自然教育）教员培养规范和评价指标体系	2022年	省生态环境厅、省林业局
	中小学（幼儿园）生态环境教育课程建设和认证	2022年	省教育厅
	中小学（幼儿园）生态环境教育骨干（基础性）教材开发和认证	2025—2030年	省教育厅
	机关干部生态环境教育课程建设和认证	2022年	省生态环境厅、组织人事部门、党校
	机关干部生态环境教育骨干（基础性）教材开发和认证	2025—2030年	省生态环境厅、组织人事部门、党校
	企业人员生态环境教育课程建设和认证	2022年	省生态环境厅
	企业人员生态环境教育骨干（基础性）教材开发和认证	2025—2030年	省生态环境厅
	社区、事业单位人员生态环境教育课程建设和认证	2022年	省生态环境厅
	社区、事业单位人员生态环境教育骨干（基础性）教材开发和认证	2020—2030年	省生态环境厅
	农村生态环境教育课程建设和认证	2022年	省生态环境厅、省农业农村厅
	农村生态环境教育骨干（基础性）教材开发和认证	2025—2030年	省生态环境厅、省农业农村厅
	自然教育课程建设和认证	2022年	省林业局
	自然教育骨干（基础性）教材开发和认证	2022—2025年	省林业局

4. 加强生态环境教育人才培养，突破师资队伍不足的瓶颈

为突破符合资格的生态环境教育人才紧缺严重制约广东生态环境教育发展这个瓶颈，需要建设不同层次的生态环境教育师资队伍，包括省生态环境教育专家委员会和专家库人员或高校中相关专业的教师，接受过高等教育（本科或大专）的、能够直接胜任学历教育阶段生态环境教育工作的科学教育或其他相关学科的教师，接受过符合规范的职业培训、能够胜任社会性（非学历教育阶段）生态环境教育的社会组织、社会教育机构人员和志愿者及生态环境教育（自然教育）基地讲解员。这些生态环境教育师资均应符合广东生态环境教育师资培养规范并达到相关评价指标要求。建议各级相关部门做好生态环境教育人才培养计划，采用政府购买服务等方式支持各类培训班的实施。建议有关部门采取以下措施（见表5）：

（1）支持在本科和大专院校，尤其是师范院校相关专业开设生态环境教育课程，培养能够直接胜任中小学生态环境教育工作的科学教育或其他相关学科的教师。

（2）自2021年起，以中小学现任教师、环保社会组织中的优秀志愿者及企事业单位中从事环境保护的专业人员为对象，系统举办生态环境教育（自然教育）教员培训班，实施培训的机构应是经过认证的生态环境教育机构，应由省生态环境教育专家委员会和专家库人员或高校中相关专业的教师主导培训，并按照生态环境教育（自然教育）教员培养规范和评价指标体系进行培训和考评。通过考评者由实施培训的机构发给生态环境教育（自然教育）教员证书。

（3）为满足环境教育基地、自然教育基地及环保设施向公众开放单位的工作需要，主要由生态环境厅、林业局、住房与城乡建设厅等部门通过政府购买服务方式组织开展讲解员专项培训，实施培训的机构也应是经过认证的生态环境教育机构。

（4）支持经过认证的生态环境教育机构以有丰富经验的生态环境教育（自然教育）教员为培训对象。从2022年起，开展生态环境教育（自然教育）导师培养，生态环境教育导师可以进入生态环境教育专家库，并可担负生态环境教育教员培训工作。

（5）建议人力资源与社会保障部门将生态环境教育（自然教育）人才纳入技能认证或职业认证范围。

表5 “十四五”期间加强生态环境教育人才培养方面的措施

任务	措施名称	完成时间	建议责任单位
加强生态环境教育人才培养，突破师资队伍不足的瓶颈	支持高等院校设立生态环境教育课程	2022年	省教育厅
	举办生态环境教育（自然教育）教员培训班	2021年	省生态环境厅、省林业局、省教育厅
	举办生态环境教育（自然教育）导师培训班	2022年	省生态环境厅、省林业局、省教育厅
	开展生态环境教育（自然教育）基地讲解员培训班	2021年	省生态环境厅、省林业局、省住房与城乡建设厅
	将生态环境教育（自然教育）人才纳入技能认证或职业认证范围	2025年	省人力资源和社会保障厅、省生态环境厅、省林业局

5. 加快生态环境教育基地建设，提高环保设施开放水平

大力推动各类生态环境教育基地建设，包括生态环境教育基地、自然教育基地、生态环境教育馆、环保设施向公众开放单位等。不分所有制，加大对各类生态环境教育（自然教育）基地建设的财政扶持力度，力争在2030年将省内所有国家级、省级自然保护区、湿地公园、森林公园、环保设施向公众开放单位均建设成为经认定的生态环境教育基地，每个县（区）应有不少于3家生态环境教育基地，建议有关部门采取以下措施（见表6）：

（1）自2022年起，实施生态环境教育基地示范工程，到2025年实现在每个地级市至少建设1家示范性生态环境教育基地，并给予财政支持。

（2）充分发挥各类生态环境教育基地的作用，建立优胜劣汰机制。自2022年起，开展生态环境教育基地绩效评价，通过评选和奖励优秀教育基地的方式扶持先进，要坚决淘汰不作为、乱作为的教育基地。

（3）为支持各地级市生态环境教育馆的建设，由省生态环境厅牵头，制订全省生态环境教育馆建设工程计划，省级和市级财政以及业主单位共同解决建设资金问题，力争到2030年，广东所有地级市均拥有生态环境教育馆。

（4）充分发挥广东省环保设施和城市污水垃圾处理设施的宣传教育作用，争取在2025年前，全省环保设施开放度达到80%，并在此期间全面提高广东省设施开放单位在科普宣传、环保展览与环境保护技术推广方面的社会服务质量。

表6　“十四五”期间加快生态环境教育基地建设方面的措施

任务	措施名称	完成时间	建议责任单位
加快生态环境教育基地建设，提高环保设施开放水平	生态环境教育基地示范工程	2025年	省生态环境厅、省林业局
	生态环境教育馆建设工程	2025—2030年	省生态环境厅
	环保设施向公众开放单位提升工程	2025年	省生态环境厅、住房与城乡建设厅
	自然教育基地建设工程	2025年	省林业局

6. 开展生态环境教育绩效评价，打造宣传生态环境教育的传媒平台

生态环境教育绩效评价是国内外广泛关注的问题，关系到如何向公众、决策者展现生态环境教育对生态文明建设和绿色发展的意义和价值，加深人们对生态环境教育重要性、必要性和紧迫性的理解，提高执行相关制度的自觉性，以及向该领域聚集资源的积极性。因此，要尽快构建生态环境教育绩效评价体系，让生态环境教育的成效看得见、摸得着。同时，引导新闻媒体关注生态环境教育，积极宣传其重要意义和相关政策措施，传播绿色低碳生活理念及节约型机关、绿色家庭、绿色学校、绿色社区、绿色出行、绿色商场、绿色建筑、绿色工厂等的创建成效，对其中涌现的杰出人物、典型案例和先进经验进行跟踪报道，扩大共识。主要措施包括以下五个方面（见表7）：

（1）建议由省生态环境部门牵头立项，自2021年起，组织省内专家或专业机构开展生态环境教育（自然教育）绩效评价体系研究，选择2～3个市、县进行试点，总结经验后推广至全省。各市、县则将本地生态环境教育绩效评价相关信息汇总到省生态环境教育信息化管理系统。

（2）建议由省生态环境厅和省林业局牵头，自2022年起，开展生态环境教育（自然教育）绩效评价方法的培训，确保学校、机关、重点排污企业等生态环境教育重点单位能够自行开展生态环境教育绩效评价，并将评价结果纳入年度总结。

（3）到2025年，各地级市均定期开展本地区生态环境教育绩效评价工作，并以适当方式将评价结果向公众公开，必要时可采用政府购买服务的方式征集第三方专业机构，为本地区生态环境教育绩效评价提供服务。

（4）建议省级和各地级市官方媒体开辟生态环境教育专栏，广播电视采取每天定时播出的方式，报刊以每周至少1～2个固定版面方式开展与生态环境保护相关的警示性教育、科普教育和普法教育，大力宣传报道植树节、地球日、生物多样性日、环境日、生态环境教育周等特定的活动。

（5）自2022年起，设立生态环境教育周，各地生态环境教育（自然教育）基地、绿色社区、绿色学校应在生态环境教育周组织全民开放日活动，围绕公众关心的热点生态环境问题举办科普宣传讲座、论坛、展览等，营造推动绿色发展的生态文化氛围。

表7　“十四五”期间开展生态环境教育绩效评价方面的措施

任务	措施名称	完成时间	建议责任单位
开展生态环境教育绩效评价，构建生态文化展现平台	开展生态环境教育（自然教育）绩效评价体系研究	2022年	省生态环境厅、省教育厅、省林业局
	生态环境教育绩效评价试点	2025年	省生态环境厅、省教育厅、省林业局
	生态环境教育宣传周活动	2021—2030年	省生态环境厅、省教育厅、省林业局、省新闻出版局、省广播电视局等
	生态环境教育媒体专栏	2021—2030年	省生态环境厅、省教育厅、省林业局、省新闻出版局、省广播电视局等

7. 鼓励环保社会组织全面参与，促进生态环境教育国际交流

社会组织是生态环境教育的重要有生力量，目前，广东省一些以生态环境保护为己任的环保社会组织、志愿服务团体正围绕各种主题，面向受众，有效开展生态环境教育；还有一些社会组织正在以大学生、乡村教师、志愿者、企业环保骨干、生态环境教育基地讲解员为对象开展环境教育人才培养。建议充分发挥好这些社会组织的作用，通过表彰、培训、安排一定财政资金给予支持等方式，鼓励广东各地的环保社会组织在生态环境教育领域开展更多有益的活动，可以助力广东省实现生态环境教育的“全民教育”目标。

加强国际生态环境教育的经验交流对把握国际生态环境教育动态、参与全球生态环境治理、展示我国的国际责任担当有重要意义，也有助于吸收国际上好的经验、做法，尤其在自然教育、户外活动、安全管理等方面，可为扩展视野，探讨生态环境创新模式提供新的探索方向。

本项任务的主要措施有以下几个方面（见表8）：

（1）建议自2021年起安排一定的财政资金支持通过机构认证的环保社会组织面向社会公众开展生态环境教育、组织实施环境教育教员培训，参与生态环境教育绩效研究以及其他相关研究，增强广东省生态环境教育的实施能力。

（2）表彰在生态环境教育中表现突出的优秀的环保社会组织，鼓励更多的社会组织参与到生态环境教育的工作中，进而形成广东省生态环境教育社会网络。

（3）继续举办国际青少年环保大会，扩大参加会议的国家范围、增加代表人数，促进广东省青少年与其他国家青少年的交流。

（4）利用粤港澳大湾区的地缘优势，主动、精心设置地区性生态环境教育主题，自2021年起，举办粤港澳三地生态环境教育或自然教育交流活动，加强广东各地生态环境教育或自然教育专家和研究机构与港澳地区的沟通和联系，增进港澳地区对祖国生态环境发展和生态文明建设事业的了解。

表8　“十四五”期间鼓励环保社会组织全面参与方面的措施

任务	措施名称	完成时间	建议责任单位
鼓励环保社会组织全面参与，促进生态环境教育国际交流	环保社会组织生态环境教育（自然教育）补助计划	2021—2030年	省生态环境厅、省林业局、省民政厅
	卓越环保社会组织建设项目	2021—2030年	省生态环境厅、省民政厅
	国际青少年环保大会	2021—2030年	省生态环境厅
	粤港澳三地生态环境教育（自然教育）交流活动	2021—2030年	省生态环境厅、省林业局、省港澳办、省大湾区办

（四）保障措施

1. 加强组织领导

各级人民政府和有关部门应该充分认识到开展全社会生态环境教育是贯彻落实“五位一体”总体布局，促进生态文明建设的重要组成部分，必须努力落实把生态环境教育纳入国民教育体系和党政领导干部培训体系的政策。应该建立健全政府统一领导，各部门分工协作的生态环境教育推进体系，齐心协力研究解决实施过程中的重大问题，从而形成纵向联动、横向协调、全社会共同参与的工作机制。省生态环境厅作为广东省生态环境教育管理的主要职能部门，负责对全省生态环境教育实施进行统一部署和协调，科学指导各部门和社会公益组织的宣传教育活动；其他有关部门，特别是教育、林业部门应各司其职，形成合力，组织实施全民生态环境教育。建立以政府为主导的监督、反馈机制，各部门、单位应该制订每年的生态环境教育计划，并按要求按时提交年度总结，明确阶段目标，努力完成生态环境教育的发展目标和主要任务。

2. 落实经费保障

各级人民政府和有关部门应该确保对省生态环境教育的投入，切实按照部署把各项举措落实到位，统筹安排财政资金。有条件的地区可设立生态环境教育专项资金，专项资金应该明确方案、支出规范、注重绩效，加大财政支持力度，重点支持生态环境教育人才培养工程、课程建设和教材开发工程及基础设施（环境教育基地、自然教育基地、环保设施向公众开放单位等）建设工程，确保各类受众均有合资格的师资、有标准化的课程、有经认证的教材、有功能完善的基地。专项资金专款专用，统一管理，并严格按照要求接受审计部门或监察部门的监督检查。应积极运用财政政策，鼓励和引导各类投资主体以多种形式参与生态环境教育建设和项目开发。

各单位应根据生态环境教育建设需要，统筹做好各项投入的预算安排，明确生态环境教育领域支出的重点，确保有充足资金支持重点项目。充分动员和合理整合社会资源，扩大生态环境教育建设资金来源，实现多渠道募集资金。鼓励社会公益组织、爱心人士等捐赠支持生态环境教育，探索建立多元化投入机制。

3. 加大宣传力度

发挥媒体的宣传作用，充分动员各级人民政府、部门、单位在报刊、电视、门户网站开设生态环境教育专栏，及时更新发布环境相关政策文件和法律法规，普及与环境相关法律法规及环保知识。利用新媒体平台如抖音、微信和微博等发布典型的环保案例及环保公益广告。以传统媒体与新媒体相结合的方式宣传生态环境教育，鼓励公众进行多种形式的交流互动，营造良好的社会氛围，提高公众的环境保护意识，凝聚全社会生态环境保护共识。

开展环境教育专项宣传活动，各级政府、相关部门、社区及单位可合作举办环境科普系列活动，办好低碳日、植树节、地球日、环境日等主题活动，将环境教育基地、公园景区、环保设施等作为重要的宣传教育阵地，提升全社会的关注度和参与度。

4. 完善激励政策

为树立生态环境教育先进典型，发挥模范示范作用，建议各级人民政府对在生态环境教育方面具有突出表现的个人和单位给予表彰，同时鼓励单位、社会组织设立生态环境教育相关奖项，积极开展社会表彰。机关、学校、企事业单位、社会团体和其他组织的管理人员，其生态环境教育或自然教育工作业绩及获得的奖励建议作为职务晋升的重要考核标准之一。

完善对节约型机关、绿色家庭、绿色学校、绿色社区、绿色出行、绿色商场、绿色建筑、绿色工厂、各类先进生态环境教育（自然教育）基地的激励机制。除了公开表彰外，还应加大奖励力度，建议在生态环境类项目申报评审中给予优先考虑以及专项资金上的倾斜，或在企业环境信用等级评价中给予适当加分。

四、结论

环境教育是生态文明建设的重要内容。本研究通过调查广东省生态环境教育现状和实施能力，发现存在问题，结合广东省“十四五”规划，提出了广东省生态环境教育近中期发展规划建议，以期通过明确指导思想、发展目标、重点项目及保障措施，为进一步促进广东生态环境教育的发展提供决策参考。取得的主要结论有以下四个方面：

（1）近年来，广东生态环境教育实施能力已经有了长足的发展，但仍需在法制化建设、组织实施机制、普及水平、师资力量、课程体系、基地建设、资金保障等方面进一步加强，以适应生态文明建设快速发展的需求。

（2）广东省生态环境教育体系建设的近期目标是到2025年完成生态环境教育法制化，初步构建全省生态环境教育组织实施体系；中期目标是到2030年，全面形成有法可依、政府主导、部门责任和分工明确、单位措施落实的生态环境教育组织实施体系，将广东建设成为全国领先、政策法规完善、组织实施能力突出、保障措施落实的生态环境教育强省。

（3）广东省生态环境教育近中期的主要建设任务包括：①完成生态环境教育立法，确保有法可依；②完善生态环境教育组织领导体系，进一步明确责任和分工；③建立全民生态环境教育规范，促进标准化；④加强生态环境教育人才培养，突破师资队伍不足的瓶颈；⑤加快生态环境教育基地建设，提高环保设施开放水平；⑥开展生态环境教育绩效评价，打造宣传生态环境教育的传媒平台；⑦鼓励环保社会组织全面参与，促进生态环境教育国际交流。

（4）为保障广东省生态环境教育健康、快速发展，应抓好以下四个方面的措施：①加强组织领导；②落实经费保障；③加大宣传力度；④完善激励政策。

坚持“四轮驱动”，实现“四重效益”

——海珠湿地的生态密码[①]

傅京燕　钟　艺　邵璟璟[②]

摘　要：海珠湿地从饱受侵蚀、濒临“消失”的万亩果园到“具有全国引领示范意义的”国家湿地公园，其建设是一场万亿商业价值和生态保护的博弈，政府在生态环境保护和高质量发展之间不断寻找平衡点。本文在归纳海珠湿地的功能定位和突出特点的基础上，从政策、技术、人才、品牌四个层面解开海珠湿地打造碧水绿地生态空间、实现万亩果园“蝶变”的生态密码。在多措并举、协调治理下，海珠湿地实现了绿色发展、生态示范、产业涵养、文化延续“四重效益”，增强了广州城市发展韧性。未来，海珠湿地需要提升湿地碳汇功能、加快建立湿地生态价值评估体系、推动湿地生态产品价值实现、探索绿色金融在湿地绿色项目融资上的应用，守护好广州城的“绿水青山”，并且让“绿水青山”真正成为“金山银山”。

关键词：海珠湿地；生态；绿色发展；城市品质

海珠湿地于2015年12月31日通过国家林业局2015年试点国家湿地公园验收，正式成为“国家湿地公园”。海珠湿地是广州市第一个国家湿地公园、广东省目前唯一国家重点建设湿地。海珠湿地地处广州中央城区海珠区东南隅，北面琶洲会展中心，南望大学城，东临国际生物岛，西跨城市新中轴，总面积1100公顷，是全国超大城市中心区最大的国家湿地公园，名副其实的广州“绿心”，秉承着人与自然和谐共处、共生共荣的理念。海珠湿地的建设是一场万亿商业价值和生态保护的博弈，是政府在工业化和城镇化进程中的未雨

---

① 感谢海珠湿地管理委员会在团队调研过程中给予的支持和帮助。

② 傅京燕：暨南大学经济学院教授，博士研究生导师。研究方向：环境与生态经济学，绿色金融。电子邮箱：fuan2@163.com。钟艺：暨南大学经济学院硕士研究生，研究方向：环境经济。邵璟璟：暨南大学经济学院硕士研究生，研究方向：生态经济。

绸缪：政府在万亩果园的破坏、修复、治理、发展过程中为生态买单，并且在生态环境保护和高质量发展之间不断寻找平衡点。海珠湿地的生态保护就是把大面积的绿色空间保护起来，让经济发展和生态文明齐头并进，实现“出则闹市，入则桃源”，是贯彻落实绿色发展理念的具体体现。

一、海珠湿地的功能定位与突出特点

1. 海珠湿地的功能定位

在整体规划布局上，海珠湿地划分为合理利用区和湿地保育区。其中，合理利用区分为完全开放区与限制开放区，满足游客休憩游览的需求和垛基果林种植的需要；湿地保育区面积占比超过60%，该区域较好地保存了系统的自然属性，承担着湿地的水文循环、生物多样性保育和生态系统稳定等重要生态功能。由此可见，海珠湿地的功能定位是以保护生态系统健康性为主要任务，兼顾农业文化延续和市民开放空间。

2. 海珠湿地的突出特点

湿地公园是一种典型的公共物品，目前海珠湿地包括海珠湖和湿地公园两个部分。其中，湿地公园收取20元的门票并对每天进园的人数有一定的限制，其介于纯公共物品和私人物品之间，呈现准公共物品的特点，具有不完全的非竞争性和非排他性。纯公共物品，如国防、环境保护等，一般由政府提供，不能把某些人排除在外；私人物品，如私人果林、菜园等，一般由私人部门提供，在消费时可以分割，个人可以独自享用。而湿地公园准公共物品不完全的非竞争性和非排他性体现在，一方面，其收取一定的门票且对入园人数有限制，一些人的消费可能将其他人排斥在外；另一方面，作为民生项目，其收取费用远低于项目投入，将生态服务作为主要功能，这种生态价值的获益面可覆盖至所有个体。

与其他湿地公园相比，海珠湿地突出的特点在于：第一，其地处世界特大城市中心区域，是镶嵌在城市中轴线上的“绿心”；第二，其覆盖面积大，与其他“城央”湿地相比，海珠湿地的面积是纽约曼哈顿中央公园的3倍，是伦敦海德公园的7倍；第三，其底蕴深厚，是岭南水果的发源地和重要产区，也是岭南民俗文化的荟萃区。

这些特点也意味着，海珠湿地区位本身蕴含着巨大经济价值，根据估算，将占地11平方千米的果林进行商业开发，能够创造超过万亿元的土地开发价值。在经济利益和生态保护上如何抉择？决策者高屋建瓴地选择了后者。此时若采取以市场为主导的发展方式，势必会因短期的逐利而破坏生态文明，而政府通过国家湿地公园的形式限制过度开发是基于两方面考虑：一方面，生态保护是长久之计，是可持续发展的前提；另一方面，自然是有价值的，可以提升城市的营商环境，让城市融入大自然，让湿地成为人民群众共享的绿色空间。

二、坚持“四轮驱动”，打造碧水绿地生态空间

海珠湿地是如何从万亩果园实现“蝶变”，开启城市人与自然和谐共生的新图景的呢？整体来看，海珠湿地坚持政策、技术、人才、品牌“四轮驱动”，多层次布局，全方位施力，以生态“荣”实现城市“兴”。海珠湿地管理机制的创新性主要表现为以下四个方面。

（一）政策驱动——筑牢湿地生态保障网

海珠湿地创新性提出“只征不转”政策，把生态文明建设放在突出地位，严守耕地保护红线。随着城市化和城镇化进程的加快，为追求高速发展而发生的市场失灵和政策失灵导致生态环境急剧下降且海珠湿地的前身“万亩果园”被城市逐渐包围蚕食，果树生长受到影响、收成逐年降低，村民基本生活难以为继。为缓解市场失灵和政策失灵带来的困扰，切实解决城市“保肺”与社员“保胃”的矛盾，协调环境保护与经济发展，政府通过一系列创新政策出台对其进行抢救性保护。

2012 年，海珠区创新性地提出“只征不转”征地政策获国务院批准，成为全国首例。海珠区通过一次性征地让万亩果园重新焕发生机，华丽升级为国家湿地公园。政府一次性投入 45.85 亿元征地资金，将万亩果园集体土地征收为国有，并通过立法确保所征土地保留农用地性质，同时，湿地所在的社村可得到 10% 的建设留用地，作为永久性生态用地保护起来，禁止在保护区内开展任何商业开发建设活动。

得益于科学合理的土地征收补偿方案，海珠区创造了一个月征地万亩的奇迹，覆盖 8 个集体经济联合社，涉及 9900 户农民。民主的政策设计平衡协调了各方利益，干净的征地手续确保了高效的土地征收，海珠区走出了一条湿地建设保护的新模式。2018 年 1 月《广州市湿地保护规定》正式出台，首创全国专章保护形式，列出对海珠湿地实施永久保护的 10 条条款。该规定一是加强湿地保护，维护湿地生态功能，保护湿地资源可持续利用，改善生态环境；二是对湿地的规划与名录、保护与利用、管理与监督、法律责任等做出详细规定，明确加强红线管理。通过政策的创新性驱动，海珠湿地明确了生态用地的红线管理，树立了生态屏障，确保了生态功能不降低、生态面积不减少、生态

性质不改变，体现了政府对于湿地保护的决定和希冀。

（二）技术驱动——探索智慧湿地新路径

技术的创新与应用改变了湿地保护与管理的模式，智能化、信息化、精细化成为主要趋势，合理的技术介入能够更好地维系人与自然关系的动态平衡。海珠湿地品质提升工作中的一项重要内容就是打造智慧湿地。为此，海珠湿地与腾讯云计算（北京）有限责任公司合作，启动“智慧湿地”项目，发挥信息技术在湿地全面保护和可持续发展中的作用，致力于建设全国首家智慧化、特色化和国际化的国家湿地公园，开拓“湿地＋互联网”的创新模式，探索技术赋能生态保护的新路径。

技术在海珠湿地的“智慧化”保护与管理上主要起到三方面的作用。

其一，技术为湿地生态监测提供保障。湿地生态监测覆盖水文气象、空气质量、土壤环境、动植物变化等多方面内容，是了解湿地生态系统健康性和反映湿地生态变化情况的必要举措。海珠湿地将现代技术融入生态监测的方方面面，开展科研项目70余项，利用空间分析、生物监测和环境监测等方法，进行持续、定期、动态的测定与观察，监测结果显示湿地环境因子和生物因子的指标表现较好。下一步，海珠湿地将强化互联网的渗透，搭建智能生态监测平台，强化大数据管理和AI分析在生态监测上的应用，提升监测的效率与精准度。

其二，技术为湿地生态修复提供支撑。以垛基果林生态修复为例，海珠湿地的前身是万亩果园，长期以来形成了果基鱼塘农业种植模式，生态修复项目主要是在保留传统果基形态的基础上，通过合理利用潮汐、重塑垛基地形、营造微生境、恢复林下植被、建立乡土植被种子库等修复措施来提升湿地的生态服务功能。在此过程中，组织专业人员对景观设计、林相改造、生物多样性维护及植物净化等技术进行科研攻关，并且采用更加专业、科学的作物管养模式，降低人为活动对生态的负面影响，从而实现生态效应与经济效益的双重提升。

其三，技术提升湿地全流程管理与服务水平。数字化管理是海珠湿地发展方向，通过打造全面互通的数据化平台，实现精准定位、精准识别，快速发现并处理湿地中的突发事项，并为生态科研提供及时有效的数据。另外，科技的介入能够提升智能服务水平，例如，疫情期间湿地与腾讯合作推出“景区码”，拓展线上功能，实施动态管理；智能安防系统能够弥补人力巡逻的不足，强化对入园人员的保障；智能导览系统能够提升湿地与游客的交互性，实现线上服务与线下服务的结合，优化游览体验，强化自然科普与环境教育功能。

（三）人才驱动——引领湿地自然教育

首创全国领先开放式自然教育平台，高品质自然教育和人才培养双向联动，传递绿色生态理念。湿地良好的生态环境给自然研学和生态教育提供了优良的场所，湿地也因此承担着宣传、科普与教育的任务。2015 年，海珠湿地自然学校开始建设，此后成为广州市重要的研学基地之一，每周举办约 15 场次的自然教育活动，每年约有 50 万名中小学生通过课程参与到相关研学活动中，取得了显著的社会效益。

专业的导师团队是自然研学取得成效的关键。目前，国内研学活动主要以人文历史类为主，自然导师相对欠缺，全面了解动植物特性和生态系统特点、能够生动讲解生态机理的导师更是少之又少。这与目前的教育现状有关，此类自然教育培训因知识更新速度快、知识交叉性强、对实践的要求高，难以在学校中获得，因此容易陷入“懂生态的不懂教育、懂教育的不懂生态”的两难境地，同时也对湿地管理团队提出了挑战。海珠湿地的做法是，开展“雁来栖”项目，以专业志愿者的形式，在报名与选拔后对志愿者学员进行为期 1 年的 90 个课时的课程培训与实践考核，培养具有完整知识体系的专业志愿者团队担任湿地自然导师。目前“雁来栖”专业志愿者团队中已有一百余人毕业，毕业的志愿者们部分继续担任湿地的自然导师并参与研发新的研学项目，部分从事广州市中小学科学老师的工作，致力于将在海珠湿地培训中学到的知识用在课堂，将人与自然和谐共生的理念传播给更多的学生。

（四）品牌驱动——打造城市生态名片

随着广州市进一步加强生态环境建设，作为广州新型城市化发展中城市中轴上的重要地标，从饱受侵蚀、濒临“消失”的万亩果园到“具有全国引领示范意义的”国家湿地公园，再到“打造全国最好、全球标杆性城央湿地”，海珠湿地正努力成为世界城市中心区面积最大城市湿地、大都市湿地与人居环境建设协同共生典范。

早在 2017 年，海珠湿地就以“城市园林绿化及城市生态修复”主题，获得 2016 年中国人居环境范例奖，成为广州第一个城市园林绿化及城市生态修复获奖项目，2019 年成为全国首个入选世界自然保护联盟会员单位的国家湿地公园，2020 年代表中国角逐迪拜国际可持续发展最佳范例奖，该奖是评估人居环境最权威的国际奖项。经过近年来的精心维护和品质提升，已建成的海珠湖、海珠湿地一期、海珠湿地二期已成为海珠区生态品牌，与海珠湿地周边的琶洲、海珠湾、中大国际创新谷等重点功能片区形成了紧密互动、相辅相成的良好局面。海珠湿地的生态效益正逐渐转化为创新经济和高端人才的聚集效应，海珠湿地与毗邻的琶洲互联网聚集区遥相呼应，成功吸引了巨头企业入住，周边已形成以阿里巴巴、腾讯等高端产业为中心的粤港澳大湾区国际科技创新平台，良好的生态环境已成为城市新一轮发展的核心竞争力。

三、实现“四重效益”，提升绿色发展韧性

在多措并举、协调治理下，海珠湿地实现旧貌换新颜，促使广州城市品质显著提升，生态效益、经济效益、社会效益凸显，产生了绿色发展、生态示范、产业涵养、文化延续等多重积极效益。

（一）绿色发展效益——树立绿色发展榜样

湿地是自然界生物多样性最富集的生物系统。海珠湿地充分发挥了其在城市防洪蓄涝、调节水位、保持珍贵的地表水、维系珠江水文平衡和生态系统安全及保育生物多样性等方面独特的和不可替代的生态服务功能。海珠湿地可收纳约200万立方米雨水，起到了“海绵城市”的功能作用，令辖区东南部内涝现象大大缓解；它又是一个水质净化器，湿地内水质基本从Ⅴ类提升到Ⅲ类，部分指标达到Ⅱ类水质标准，由于湿地内有39条河涌与珠江相通，因此也有效净化了珠江水质。作为粤港澳大湾区生态廊道的纽带，海珠湿地继续促成区位优势和生态优势深层次、多元化结合，激活、放大湾区产业优势、资源优势，延拓湿地功能，彰显湿地综合效应，搭建绿色发展桥梁。

（二）生态示范效益——共享生态保护成果

海珠湿地立足生态底色，共享生态保护成果，充分发挥生态示范效益，首创全国领先开放式自然教育平台，将绿色概念融入自然教育中，在湿地的自然课堂中生动呈现生态修复和生物多样性保护的先进理念，引导全社会共同参与到这一自然教育共享平台中。目前，自然学校“第二课堂”已走进广州70多所学校，开设课程1000多场次。自然教育进校园、进企业、进社区的“三进战略”已被总结为“海珠模式”，成为生态发展保护的经验和典型。在2021年广州市向联合国提交的地方自愿陈述报告中，广州市展现了响应可持续发展目标的经验和做法。

（三）产业涵养效益——修好梧桐树，引来凤凰栖

海珠湿地的主要功能定位是保护生态系统的健康性，在湿地内部尽量保持其自然状态，避免产业介入造成的人为生态破坏。而作为城市品质提升的典范、绿色低碳宝地，海珠湿地对周边区域又具有显著的产业引导与涵养效应，主要体现在两方面：一是促进落后产业的转移与转型升级；二是吸引新型产业，尤其是数字经济、创意经济相关产业在区域内聚集与发展。

紧邻海珠湖的大塘地区，是一片面积为0.43平方千米的城中村，逼仄的街道和林立的作坊与一街之隔的海珠湖形成鲜明反差。由于靠近布匹批发市场，村中主要集聚的是纺织加工类工厂，环境污染问题较严重、经济效益较低。海珠湿地建成后，在其生态示范作用下，大塘城中村业态转型迫在眉睫。为此，海珠区实施大塘整治计划，范围以坚真花园为核心，覆盖0.37平方千米，涉及江海街、南洲街与华洲街。目前，该片区超过5万平方米的集体物业、出租屋实现了腾退，并与第三方企业签订代管协议，为产业改造升级的全面展开打开了突破口。在城市"绿心"良好生态环境的辐射下，传统老城区加快了向现代化中心城区转型的速度，传统的低端制造业加快了产业转移与"腾笼换鸟"的速度。

海珠湿地一流的生态环境对创新型产业具有强大的吸引力，数字经济与创意经济得到良好的发展空间。一方面，这些产业单位产值高，对工作环境的品质有较高的要求；另一方面，这些产业需要源源不断的创新力来支撑，而良好的自然环境有助于激发人的灵感与创意。因此，海珠湿地的生态效益逐渐转化为创新经济和高端人才的集聚效应。目前，位于湿地不远处的琶洲互联网创新集聚区吸引了腾讯、阿里巴巴等20家领军企业入驻，总投资达到725亿元，2021年崛起了近1000亿级创新产业集群，是广州建设国际科技创新枢纽的重要支撑。此外，2018年《海珠区产业发展规划（2018—2035年）》将环海珠湖创新带定义为广州创新总部经济核心区与都市文旅体验功能区，时尚创意产业快速发展。海珠唯品同创汇作为其中的代表，已成为集"诗意、创意、生意"于一体的时尚新地标。曾经以从事仓储物流为主的老旧厂房，现已成为集文创、服装设计于一体的现代化园区，吸引了众多时尚创意团队的入驻，并牵头成立了海珠湖时尚创意产业联盟，为市民提供高品质的体验空间。良好的产业生态与海珠湿地良好的自然环境相辅相成，相得益彰，环境涵养产业、产业反哺环境，形成良性互动，梧桐叶茂，凤凰常栖。

（四）文化延续效益——望山见水记乡愁

习近平总书记说，要依托现有山水脉络等独特风光，让城市融入自然，让居民望得见山、看得见水、记得住乡愁，即在对城市进行景观改造与品质提升时，应尽可能保留原始风貌、保护文化特色、保存城市记忆。海珠湿地前身“万亩果园”是岭南农耕文化的典型代表，由于特殊的地形条件和河网情况，当地农民自古采用果基鱼塘的农业耕作模式，顺河道开挖沟渠，堆土成基，在基上种植果树，在开挖的河涌中养鱼，这种传承千年的基塘农业模式已成为岭南的一项文化遗产。而对海珠湿地的修复是广州城市空间发展格局基于古广州规划发展的延续：古城不古，新城不新，延绵起伏，千年商都，永久恒新。所有的建设不是摆设，而是解决城市发展问题，用政策不是终极目标，终极目标是文化、是沉淀、是修复、是鲜活；湿地的美，在于它延续了城市建设环境中的一个节点，在得以修复后呈现出新城市的活力，否则，旧城永远没新城让人留恋，广州让两千年的历史名城再次出彩。

四、海珠湿地的经济价值分析

湿地公园的特点是保护优先与合理利用有机结合，包括应对气候变化、城市热岛效应的降温及减灾效应等生态价值。海珠湿地的建立之初就是更多关注城市降温，因为广州是全球亚热带地区人口与经济活动最集中、规模最大的城市之一。同时，广州是中国“南大门”和广东省政治、经济和文化中心，处于粤中低山与珠江三角洲之间的过渡地带，属于雨量充沛区域，雨季和雨量在时间上也比较集中，夏秋季节的降雨量可占全年降雨量的75%左右，属于暴雨最为频繁、季节最长、强度最大的地区，而且南方地区夏秋季节台风现象多，在短时间的大风大雨袭击下，城市极易发生内涝现象，所以海绵城市建设在城市的市政建设中显得尤为重要。

海珠湿地目前仍以发挥生态价值为主，其经济价值并不仅仅来源于其创造的营收，而更多在于通过发挥其生态功能，减少特定灾害或相关环境现象带来的经济损失，从而降低成本，这也是彰显经济价值的一种方式。例如，海珠湿地可收纳约200万立方米雨水，调节周边城区内涝50平方千米；湿地周边去年的$PM_{2.5}$平均浓度为25 $\mu g/m^3$，比广州全市平均水平低20%左右；湿地使得周边平均气温降低0.5～1 ℃。这些生态优势都间接地体现出海珠湿地的经济价值。

1. 减灾效应

广州因背山面海，北部受山洪影响，中南部受西、北江过境洪水、台风和暴潮的侵袭，历来是洪、潮、涝为患之地；同时广州也是华南地区降雨量最高的城市之一，随着城市化进程加快，绿地率减少、建筑密度提高，城市生态环境容量面临巨大压力。

其实自清末以来，广东的水患从未停止，可以说自1896年起到1915年近20年间“无年不灾”；时任两广总督的张之洞曾上奏折道：“以前每数年、数十年而一见，近二十余年来，几于无岁无之。”而且，水患一年比一年严重，广东几乎没有风调雨顺的一年。最为根本的原因，是无度的开垦土地。过度的积极，造成人与水争土地，河床淤积、出海水道又窄又长，同时上游也有众多林地被开垦，从而造成水土流失，水淹情况越发严重。

广州早在宋代就已经有了“海绵城市”的概念，“六脉皆通海，青山半入城”中的“六脉”就是广州城的排水系统。六脉渠使广州城内河、涌、濠、渠相互交通，起到了为古城排涝、护城、运输、防火等作用。近年来，广州遵循“以水定城，顺应自然”的原则，通过海绵城市建设打造生态宜居城市。2021年，广州被评为全国首批海绵城市建设示范城市。

海珠湿地在调洪方面的作用将有助于提高城市对暴雨的抗性、减低城市内涝程度，从而尽可能降低经济损失，这也是其经济价值的体现。海珠湿地是广州海绵城市建设的重要部分之一，发挥着天然蓄水调洪功能。海珠湿地大面积的水域为雨洪调蓄提供了天然基础，其中海珠湖湖心区95公顷，是海珠湿地主要雨洪调蓄区。海珠湖与石榴岗河、大围涌、大塘涌、上冲涌、杨湾涌、西碌涌等6条一级河涌，库容量共约80万立方米；海珠湿地联通整个海珠区的水网，湿地库容量约200万立方米。在海珠湿地建成后，区域东南部暴雨后水浸街等内涝现象大大减少。

2. 降低热岛效应

随着全球变暖问题的加剧，城市降温正成为应对气候变化和城市可持续发展领域的热门新理念。2020年9月，广州成为世界银行“中国可持续发展城市降温项目”首个试点城市，开展广州“酷城行动”(Guangzhou Cool City Action)。城市降温是指通过自然调节或人工干预减少城市建成环境内热量吸收、排放和积蓄，达到降低城市环境温度，控制和减轻城市热岛效应，提高城市气温舒适度和宜居性的活动。

这次“酷城行动”在海珠湿地开展绿色基础设施降温效益的评估示范，针对城市和片区尺度，进行城市降温、固碳、健康、游憩、生物多样性等综合生态服务功能的定量评估和效益核算，为绿色基础设施规划设计与品质提升提供支撑。海珠湿地河涌联通，水域密集，湿地内39条河涌与珠江相通，湿地的水文连通性可以显著增强湿地的降温效应。湿地空间格局也对湿地降温效应有显著影响，对城市建筑密集区域，湿地的降温效率相对较高；湿地水体周围配置植被能有效增强湿地降温效应的作用范围。

随着全球变暖的灾害效应加剧，城市降温正成为应对气候变化和城市可持续发展领域的新理念、新议题。世界银行近年来将可持续降温（sustainable cooling）作为应对气候变化和城市可持续发展领域的新的着力方向之一。

五、海珠湿地未来发展方向

海珠湿地坚持政策、技术、人才、品牌“四轮驱动”，推动人与自然的和谐共生。其中，政策是落实生态优先理念的有效保障，技术是提升生态保护效能的有力支撑，人才是推动行业持续发展的强大动力，而品牌是拓展绿色低碳可持续的靓丽名片。

海珠湿地的未来发展方向是：在全方位施策下，海珠湿地有效改善生态系统健康性、起到良好的生态示范效果，并且在产业涵养和文化延续上效益突出。未来，海珠湿地值得重视的发展方向有：进一步提升碳汇功能、强化碳汇管理与利用；建立湿地生态价值评估体系并在此基础上推动湿地生态产品价值实现；发挥绿色金融在助力环境保护和吸引社会资本上的作用，创新绿色融资模式。

（一）提升湿地碳汇功能

碳汇是实现“碳达峰、碳中和”目标的一个重要途径，而湿地生态系统具有固碳量大、固碳效率高、碳存储周期长等特点，因此拥有很强的碳汇能力。以泥炭地为例，其含有大量未被分解的有机物质，起到碳库的作用。它们不仅能够吸收二氧化碳，还能存储未被分解的有机物质，从而避免其中的碳以二氧化碳的形式回到大气。根据测算，全球湿地面积仅占陆地面积的4%～6%，碳储量却占到陆地生态系统碳储存总量的12%～24%，在缓解温室效应、应对气候变化上发挥着关键的作用。

提升海珠湿地的碳汇功能，就是保护好这一城央巨大的有机碳库。其一，继续推进生态修复工程、强化生态保护力度，统筹推进山水林田湖草沙系统治理；其二，加强湿地碳汇的监测与核算，组织相关技术团队建立科学的监测体系并统一核算规范，逐步建立起湿地碳汇数据库，为实现碳汇价值奠定基础；其三，加强提升湿地碳汇能力的科学研究和技术创新，进一步提升湿地生态系统的碳积累与碳存储的能力与效率；其四，推动碳汇产业发展，随着相关政策的逐渐倾斜和碳汇交易市场的逐渐完善，湿地应利用好自身优势，强化碳汇管理，探索碳汇价值实现路径，将生态优势逐步转化为经济优势。

（二）加快建立湿地生态价值评估体系

湿地作为生物多样性富集的生态系统，具有不可忽视的功能和社会生态效益。为识别社会生态效益并推动其进一步扩大，将生态效益带来的外部性内部化是必经之路，而建立湿地生态价值评估体系正是内部化的有效手段。加快建立湿地生态价值评估体系，有助于湿地生态价值定量化、货币化研究，核定湿地自然资源资产与生态服务价值，帮助人们更加直观地了解湿地生态功能的重要性，促进生态效益价值实现。

从经济学角度看，生态环境的经济价值可以分为使用价值和非使用价值。使用价值反映的是环境资源的直接或间接使用价值；非使用价值与人类是否使用该环境资源没有直接关系，是人类对环境资源价值的伦理判断。生态环境的多样性及其经济价值的复杂性决定了在对生态环境经济价值进行评估时需要采用多种不同的评估方法。目前，随着生态价值评估方法不断发展，对湿地生态价值的定量化也有了一定的探索。如在对广州南沙十九涌红树林沼泽湿地的生态效益进行评估时，学者应用了生态经济系统能值分析理论，定量分析了广州市南沙十九涌红树林沼泽湿地的生态效益及系统内的物流和能流。通过湿地生态系统能值分析图和能值分析表，量化了南沙十九涌红树林沼泽湿地整体投入/产出的效益。

总的来说，评估湿地生态价值的手段和方法较多，我们要立足海珠湿地这一城央湿地的定位，明确其生态环境功能的多样性及所提供的服务的多元特性来进行评估。例如，厘清湿地生态资源价值总量，构建多维度、深层次的核算指标，对标国际先进模式，构建城央湿地视角下的生态价值评估导则与指标分类；通过量化评价体系的识别，使高价值区促进转化，低价值区加强生态修复，实现生态价值最大化。

（三）推动湿地生态产品价值实现

在“碳达峰、碳中和”的战略目标下，广州政府放弃将湿地用作商业开发，打造“第二个珠江新城”，而是坚持商业利益让步于生态保护的理念，为广东乃至全国的低碳减排起到了良好的示范与引领效应，体现了决策者的前瞻性以及对生态文明思想的贯彻。当然，如何在生态保护的基础上实现经济价值最大化，也是海珠湿地未来的努力方向。从这个角度来看，海珠湿地的发展可以分为三个阶段。

第一阶段，做好生态系统健康性的修复与保育。这一阶段应坚持“保护优先、合理利用”的原则，以财政投入作为主要的资金来源，发挥湿地调节环境与服务市民的功能。

第二阶段，发挥湿地对周边经济质量提升的带动作用。随着湿地的生态效益日益凸显，高品质的环境成为经济高质量发展的一大助力，主要体现在“倒逼”落后的产业和老旧的城中村进行改造升级；吸引技术密集度高、创新创意含量高、集约用地的产业在周边聚集；打造城市对外交流的窗口，通过承接会议、举办展览等强化海珠湿地的影响力。

第三阶段，实现生态产品内在价值。生态产品属于公共产品，不能简单地进行市场交换，因此，使生态产品投资获得合理回报需要将市场机制同政府作用有机结合。一方面，在市场化路径下，将自然资本、人造资本、人力资本三要素有机结合，通过挖掘特色、品牌策划、市场营销等将生态优势转化为经济优势；另一方面，发挥政府调节作用，探讨生态补偿的形式，将生态保护的外部价值实现自身可持续发展模式。

目前，海珠湿地处在由第一阶段向第二阶段过渡的时期，接下来需要继续保持高规格的保护与培育，发挥碳库优势、发掘碳汇潜力，并在强化生态效益的同时合理探索经济效益，让绿水青山真正成为金山银山，让“绿心”成为广州城央的黄金宝地。湿地公园作为公共产品，现在是不允许经营和出租的，所以生态产品主要由政府支持和负责管理、提供服务。如何发挥政府的职能，让公共产品有更多溢出效应，如产学研基地、服务平台和高附加值的活动空间和音乐舞台等；如何让社会公益与湿地投入的正向效益更显现。

（四）探索绿色金融为湿地绿色项目融资的新模式

目前，海珠湿地在建设和运营过程中的资金来源主要是政府财政拨款，社会资本的参与较少，其原因在于海珠湿地的主要功能是生态保育，产业化程度较低，盈利能力较为不足，且目前 20 元的湿地公园门票价格难以弥补成本。如何利用好广州绿色金融改革创新试验区的优势，通过绿色贷款、绿色债券、绿色资产证券化等金融手段吸引社会资本参与生态项目，是海珠湿地可持续发展效益提升的关键。

绿色金融助力环境治理和生态保护在近年已有较多成功案例。例如，2017 年中国工商银行浙江省分行便通过绿色信贷为西溪湿地综合保护治理提供资金支持，其中的一大创新是，利用特定资产收益权作为融资质押，即将西溪湿地公园一期、二期的门票、船票等收费权进行质押，从而获得期限长达 10 年的特定资产收益权贷款4.5亿元。这笔贷款缓解了西溪湿地经营管理有限公司资金紧缺的矛盾，也为西溪湿地综合保护项目的顺利进行提供了保障。缺少足够的抵押物是许多生态项目获取绿色资金的障碍，西溪湿地获得绿色质押贷款的基础也在于其可观的门票和船票收入。与西溪湿地80元的门票及每小时60～100元的船票相比，海珠湿地的盈利能力较弱，因此，探索新的融资抵押物（如碳汇收入等）及金融机构创新贷款担保方式显得尤为重要。

参考文献：

[1] 潮洛蒙，李小凌，俞孔坚．城市湿地的生态功能[J].城市问题，2003(3)：9－12.

[2] 张捷，景守武．改革开放以来广州市生态文明建设经验总结[J].城市观察，2018（3）：61－72.

[3] 袁兴中，范存祥，林志斌，等．垛基果林湿地恢复：岭南农业文化遗产的重生[J].三峡生态环境监测，2021，6（2）：36－44.

[4] 孟伟，范俊韬，张远．流域水生态系统健康与生态文明建设[J].环境科学研究，2015，28（10）：1495－1500.

[5] 石敏俊．生态产品价值的实现路径与机制设计[J].环境经济研究，2021，6（2）：1－6.

[6] 孟伟庆，吴绽蕾，王中良．湿地生态系统碳汇与碳源过程的控制因子和临界条件[J].生态环境学报，2011，20（8）：1359－1366.

[7] 沙晨燕，王敏，王卿，等．湿地碳排放及其影响因素[J].生态学杂志，2011，30（9）：2072－2079.

[8] 王立龙，陆林，唐勇，等．中国国家级湿地公园运行现状、区域分布格局与类型划分[J].生态学报，2010，30（9）：2406－2415.

[9] 谢慧莹，郭程轩．广州海珠湿地生态系统服务价值评估[J].热带地理，2018，39（1）：26－33.

[10] 石柳，唐玉华，张捷．我国林业碳汇市场供需研究：以广东长隆碳汇造林项目为例[J].中国环境管理，2017，9（1）：104－110.

贸易与环境篇

外商直接投资、金融发展与绿色全要素生产率

傅京燕　张佩佩　程芳芳①

摘　要：自"一带一路"倡议提出以来，沿线各国均吸引了大量外来资本，在投资带来巨大经济增长动力的同时也给环境污染带来了治理压力。面对环境亟须改善的严峻状况及需要实现的国际减排目标，有必要形成支持绿色发展的投融资体系，分散投资风险、优化资源配置和加速产业结构调整与转型升级。基于此，本文利用1995—2014年的面板数据构建金融发展、外商直接投资与绿色全要素生产率之间的计量模型进行实证检验。研究结果发现：①外商直接投资的流入及本国的金融发展均显著抑制了"一带一路"沿线国家的绿色全要素生产率的增长。②东道国的国内金融发展水平加剧了外商直接投资引入对国内绿色全要素生产率的不利影响。③国内金融发展水平作用于外商直接投资对绿色全要素生产率的负向影响的调节作用具有路径差异和区域差异。结论表明，在"后疫情时代"应坚持国内、国际双循环的发展格局，利用外部绿色投资活动带动本国金融建设以及完善合约标准化及差异化的应对手段。

关键词：绿色全要素生产率；"一带一路"；外商直接投资；金融发展

一、引言

当前，新冠肺炎疫情全球蔓延，对经济发展造成前所未有的冲击，"一带一路"作为国际合作平台，为应对全球危机提供了"中国方案"。同时，为应对当前国内外各方面环境的大变化，推动我国开放型经济进一步发展，政府适时提出了"双循环"发展战略，即以国内大循环为主、国内国际双循环相互

① 傅京燕：博士，暨南大学经济学院教授、博士研究生导师，暨南大学资源环境与可持续发展研究所所长，研究方向：开放条件下的环境问题。电子邮箱：fuan2@163.com。张佩佩：暨南大学经济学院硕士研究生，现就职于浦发银行深圳分行。程芳芳：暨南大学经济学院博士研究生，研究方向：贸易与环境。

促进的新发展格局，“一带一路”成为推动国际贸易大循环的重要平台。自“一带一路”倡议提出以来，沿线各国均吸引了大量外来资本。据世界银行数据库数据显示，“一带一路”沿线国家的外商直接投资净流入从1995年的824.3亿美元增长到2018年的4493.4亿美元，增长了近4.5倍，年均增长7.65%，从占世界总外商直接投资的25.77%上升到37.29%。[①]

在投资带来巨大经济增长动力的同时，一些学者担忧“一带一路”沿线国家碳排放会持续增长（Zhang et al.，2017），如东道国能源的巨大消耗、污染排放的急剧增加及生态环境的持续破坏。据统计，1992—2014年沿线地区碳排放总量占全球的比重从42.24%增长至55.66%，碳排放强度普遍高于全球平均值。面临环境亟须改善的严峻状况及需实现的国际减排目标，全球范围内每年需要新增绿色投资数万亿美元，而单靠政府部门显然无法满足如此巨大的资金需求，此时就需要发挥金融市场的功能，通过产品和体制创新，动员私人部门开展绿色投资，形成支持绿色发展的投融资体系。

在“一带一路”沿线国家，外商直接投资、金融体系发展对当地绿色经济发展产生了重要的影响。外商直接投资带来一国资本存量的增加，并进一步通过技术溢出带来知识积累和技术进步（孙力军，2008），可以提高东道国的全要素生产率。但是，“污染避难所假说”效应这有可能会导致东道国环境的恶化。进一步，发达的国内金融市场对外国企业参股、进入国内市场提供了便利的条件，更容易吸引外商直接投资（孙力军，2008），这就需要完善本国的金融市场机制和政策，以降低外来投资带来的环境风险。在倡导绿色“一带一路”理念的背景下，外商直接投资和金融发展对于经济绿色发展的影响尚存在争议，且地区金融发展作为一个重要的地域变量，对外商直接投资能否发挥正向溢出效应带来全要素生产率的提升等方面具有重要的调节作用（王冲，2019）。

因此，本文将综合考虑国内金融发展、国外资本流入对东道国的影响，研究“一带一路”沿线国家的绿色全要素生产率的现状，国内金融发展及外商直接投资能否有效促进本国绿色全要素生产率的提升，以及本地的金融发展水平在研究外商直接投资对绿色全要素生产率的影响时是否具有调节作用。对这些问题的全面回答，将对提高“一带一路”沿线国家经济增长效率，推动经济高质量、绿色发展具有重要意义。

---

① 根据世界银行数据库数据测算。

二、“一带一路”沿线国家外商直接投资流入、金融发展及绿色全要素生产率现状分析

（一）外商直接投资流入现状及分析

1. “一带一路”沿线国家外商直接投资流入的总体变化趋势

如图1所示，1995—2014年“一带一路”沿线国家外商直接投资净流入具有明显的阶段性特征。1995—2008年，这些国家的外国直接投资逐年增加，尤其是在2002年后呈直线增长态势，从2002年的1172.40亿美元跃升到2008年的6098.81亿美元，年均增长速度达到31.63%。在2008年金融危机后，投资迅速下滑，而之后几年，投资又有所上升，呈波动性变化。从FDI在GDP中的占比来看，在外国直接投资大量进入这些国家的时期，FDI在GDP中的占比也迅速增加，一度达到7.68%（2007年平均值）。在2008年后，虽然FDI净流入基本恢复到金融危机前的水平，但其占GDP的比重却维持在4.50%左右，说明“一带一路”沿线国家国内经济恢复较快，从而相对于外国直接投资，本国GDP的增长速度更快。

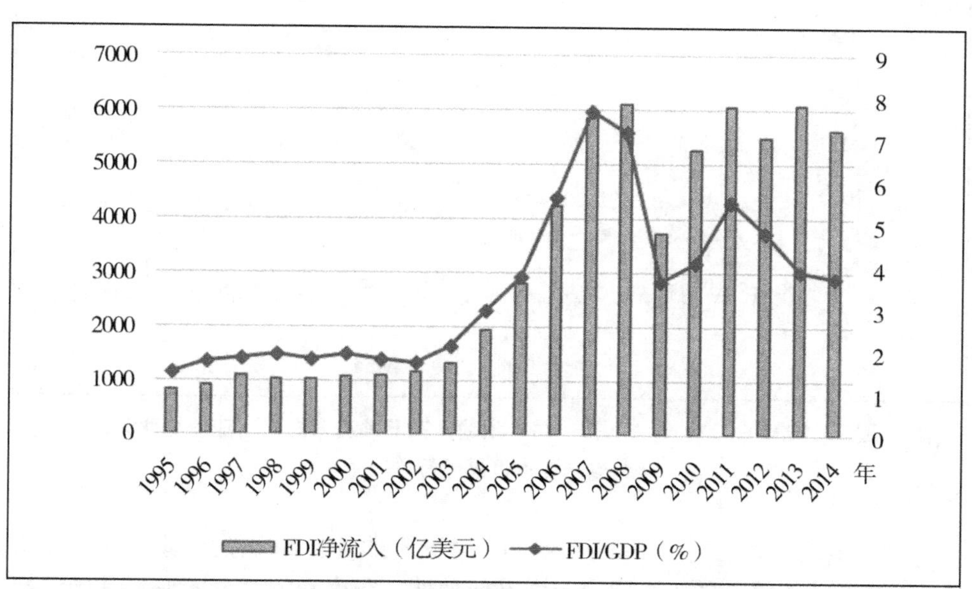

图1　1995—2014年“一带一路”沿线国家FDI净流入及其在GDP中的占比总体趋势

（数据来源：世界银行数据库）

2. “一带一路”沿线国家 FDI 流入的具体分析

“一带一路”沿线国家覆盖地域较广，横跨亚、欧两大洲，在对分别处于亚洲和欧洲的“一带一路”沿线国家进行分类比较之后，我们发现，总体上亚洲国家的 FDI 净流入明显多于欧洲国家，而且这种趋势在 2008 年后更加明显。2008 年以前，亚洲国家的 FDI 净流入为年均 1525. 04 亿美元，欧洲国家则为年均 659. 43 亿美元，亚洲国家的 FDI 净流入基本维持在欧洲国家的 3 倍左右。而在 2008 年之后，在经历了短暂的 FDI 净流入下降后，亚洲国家的外国直接投资迅速上升，达到年均 4805. 33 亿美元的净流入，对比欧洲的“一带一路”沿线国家，净流入则维持在年均 895. 83 亿美元的低水平，甚至有下降的趋势，与亚洲国家的差距进一步拉大。以上结果说明，在目前全球的对外投资中，更多的 FDI 流向了经济发展相对较慢、基础设施相对薄弱、劳动力相对低廉的亚洲国家，换句话说，亚洲“一带一路”沿线国家在吸引外资进入时可能更具有优势。（见图 2）

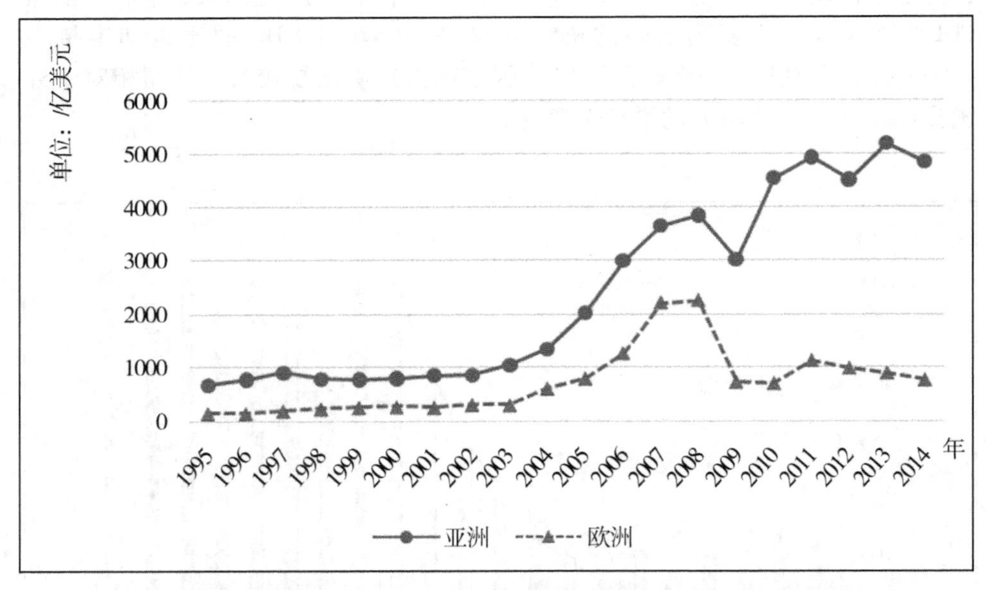

图 2　1995—2014 年“一带一路”沿线国家 FDI 流入对比（亚洲与欧洲）
（数据来源：世界银行数据库）

进一步地，我们列出了 2014 年 FDI 净流入排名前 20 名的国家，如图 3 所示。FDI 净流入最高的 3 个国家分别是新加坡、印度和印度尼西亚，其中，新加坡的 FDI 净流入高达 686. 98 亿美元。在 2017 年 FDI 净流入数据中，有 3 个国家的数据为负值，这3个国家是也门、斯洛伐克和伊拉克，FDI净流入为负很可能是因为存在资本撤出等情况。在排名前20位的国家中，亚洲国家13个，欧洲国家6个，非洲国家1个，亚洲国家的FDI净流入量在“一带一路”沿线国家FDI净流入总量中的占比高达85.53%。而在这13个亚洲国家中，东南亚国家占6个名额，分别为新加坡、印度尼西亚、马来西亚、越南、菲律宾、泰国。东南亚地区国家经济发展潜力较大，政治相对稳定，投资环境良好，吸引了大量的外部投资进入。例如，排在第一位的新加坡是典型的贸易驱动型经济模式，国内主要产业包括电子、金融、服务业等，出口产品附加值高，其科技水平和教育水平居亚洲前列。而位于第三位的印度尼西亚，自然资源十分丰富，其中石油、天然气、金刚石和金属锡、镍的储量均在世界占有重要地位，加之其廉价的劳动力，吸引了发达国家进行产业转移。

在欧洲地区，俄罗斯、波兰、土耳其为主要FDI流入国，这些国家多属于工业基础雄厚，同时拥有丰富自然资源的国家。例如，俄罗斯不仅是世界上自然资源最丰富的国家之一，其航空航天产业和核工业水平也均处于世界前列；

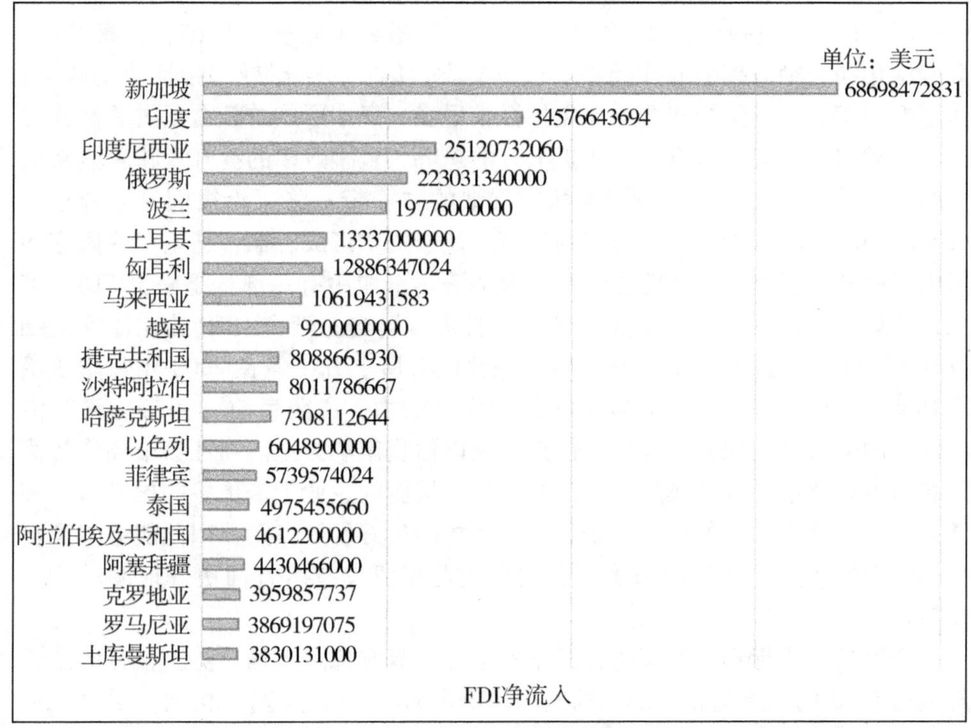

图3 2014年“一带一路”沿线国家FDI净流入排名前20位的国家

（数据来源：世界银行数据库）

波兰的工业基础相对雄厚，煤炭储量位居欧洲前列，同时拥有较丰富的硫黄、铜和锌等矿产资源。

（二）金融发展现状及分析

衡量一国金融发展现状可以从很多维度出发：从量的维度考虑，包括“金融抑制论”和“金融深化论”强调的金融工具、金融资产及金融机构规模的膨胀；从质的维度考虑，金融资产、融资方式、金融中介等金融要素的构成变化体现金融业发展效率，是对金融发展深度的衡量。在结合“一带一路”沿线国家金融数据可获得性及完整性的基础上，为尽量细致全面地展现“一带一路”沿线国家的金融发展现状，本文选取以银行的信贷规模与 GDP 的比值衡量的金融规模（*fsc*）、以私营部门的国内信贷占 GDP 的比值衡量的金融深化（*fde*）、以资本形成总额与国内总储蓄的比值衡量的金融效率（*fef*）三个指标衡量金融中介发展现状，以及以股票市场交易额与 GDP 的比值衡量的金融结构（*fst*）来衡量金融市场（证券市场）的发展程度。

1. “一带一路”沿线国家金融发展的总体变化趋势

图 4 展示了 1995—2014 年“一带一路”沿线国家金融规模、金融结构、金融深化和金融效率的变化趋势。可以看到，第一，金融效率指标波动较大，而金融规模、金融结构和金融深化指标较平稳。资本形成总额占国内总储蓄的比值波动较大，但总体有一个曲折上升的趋势，金融效率的提升意味着能将更多的储蓄转化为资本，这对资本相对稀缺的“一带一路”沿线国家来说是十分有利的。同时发现，很多国家的储蓄远低于资本形成总额，甚至有些国家的国内总储蓄为负值，意味着在这些国家的资本形成中有一部分是来自 FDI。第二，金融结构指标保持在较低水平，即股票市场交易额占 GDP 的比值均值维持在 16.83%。虽然 2002—2007 年这一比例有所上升，但在 2008 年金融危机后其又呈现出下降趋势，表现出较低的发展活力，说明目前“一带一路”沿线国家的金融结构缺乏多样性，依然主要以信贷市场为主。而证券市场作为优质企业资金融通的重要场所，发达的证券市场能为企业带来更多的投资机会和资金流入，金融结构的优化代表着资本市场的良好发展，企业因此能够减少自身的流动性风险，从长期来看，有利于企业在研发技术方面更好地调动资金支持。

金融规模指标和金融深化指标基本重合，具有稳步上扬趋势。银行的信贷规模占 GDP 的比重与私营部门的国内信贷占 GDP 的比重基本相同，说明“一带一路”沿线国家的金融信贷资源更多地流向了私营部门。一方面，私营部门在利润最大化的驱动下，必然在当前的技术水平下最大限度地追求效率的提升，或者进行技术研发，从而有利于全要素生产率的提升；另一方面，私营部门可能并不会为了环保而牺牲自己的利润率，如果没有相应的环境立法，也不会超前进行环保方面的创新活动，因此增大了信贷资源的使用风险。

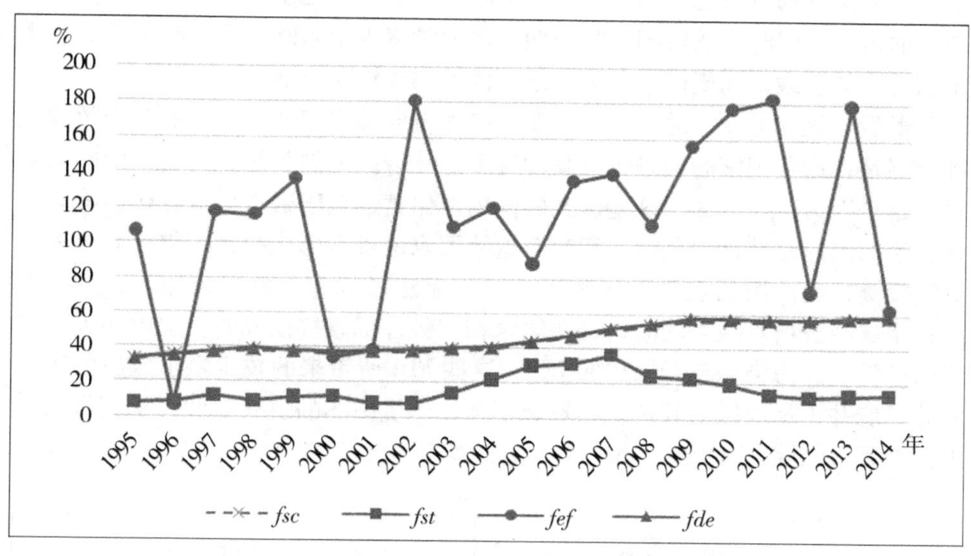

图4　1995—2014 年“一带一路”沿线国家金融发展总体趋势

（数据来源：EPS 数据库及世界银行数据库）

2. “一带一路”沿线国家金融发展的具体分析

图 5 分别显示了 2014 年“一带一路”沿线国家在金融规模、金融结构、金融效率和金融深化方面排名前 20 位的国家。

首先，新加坡、马来西亚和泰国（均为东盟成员国家）的金融规模、金融结构、金融深化指标排名均在前列，说明这三国的国内金融发展水平相对较高。新加坡金融业、物流运输业、建筑业较发达，是全球著名的金融中心和航运中心；而马来西亚、泰国、越南等其他东盟国家，近年来经济发展迅猛，加之中国 - 东盟自由贸易区的建立，在达成一系列双边货币协定、区域多边贸易协定及救助体系的背景下，通过不断深化的金融合作，促进了双边贸易自由和投资便利化，从而带动了东道国经济和金融的发展。

其次，克罗地亚、爱沙尼亚、波兰、匈牙利等东欧国家国内金融发展水平基础较好。一方面，从 20 世纪 80 年代末开始，东欧一些国家从计划经济体制向市场经济体制转轨，在这一过程中，金融市场也经历了一系列自上而下的改革，如建立起二级银行体系、发展国内证券市场、完善金融监管手段等，并取得了显著的成果，为经济快速发展提供了重要支撑。另一方面，波兰、捷克、匈牙利、斯洛文尼亚和斯洛伐克于 2004 年正式加入欧盟，伴随着这一过程，中东欧国家与欧盟成员国的金融一体化也加速发展，欧盟成员国在中东欧设立的金融分支机构越来越多，为东道国金融机构的发展提供了发展方式和衡量标准上的借鉴。同时，欧盟国家的金融资本大量流入中东欧国家金融市场，扩大了东道国的金融市场规模，助力中东欧国家的经济生产活动。

最后，亚美尼亚、尼泊尔、埃及、格鲁吉亚等南亚北非国家的金融效率较高。但是，这些国家的金融效率高却并不意味着国内储蓄转化为资本的能力更强。这是因为，一方面，这些国家的国内总储蓄远低于资本形成总额，甚至一些国家的国内总储蓄为负值，意味着这些国家的资本形成很大一部分来自外部直接投资，而本国的经济发展相对疲软，无法形成有效的国内储蓄；另一方面，本国经济增长缺乏动力，这些国家在依赖外部直接投资时，引进的大多属于高能耗、高污染的较低层次的 FDI，这些 FDI 所带来的技术溢出效应的正外部性可能并不足以抵消其带来的资源消耗、环境破坏的负外部性，从而带来了更大的环境风险。

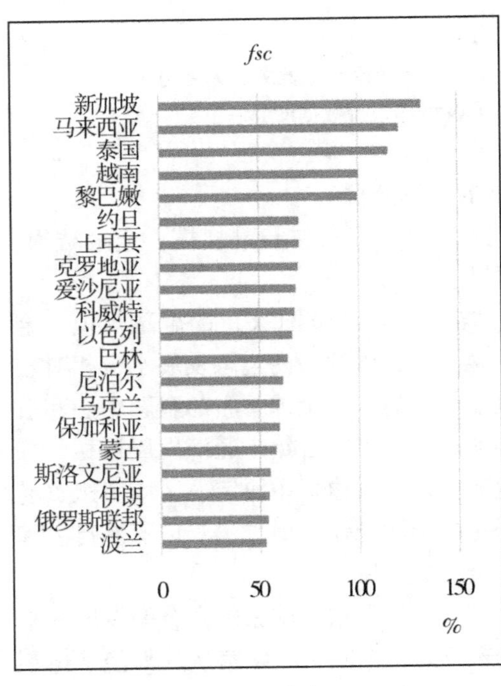

（a）

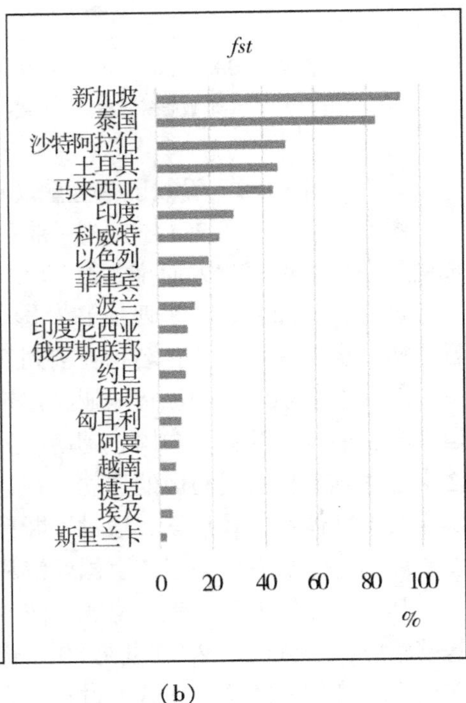

（b）

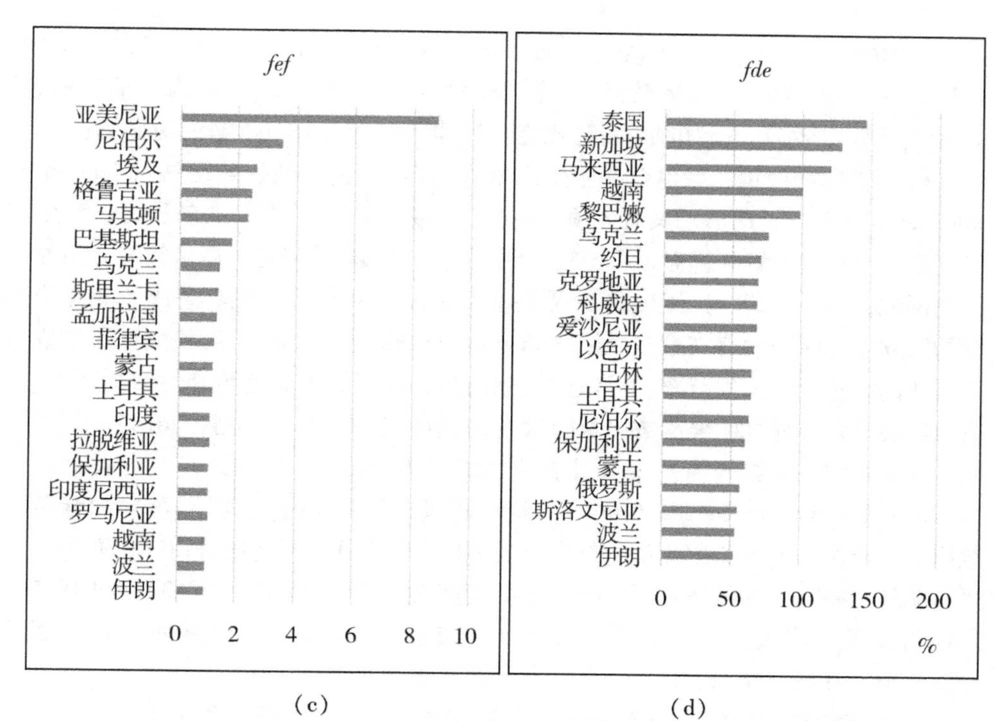

（c） （d）

图5　2014 年“一带一路”沿线国家各金融发展指标排名前20位的国家

（数据来源：EPS 数据库及世界银行数据库）

三、模型构建

作为参考，分别考察外商直接投资、金融发展对绿色全要素生产率的影响效果，基准回归模型如下：

$$gtfp_{it} = \alpha_1 + \alpha_2 fdi_{it} + \gamma X_{it} + \delta_i + \theta_t + \varepsilon_{it} \tag{1}$$

$$gtfp_{it} = \beta_1 + \beta_2 fd_{it} + \varphi X_{it} + \eta_i + \pi_t + \mu_{it} \tag{2}$$

式中，i、t 分别表示国家和年份，$gtfp$ 代表绿色全要素生产率，fdi 代表外商直接投资，fd 表示金融发展变量，X 为其他控制变量集，α、β、γ 和 φ 为待估参数，δ_i、η_i 为地区固定效应，θ_t、π_t 为时间固定效应，ε_{it}、μ_{it}为误差项。

为了考察外商直接投资与金融发展的互动效应对“一带一路”沿线国家绿色全要素生产率的影响，本文借鉴王永齐（2006）和孙力军（2008）的研究理论和研究方法，在将外商直接投资、金融发展和经济增长纳入统一模型框架中时，构建如下回归模型：

$$gtfp_{it} = \chi_1 + \chi_2 fdi_{it} + \chi_3 fd_{it} + \chi_4 (fdi_{it} * fd_{it}) + \vartheta X_{it} + \lambda_i + \upsilon_t + \xi_{it} \quad (3)$$

式中，$fdi_{it} * fd_{it}$ 为外商直接投资与金融发展变量的交乘项；χ、ϑ 为待估参数，λ_i 为地区固定效应，υ_t 为时间固定效应。具体的变量选取与数据说明如下：

（1）被解释变量：绿色全要素生产率（*gtfp*）。由于数据包络法（data envelopment analysis，DEA）具有无须假定生产函数、不受量纲的限制及可以对生产率进行进一步分解等优势，目前被广泛用于生产效率的研究。后来针对方向性距离函数，Tone（2001）提出的加入松弛变量的 SBM 模型，成功解决了非零松弛的问题。同时，现有文献多采用 Malmquist-Luenberger（ML）指数测量国家或者行业的绿色全要素生产率。但值得注意的是，该指数不具有传递性或循环性，难以解决跨期方向性距离函数测算时潜在的线性规划无解（郑强，2018）。基于此，本文决定采用综合考虑非期望产出和解决松弛问题的 SBM 模型，并结合 Global Malmquist-Luenberger（GML）指数来测量“一带一路”沿线国家的绿色全要素生产率。但该指数测量的是生产效率在各年之间的环比改进情况，而为了更真实地反映当年的经济发展状况，根据文献惯用做法（李斌，2013），将 1995 年作为基期，假设其 *gtfp* 为 1，利用计算出的 GML 指数进行累乘得到后面 1996—2014 年的 *gtfp* 值。

在具体测算过程中，投入指标选取资本投入、劳动力投入和能源投入，产出指标包含期望产出和非期望产出。资本投入用基于永续盘存法进行估算的物质资本存量来表示，劳动力投入用就业人口总数来表示，能源投入用各个国家能源使用总量来表示，期望产出用 GDP 来衡量，而对非期望产出的选择则存在很大的主观性，主要以工业“三废”排放量（王兵等，2010）、二氧化碳排放量（匡远凤、彭代彦，2012）为代表，基于“一带一路”沿线国家数据的可获得性，本文采取以二氧化碳排放量衡量非期望产出。资本投入指标数据来源于 Penn World Table version 9.0，其余指标数据均来源于世界银行数据库。

对于时间和国家的选择，由于二氧化碳排放量指标在数据收集时只更新到 2014 年，以及需剔除变量严重缺失的国家，最终选择 1995—2014 年“一带一路”沿线相关的 53 个国家[①]的数据进行研究。根据上述测算模型和相应的指

① 一般认为“一带一路”包含65个国家和地区，这里考虑到数据的可获得性，选择53个国家数据：新加坡、文莱、沙特阿拉伯、阿曼、以色列、科威特、巴林、波兰、捷克、匈牙利、斯洛伐克、斯洛文尼亚、立陶宛、拉脱维亚、爱沙尼亚、马来西亚、泰国、伊朗、土耳其、伊拉克、黎巴嫩、阿塞拜疆、哈萨克斯坦、土库曼斯坦、俄罗斯、罗马尼亚、保加利亚、白俄罗斯、克罗地亚、阿尔巴尼亚、马其顿、中国、越南、印度尼西亚、菲律宾、缅甸、柬埔寨、印度、巴基斯坦、孟加拉国、斯里兰卡、尼泊尔、约旦、也门、格鲁吉亚、亚美尼亚、吉尔吉斯斯坦、乌兹别克斯坦、塔吉克斯坦、乌克兰、摩尔多瓦、蒙古、埃及。

标，本文利用 MaxDEA 软件测算了 1995—2014 年间“一带一路”沿线相关 53 个国家的绿色全要素生产率，结果见图 6。同时，进一步将绿色全要素生产率指数分解为效率变化指数（*GEFFCH*）和技术变化指数（*GTECH*）以分析促进绿色全要素生产率提升的具体方式，即绿色全要素生产率指数增长更多地来源于生产效率的提升或技术的进步，分解结果如图 7 所示。

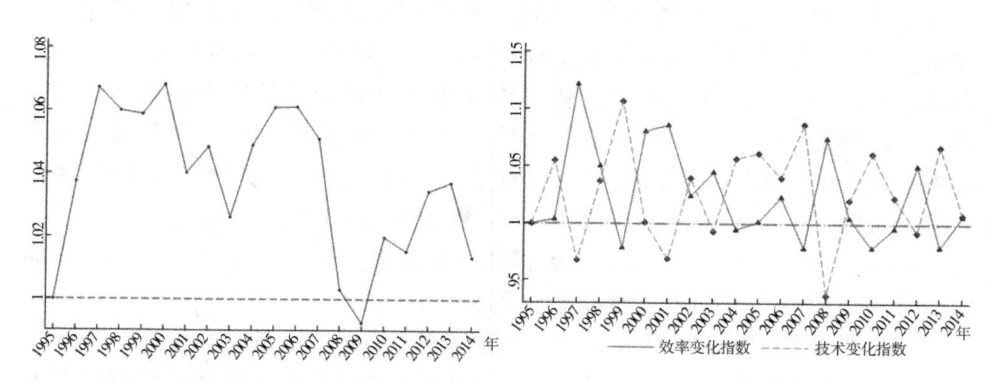

图 6　1995—2014 年绿色全要素生产率均值时间趋势　　**图 7　分解指数时间趋势**

（数据来源：EPS 数据库及世界银行数据库）

1995—2008 年，国家绿色全要素生产率均值大于 1，并且基本徘徊在 1.05 左右，具有较高的增长速度，同时具有轻微下滑的趋势。这个时期，“一带一路”沿线的东南亚国家、东欧国家多处于经济发展的早期阶段，开始着力发展社会生产力，从而带来经济增长的早期动力；同时，由于处于工业化早期阶段，重化工业不发达，还没有带来大量的能源消耗和污染排放，所以拥有较高的绿色生产率增长速度。但随着 2008 年全球金融危机的爆发，以及随着各国工业化的进程，绿色全要素生产率指数大幅下降，在 2009 年甚至降到 1 以下，呈现绿色全要素生产率下降的态势。这之后又开始增长，但增长速度明显低于早期阶段，不难理解，这一时期的经济快速发展带来的环境问题有所显现，但由于巨大的经济动能的拉动，抵消了部分能源损耗带来的负面效应，最终以较低的增长速度发展。

由图 7 可知，技术效率和技术变化呈现高低交替的变化，但在绿色全要素生产率指数的增长速度呈现上升阶段时，技术变化指数的增长率明显高于效率指数的增长率，如 2003—2007 年、2008—2014（除去 2011 年）。这在一定程度上说明，对于目前“一带一路”沿线国家来说，绿色全要素生产率的提高更多的可能来自技术的进步而不是生产效率的提高。

（2）核心解释变量包括外商直接投资（*fdi*）和金融发展（*fd*）。用外商直接投资额与当期国内 GDP 的比值衡量外部投资对东道国的绿色全要素生产率的影响。对于金融发展指标的选择，国外的研究多采用流向私人部门的国内信贷（Al-Mulali，2015；Shahbaz et al.，2018）、私营部门信贷占 GDP 的比重（Omri et al.，2015；Charfeddine et al.，2016）；而在国内的研究中，选择更为多样丰富，如采用金融机构存款/贷款余额与 GDP 之比作为金融规模指标、用储蓄与贷款的比值衡量金融效率指标等。此外，还有非国有部门贷款与 GDP 之比、银行贷款余额占 GDP 的比重、M2 占国内生产总值的比重等指标也是较常使用的衡量指标。本文参考葛鹏飞等（2018）的做法，从 4 个不同维度尽量细致和全面地衡量一国的金融发展水平：①用银行的信贷规模与 GDP 的比值衡量金融规模（*fsc*）；②股票市场交易额度与 GDP 的比值衡量金融结构（*fst*）；③资本形成总额与国内总储蓄的比值衡量金融效率（*fef*）；④私营部门的国内信贷占 GDP 的比例衡量金融深化（*fde*）。

（3）控制变量选择如下：①经济发展水平（*gdp*），用人均生产总值来表示。经济发展所处阶段不同，对于拉动经济增长的要素投入的侧重可能有所不同，国家关注的目标可能也会随之变化。一般来说，处于经济建设初期的发展中国家，会因技术水平的限制而造成粗放式的能源消耗；发展较为成熟的国家则会更加关注资源环境及生态系统与经济的协调增长。②工业化程度（*ind*），用工业增加值占 GDP 的比重来表示。第二产业需要消耗更多的资源和能源，对环境的压力也更大，所以理论上对绿色全要素生产率会产生负向的影响。③贸易开放度（*open*），用商品贸易占 GDP 的比重表示。一国在打开国门积极参与国际贸易的过程中，一般来说会增加本国的经济收入，但是否也能促进经济增长效率及经济的绿色化发展还不甚明确。④能源结构（*ene*），用化石燃料能耗占总能源消耗的比重来表示。对于以非可再生的一次性能源为主的产业结构，必然会带来更多的能源消耗和环境污染，不利于绿色全要素生产率的发展。⑤禀赋结构（*kl*），用资本－劳动比来表示。一个地区的资本－劳动比变化在一定程度上可以反映该地区的产业模式变化。资本－劳动比高说明该地区的产业模式主要以资本密集型为主，此时产品的资本含量更高，但同时也需要大量的资源投入，从而带来更多的消耗和污染。⑥政府支出（*gov*），用政府一般消费支出与 GDP 的比值来表示。郑强（2018）认为，政府福利性公共支出占比越高，将越有利于城镇化正向绿色增长效应的发挥。政府对公共教育支出的增加可以有效提升劳动人口的学习能力，长远来看有利于绿色全要素生产率的提升。但政府一般消费支出不具有这种直接促进技术进步的作用。

由于部分国家金融指标相关数据的严重缺失，在实证分析时，仅使用收集到的42个“一带一路”沿线相关国家的数据作为样本。二氧化碳排放量的数据目前更新到2014年，由于1995年前的数据缺失较多，故选取1995—2014年作为样本时间窗口。原始金融指标数据主要来自EPS数据库，其他变量数据主要来自世界银行数据库，对于个别缺失的数据采用插值法填补。相关变量的描述性统计如表1所示。

表1　变量的描述性统计

变量	样本量	均值	标准差	最小值	最大值
gtfp	840	1.457	0.566	0.557	4.728
fsc	840	45.561	29.742	0.200	166.500
fst	840	16.833	33.124	0.005	372.260
fef	840	0.832	11.476	-193.321	157.553
fde	840	46.231	30.877	0.186	166.504
fdi	840	0.035	0.051	-0.160	0.542
gdp	840	9118.784	9842.837	403.052	51，865.720
ind	840	31.789	10.807	13.831	74.812
open	840	80.044	47.185	18.013	343.481
ene	840	77.972	20.464	8.559	100.000
kl	840	112183.400	220632.500	0.540	1658577.000
gov	840	15.567	5.235	4.630	32.191

四、实证结果

首先选择基准回归模型（1）和（2）作为参考，考察外商直接投资与金融发展指标分别对绿色全要素生产率的影响，回归结果见表2。

表2　外商直接投资、金融发展分别对绿色全要素生产率影响的检验结果

	(1)	(2)	(3)	(4)	(5)
ln *fdi*	-0.0203*** (-3.83)				
ln *fsc*		-0.0325*** (-2.95)			

续上表

	(1)	(2)	(3)	(4)	(5)
ln *fst*			−0.00274 (−0.61)		
ln *fef*				−0.00600 (−0.45)	
ln *fde*					−0.0332*** (−3.00)
ln *gdp*	1.045*** (28.85)	1.090*** (26.91)	1.041*** (27.75)	1.055*** (25.63)	1.093*** (27.02)
ln *ind*	−0.284*** (−6.32)	−0.334*** (−7.36)	−0.313*** (−6.84)	−0.357*** (−6.99)	−0.337*** (−7.41)
ln *open*	−0.00420 (−0.16)	−0.00211 (−0.08)	−0.0166 (−0.62)	−0.0143 (−0.49)	−0.000614 (−0.02)
ln *ene*	−0.950*** (−15.99)	−1.021*** (−16.81)	−1.009*** (−16.20)	−1.053*** (−16.53)	−1.030*** (−17.02)
ln *kl*	−0.166*** (−12.71)	−0.157*** (−11.65)	−0.151*** (−11.15)	−0.153*** (−11.03)	−0.161*** (−12.13)
ln *gov*	0.0971*** (−2.86)	−0.111*** (−3.23)	−0.102*** (−2.93)	−0.101*** (−2.59)	−0.108*** (−3.14)
_ *cons*	−1.523*** (−4.00)	−1.266*** (−3.24)	−1.113*** (−2.81)	−1.006** (−2.35)	−1.236*** (−3.17)
时间固定效应	是	是	是	是	是
地区固定效应	是	是	是	是	是
N	812	838	830	780	839
R^2	0.777	0.761	0.756	0.741	0.764

注：* $p<0.1$，** $p<0.05$，*** $p<0.01$。

表2中第（1）列为外商直接投资对绿色全要素生产率的影响，第（2）～（5）列分别为金融规模、金融结构、金融效率、金融深化等金融发展指标对绿色全要素生产率的影响。由结果可知：外商直接投资对绿色全要素生产率的影响为负。在未加入金融发展指标考察外商直接投资对绿色全要素生产

率的影响时，待估系数为 -0.0203，并通过了1%的显著性检验，说明外商直接投资显著抑制了东道国的绿色全要素生产率增长，证实样本期内外商直接投资的负向溢出效应更加明显及“污染避难所假说”的成立。因此，现阶段对于“一带一路”沿线国家来说，在积极引进外商直接投资时，不仅要看到其带来的资本的增加以及先进技术的转移和溢出可以扩大国内生产和提高生产率，更应注意到外商直接投资同时带来的资本的挤出效应，以及发达国家的污染转移，其负向影响远远大于带来的收益，对本国长远的经济绿色发展可能并不有利。部分金融指标对绿色全要素生产率产生影响为负。金融指标中，金融规模和金融深化通过了1%的显著性检验，且系数都为负数，分别为 -0.0325、-0.0332，说明东道国国内金融规模的扩大和金融深化的加强抑制了本国绿色全要素生产率的提升，而金融结构和金融效率的结果并不显著。在总体样本中，多数国家经济发展较慢，国内金融发展水平较低，金融规模的扩大并没有有效发挥金融市场的资产配置功能，反而可能因为缺乏有效的监督，更多的金融投资流向高能耗、高污染、高回报的项目，从而阻碍了绿色全要素生产率的发展。而作为衡量金融深化的指标，私营部门的信贷增多显著抑制了绿色全要素生产率的提升，说明更多的金融信贷向私营部门倾斜时，在没有相关环境立法或环境规制时，私营部门可能并不会为了环境保护而牺牲高利润率，划拨营业收入大力进行技术创新的可能性也较小。

将外商直接投资、金融发展指标与绿色全要素生产率纳入同一个模型中，并加入外商直接投资与金融发展指标的交乘项，作为本文研究的主要模型，以探究内部金融环境在外商直接投资对绿色全要素生产率的影响时是否存在调节作用，具体结果见表3。

表3　外商直接投资、金融发展与绿色全要素生产率之间关系的总体检验结果

变量	(1)	(2)	(3)	(4)
ln *fdi*	0.0138 (0.66)	-0.0161*** (-2.75)	-0.0199*** (-3.54)	0.0172 (0.82)
ln *fsc*	-0.0707** (-2.56)			
ln *fst*		-0.0160* (-1.75)		
ln *fef*			-0.0170 (-0.63)	

续上表

变量	(1)	(2)	(3)	(4)
ln *fde*				-0.0754***
				(-2.72)
ln *fsc* * ln *fdi*	-0.00938			
	(-1.62)			
ln *fst* * ln *fdi*		-0.00360*		
		(-1.71)		
ln *fef* * ln *fdi*			-0.00447	
			(-0.72)	
ln *fde* * ln *fdi*				-0.0104*
				(-1.78)
ln *gdp*	1.092***	1.024***	1.061***	1.095***
	(27.45)	(26.71)	(26.10)	(27.57)
ln *ind*	-0.295***	-0.281***	-0.318***	-0.298***
	(-6.53)	(-6.20)	(-6.22)	(-6.58)
ln *open*	0.00597	-0.00504	-0.00470	0.00776
	(0.22)	(-0.19)	(-0.16)	(0.29)
ln *ene*	-0.950***	-0.929***	-0.978***	-0.958***
	(-15.99)	(-15.23)	(-15.59)	(-16.20)
ln *kl*	-0.162***	-0.159***	-0.164***	-0.165***
	(-11.76)	(-11.63)	(-11.86)	(-12.16)
ln *gov*	-0.111***	-0.107***	-0.101**	-0.108***
	(-3.26)	(-3.08)	(-2.57)	(-3.17)
_ *cons*	-1.638***	-1.458***	-1.527***	-1.599***
	(-4.25)	(-3.70)	(-3.58)	(-4.15)
时间固定效应	是	是	是	是
地区固定效应	是	是	是	是
N	811	803	753	812
R^2	0.777	0.773	0.756	0.780

注：* $p<0.1$，** $p<0.05$，*** $p<0.01$。

表3中第（1）～（4）列分别加入金融规模、金融结构、金融效率和金融深化及对应与外商直接投资的交乘项，重点关注该交乘项系数。系数都为负且只有金融结构与外商直接投资的交乘项和金融深化与外商直接投资的交乘项通过10%的显著性检验，系数分别为－0.00360、－0.0104，说明东道国国内的金融结构的转变及金融深化的发展并不能有效缓解外商直接投资带来的负向效应，反而加剧了外商直接投资对国内绿色全要素生产率的抑制作用。研究结论与Alfaro等（2004）的相似，Alfaro认为，金融市场落后的国家难以从外商直接投资中获益，甚至可能获取负向收益。作为衡量金融结构的指标，股票市场交易额度占GDP的比重越高，越会加剧外商直接投资对绿色全要素生产率的负向影响，其原因在于“一带一路”沿线国家的股票市场发展极不完善，无法有效引导流入资金在市场上合理配置，而更多的资金可能流入基建项目等高投入、高耗能的项目，从而抑制绿色全要素生产率的提升。而作为衡量金融深化指标的私营部门国内信贷占GDP的比例越高，同样无助于外商直接投资引进对本国绿色全要素生产率的提升，原因可能在于私营部门并不十分注重环境保护和社会责任并以此牺牲利润率，而更多的国内信贷流入私营部门，这无疑加剧了这种过分逐利行为，从而带来绿色全要素生产率的下降。总体来说，金融发展较慢的国家，由于缺乏丰富的风险分散工具及良好的金融监管，难以吸引高质量的外部投资进入，反而可能因为宽松的外资引入政策及不完善的监督管理标准，使得大量高回报、高污染的投资项目进入，这不仅没有发挥技术、资本的有效外溢，反而带来本国资源的损耗和环境的污染。

在控制变量中，值得注意的有三点：第一，只有经济发展指标有效促进了绿色全要素生产率的提升。GDP是衡量一个国家或地区经济发展最基础的指标，而经济的快速增长带来的正向影响是多方面的，生产规模的扩大、技术的快速发展、法律法规的逐步完善，无不有利于绿色全要素生产率的提升。第二，工业化程度、能源结构、禀赋结构及政府支出对绿色全要素生产率的影响均为负。工业程度越高、化石能源占比越高，必然带来更多的能源消耗和环境污染；而资本占劳动的比例越高，说明产业模式逐步向着资本密集型发展；政府一般性支出不同于公共教育支出可以长期提高国民素质和技术的进步，更多的一般性支出包括政府为购买货物和服务而发生的经常性支出，以及国防和国家安全方面的大部分支出，对研发和创新并无直接推动作用，甚至可能因为挤占公共教育支出和公共医疗支出等福利性支出而对绿色全要素生产率增长带来负向影响。第三，贸易开放度的结果并不显著。可能的原因在于一国积极参与国际贸易，虽然可能带来本国收入的增加，但对于生产效率的提升和环境的改善并没有实质的影响。

进一步，本文试图探究在影响绿色全要素生产率时究竟是配置效率提升起主导作用还是技术进步起主导作用。以绿色全要素生产率的两项分解项全域效率变化指数（*GEFFCH*）和全域技术变化指数（*GTECH*）作为被解释变量，进一步探究外商直接投资、金融发展对绿色全要素生产率产生影响的路径分析，结果见表4。

表4中第（1）～（4）列为外商直接投资、金融发展指标对绿色效率变化的回归结果，第（5）～（8）列为外商直接投资、金融发展指标对绿色技术变化的回归结果，本文重点关注金融发展指标和外商直接投资的交乘项。由表4可知，金融规模与外商直接投资的交乘项和金融深化与外商直接投资的交乘项都与技术变化呈负相关，而与效率变化呈正相关。这一结果说明金融规模与金融深化在加剧外商直接投资对本国绿色全要素生产率的负向溢出时，主要通过抑制技术进步的渠道来实现，即国内金融规模的扩大和金融深化的加强并不能有效吸收外商直接投资所带来的技术外溢或促进本国自身的技术创新，反而抑制了绿色技术进步；相反，这两个金融指标与外商直接投资的交乘项却与效率变化呈现正相关，说明金融规模的扩大和金融深化的加强虽然不能促进外商直接投资带来的技术进步，却可能有效促进外商直接投资对本国相关产业的效率的提升，即本国的金融规模扩大和金融深化加深可以调节外商直接投资对本国绿色全要素生产率带来的负向影响，从而促进绿色技术效率的提升。

产生这种结果的原因有两个：一是，因为国内银行信贷规模的增加或私营部门的信贷增加均展现了一个国家的金融活力和金融环境的改善，从而吸引外商直接投资的进入。但外部投资的进入，一来出于对自身先进技术的保护，其虽与当地企业进行合作，但并未直接传授先进技术；二来由于外商的技术垄断以及对本国资源的占用，这在一定程度上阻碍了本国企业进行技术创新的进程。二是，外部投资的进入，在配合东道国内部金融信贷的良好发展的同时，更有利于资源配置效率的提升及投资效应所带来的已有技术效率的提升。

表4　外商直接投资、金融发展对绿色全要素生产率影响的路径分析检验结果

变量	效率变化				技术变化			
	(1)	(2)	(3)	(4)	(5)	(6)	(7)	(8)
ln *fdi*	-0.0966***	-0.0400***	-0.0414***	-0.0921***	0.110***	0.0240***	0.0215***	0.109***
	(-3.62)	(-5.42)	(-5.91)	(-3.43)	(4.80)	(3.72)	(3.52)	(4.73)
ln *fsc*	0.0829**				-0.154***			
	(2.36)				(-5.06)			
ln *fst*		-0.00260				-0.0134		
		(-0.22)				(-1.33)		
ln *fef*			-0.0385				0.0215	
			(-1.14)				(0.73)	
ln *fde*				0.0760**				-0.151***
				(2.16)				(-4.99)
ln *fsc* * ln *fdi*	0.0161**				-0.0254***			
	(2.19)				(-4.02)			
ln *fst* * ln *fdi*		-0.000805				-0.00279		
		(-0.30)				(-1.20)		
ln *fef* * ln *fdi*			-0.0127*				0.00827	
			(-1.65)				(1.23)	

续上表

变量	效率变化				技术变化			
	(1)	(2)	(3)	(4)	(5)	(6)	(7)	(8)
ln *fde* * ln *fdi*				0.0148**				−0.0251***
				(2.00)				(−3.94)
控制	是	是	是	是	是	是	是	是
_ *cons*	−2.875***	−2.795***	−2.493***	−2.847***	1.236***	1.337***	0.966**	1.247***
	(−5.86)	(−5.61)	(−4.68)	(−5.81)	(2.92)	(3.08)	(2.08)	(2.95)
时间固定效应	是	是	是	是	是	是	是	是
地区固定效应	是	是	是	是	是	是	是	是
N	811	803	753	812	811	803	753	812
R^2	0.572	0.565	0.543	0.575	0.470	0.454	0.461	0.470

注：* $p < 0.1$，** $p < 0.05$，*** $p < 0.01$。

五、异质性分析

“一带一路”倡议涉及国家众多，横跨亚欧大陆，涉及的欧洲国家多为东欧经济较发达国家，而涉及的亚洲国家则多为收入水平较低的发展中国家。一方面，亚洲国家金融市场相对落后，金融资源匮乏，难以为外部引资、内部产业结构调整升级提供有效的金融支持；另一方面，亚洲很多国家处于工业化初级阶段，其能源消耗和污染排放“潜力”巨大，同时一些东南亚国家因为其低廉的劳动力而具有很大的投资潜力。分组样本回归结果见表5。

表5中的第（1）～（4）列为欧洲国家在加入不同金融衡量指标时的回归结果，第（5）～（8）列为亚洲国家在加入不同金融衡量指标时的回归结果，同样重点关注金融发展与外商直接投资交乘项的系数。总体上，亚洲样本中交乘项系数中有三项显著，且为负；而欧洲样本中有两项显著，但结果为一正一负。具体而言，亚洲样本中，金融规模与外商直接投资交乘项、金融结构与外商直接投资交乘项及金融深化与外商直接投资交乘项都通过了显著性检验，且系数都为负。这说明在亚洲，本国的金融发展水平加剧了外商直接投资对本国绿色全要素生产率的负面影响，从而抑制了本国绿色全要素生产率的提升。其原因可能在于，“一带一路”沿线的亚洲国家，除新加坡外，大多数国家金融市场较不完善，整体金融发展较为落后，无法真正有效发挥金融市场的资本配置和技术创新效应，反而因为其效率低下的市场配置及不完善的监督管理政策，使得流入的外商直接投资“恣意”投资，加之没有受到一定约束和规制，从而投资一些高耗能、高污染的行业，进而带来东道国绿色全要素生产率的降低。

而在欧洲样本中，金融规模和外商直接投资的交乘项、金融效率和外商直接投资的交乘项显著，但前者系数为正，与之前的总体回归结果显著不同，后者系数为负。说明在欧洲样本中，金融规模的扩大可以缓解外商直接投资带来的负向作用，从而促进本国绿色全要素生产率的提升，而金融效率的提升却没有这种作用。银行部门的信贷占GDP的比重上升，一方面，有利于完善一国的信贷市场，促进金融市场发展，进而有效吸引和利用外资，推动经济增长；另一方面，更大的信贷规模意味着更多的投资者进入，若政府和银行有相应良好的贷款标准，使贷款进入创新企业或者高效率的企业，则有助于技术进步和配置效率的提升，从而带来绿色全要素生产率的提升。而私营部门的国内信贷增加，可能因为过分逐利及同时挤压了外国投资的进入，从而不利于绿色全要素生产率的提升。

表 5　外商直接投资、金融发展与绿色全要素生产率之间关系的区域差异检验结果

变量	欧洲				亚洲			
	(1)	(2)	(3)	(4)	(5)	(6)	(7)	(8)
ln *fdi*	−0.0449 (−1.55)	0.00425 (0.55)	0.0112 (1.35)	−0.0237 (−0.84)	0.0555** (2.24)	−0.0120 (−1.56)	−0.0160** (−2.25)	0.0551** (2.26)
ln *fsc*	0.0467 (1.30)				−0.139*** (−3.79)			
ln *fst*		−0.00660 (−0.54)				−0.0132 (−1.11)		
ln *fef*			−0.118** (−2.36)				0.000974 (0.03)	
ln *fde*				0.0174 (0.49)				−0.145*** (−3.95)
ln *fsc* * ln *fdi*	0.0133* (1.70)				−0.0212*** (−2.97)			
ln *fst* * ln *fdi*		0.00412 (1.36)				−0.00540** (−1.99)		
ln *fef* * ln *fdi*			−0.0351*** (−2.74)				0.00313 (0.39)	

续上表

变量	欧洲				亚洲			
	（1）	（2）	（3）	（4）	（5）	（6）	（7）	（8）
ln *fde* * ln *fdi*				0.00722 (0.95)				−0.0210*** (−2.99)
控制	是	是	是	是	是	是	是	是
_ *cons*	−5.529*** (−8.48)	−5.289*** (−8.39)	−6.057*** (−8.63)	−5.505*** (−8.44)	−0.0386 (−0.07)	0.507 (0.99)	0.468 (0.85)	−0.103 (−0.20)
时间固定效应	是	是	是	是	是	是	是	是
地区固定效应	是	是	是	是	是	是	是	是
N	293	291	278	294	499	493	456	499
R^2	0.934	0.938	0.937	0.935	0.753	0.748	0.726	0.754

注：$^{*}p<0.1$，$^{**}p<0.05$，$^{***}p<0.01$。

六、研究结论与政策启示

本文通过构建外商直接投资、金融发展与绿色全要素生产率之间互动影响的实证模型，检验金融发展在外商直接投资引入时对国内绿色全要素生产率的调节作用及区域差异。主要结论如下：外商直接投资的流入及本国的金融发展均显著抑制了“一带一路”沿线国家的绿色全要素生产率的增长；东道国的国内金融发展水平加剧了外商直接投资引入对国内绿色全要素生产率的不利影响；国内金融发展水平作用于外商直接投资对绿色全要素生产率的负向影响的调节作用具有路径差异和区域差异。

针对本文的研究结论，结合“一带一路”倡议提出以来出台的相关政策和原则，并综合考虑不同国家的经济发展状态，我们得到以下政策启示。

第一，坚持国内、国际双循环相互促进的新发展格局。一方面，“一带一路”沿线国家巨大的发展和投资潜力，吸引越来越多的外部投资进入及本国对外投资。通过推动中国投资，提高中国生产性服务业的全球服务能力和全球服务半径，可以实现生产性服务业对外投资的循环。另一方面，东道国国内应加强外资引入规范的制定和实施，如制定更严格的环境规制政策，严格考核进入外资的社会意识和控制污染的计划，考虑外资进入时对本国资源的大量使用及对环境造成的破坏，从而在引入这些外资时关注其治污努力和相关技术的引入。

第二，强化金融中介职能，利用外部绿色投资活动带动本国金融建设。推动国内金融体系的建立健全，发挥金融发展在绿色低碳化发展中的作用。引导金融投资投向清洁产业，加大对能源节约型、环境友好型企业的倾斜力度，通过金融支持加快经济结构转型升级，积极开发金融创新产品，以更好地提高金融绿色投资的回报率及风险分散功能，真正服务于经济的绿色发展。

第三，完善配套政策和法规建立，增强合约标准化及差异化应对手段。一方面，在引进外资时，约定适当技术转移或转让条件，建立更加完善的资源、资金、技术等因素的标准化合作利用体系，使外部投资带来的技术效应最大化。另一方面，对于“一带一路”沿线欧洲国家，可以利用相对完善的金融市场，吸引优质外资的进入，改善本国资本结构，从而带来配置效率的提升。

参考文献：

[1] 孙力军．金融发展、FDI与经济增长[J]．数量经济技术经济研究，2008，25（1）：3－14.

[2] 王冲，李雪松．金融发展、FDI 溢出与经济增长效率：基于长江经济带的实证研究[J]. 首都经济贸易大学学报，2019，21（2）：41－50.

[3] 陈继勇，盛杨怿．外商直接投资的知识溢出与中国区域经济增长[J]. 经济研究，2008，43（12）：39－49.

[4] 魏后凯．外商直接投资对中国区域经济增长的影响[J]. 经济研究，2002（4）：19－26.

[5] 于津平，许小雨．长三角经济增长方式与外资利用效应研究[J]. 国际贸易问题，2011（1）：72－81.

[6] 张宇，蒋殿春．FDI、政府监管与中国水污染：基于产业结构与技术进步分解指标的实证检验[J]. 经济学（季刊），2014，13（2）：491－514.

[7] 盛斌，吕越．外商直接投资对中国环境的影响：来自工业行业面板数据的实证研究[J]. 中国社会科学，2012（5）：54－75.

[8] 葛鹏飞，黄秀路，徐璋勇．金融发展、创新异质性与绿色全要素生产率提升：来自“一带一路”的经验证据[J]. 财经科学，2018（1）：1－14.

[9] 王永齐．FDI 溢出、金融市场与经济增长[J]. 数量经济技术经济研究，2006（1）：59－68.

[10] 郑强．城镇化对绿色全要素生产率的影响：基于公共支出门槛效应的分析[J]. 城市问题，2018（3）：48－56.

[11] 李斌，祁源，李倩．财政分权、FDI 与绿色全要素生产率：基于面板数据动态 GMM 方法的实证检验[J]. 国际贸易问题，2016（7）：119－129.

[12] 王兵，吴延瑞，颜鹏飞．中国区域环境效率与环境全要素生产率增长[J]. 经济研究，2010，45（5）：95－109.

[13] 匡远凤，彭代彦．中国环境生产效率与环境全要素生产率分析[J]. 经济研究，2012，47（7）：62－74.

[14] KIM H H，LEE H，LEE J. Technology diffusion and host-country productivity in South-South FDI flows [J]. Japan and the world economy，2015，33：1－10.

[15] COPELAND B R，TAYLOR M S. North-South trade and the environment [J]. The quarterly journal of economics，1994，109（3）：755－787.

[16] SHAHBAZ M，NASREEN S，ABBAS F，et al. Does foreign direct investment impede environmental quality in high-，middle-，and low-income countries? [J]. Energy economics，2015，51：275－287.

[17] GIRMA S，GONG Y，GÖRG H. Foreign direct investment，access to fi-

nance, and innovation activity in Chinese enterprises [J]. The world bank economic review, 2008, 22 (2): 367 - 382.

[18] DEMENA B A, AFESORGBOR S K. The effect of FDI on environmental emissions: Evidence from a meta-analysis [J]. Energy policy, 2020, 138: 111 - 192.

[19] KING R G, LEVINE R. Finance and Growth: Schumpeter Might Be Right [J]. Quarterly journal of economics, 1993, 108 : 717 - 737.

[20] TAMAZIAN A, CHOUSA J P, Vadlamannati K C. Does higher economic and financial development lead to environmental degradation: evidence from BRIC countries [J]. Energy policy, 2009, 37 (1): 246 - 253.

[21] SHAHBAZ M, NASIR M A, Roubaud D. Environmental degradation in France: the effects of FDI, financial development, and energy innovations [J]. Energy economics, 2018, 74: 843 - 857.

[22] ALFARO L, CHANDA A, KALEMLI-OZXAN S, et al. FDI and economic growth: the role of local financial markets [J]. Journal of international economics, 2004, 64 (1): 89 - 112.

[23] TONE K. A slacks-based measure of efficiency in data envelopment analysis [J]. European journal of operational research, 2001, 130 (3): 498 - 509.

[24] AL-MULALI U, OZTURK I, LEAN H H. The Influence of economic growth, urbanization, trade openness, financial development, and renewable energy on pollution in Europe [J]. Natural hazards, 2015, 79 (1): 621 - 644.

[25] OMRI A, DALY S, RAULT C, et al. Financial development, environmental quality, trade and economic growth: What causes what in MENA countries [J]. Energy economics, 2015, 48: 242 - 252.

[26] CHARFEDDINE L, KKEDIRI K B. Financial development and environmental quality in UAE: Cointegration with structural breaks [J]. Renewable and sustainable energy reviews, 2016, 55: 1322 - 1335.

粤港澳大湾区隐含碳排放转移研究

周劲风　刘丽娟　陈　炜　吴　丹[①]

摘　要： 粤港澳大湾区是我国开放程度最高、最具经济活力的区域之一，在国家发展大局中具有重要战略地位，在我国“碳达峰”“碳中和”的低碳绿色发展道路上发挥着先锋的作用。由于粤港澳大湾区横跨三地，虽然三地地理位置比较接近，但属于“一国两制”“三法域”，制度和体制的不同使三地在发展和管理模式上有着明显的差异。而发展不平衡使经济落后的地区很可能成为“污染避难所”，导致碳泄漏问题。因此，明确区域内各城市的碳排放来源，厘清碳减排责任，是粤港澳三地协同低碳发展的基础。本研究通过建立粤港澳区域间投入产出表，在确定区域各城市之间、区域城市与广东省外之间、区域城市与国外之间的贸易数据的基础上，结合行业碳排放数据，分析大湾区区域间隐含碳转移的情况，研究结果如下：在进出口贸易中，湾区内各城市均表现出隐含碳出口，出口的行业大部分都是中碳强度排放行业。在与国内其他省份的贸易中，湾区内各城市均表现为隐含碳调入，调入的大部分行业是高碳强度排放行业。而在广东省内各城市的贸易中，佛山、深圳、广州、肇庆、东莞、惠州表现为隐含碳输出城市，其余表现为隐含碳输入城市。尽管在不同层次贸易上有不同的隐含碳排放特征，但各层次贸易加和的结果使湾区内每个城市都表现为隐含碳输入，湾区内各城市在广东省外其他城市隐含碳调入的行业主要是非金属矿物、金属冶炼、电力供应、建筑业等高耗能行业，大湾区在经济飞速发展的同时向内地其他城市转移了大量的碳排放。

关键词： 粤港澳大湾区；隐含碳转移；区域间投入产出表

---

① 周劲风：博士，中山大学环境科学与工程学院副教授。研究方向：环境政策模拟。电子邮箱：zhoujinf@ mail. sysu. edu. cn。刘丽娟：学士，研究方向：环境管理。电子邮箱：liulj36@ mail. sysu. edu. cn。陈炜：博士，高级工程师。电子邮箱：eescw@ qq. com。吴丹：博士，海南大学副教授，研究方向：环境经济学。电子邮箱：wudan309@ hotmail. com。

一、引言

隐含碳（embodied carbon）指的是产品在生产及售后服务过程中直接和间接产生的碳排放。在隐含碳的基础上，延伸出了“碳足迹”“碳泄露”等概念，从而进一步阐述了碳排放在不同国家之间的流动等问题。碳泄露从消费者而非生产者的角度核定了一个国家在全球碳排放中应承担的责任。碳排放隐含在产品和服务中，不仅仅在不同国家之间流动，在一个国家内部不同区域之间或一个区域不同行业之间也存在着转移。弄清楚国家及区域之间隐含碳的转移情况，有助于设计科学合理的国家以及地区间协同碳减排政策。国内外许多学者对这一问题进行了大量研究。例如，汤维祺认为，中国区域经济发展模式存在差异性，而目前节能减排目标的设定缺乏对区域间差异的考虑，无法实现节能减排的效率性和公平性。因此，有必要分析不同经济发展模式的地区贸易隐含碳调入、调出量及其影响因素，为制定体现地区间公平性且有效率的碳减排政策提供依据。潘安通过构建环境投入产出模型和采用中国地区投入产出数据，计算2012年我国31个省份的对外贸易隐含碳和区域间贸易隐含碳，并从对外贸易和区域间贸易两个方面考察我国的碳排放转移，得到我国不同地区在碳排放转移中的地位差异及其原因。蒋雪梅等基于2002年、2007年和2012年的地区间投入产出表，从区域间产业转移和贸易的角度，对京津冀地区间直接贸易和间接贸易隐含的碳排放转移进行测度。邓荣荣等认为，在现有的中国区域间分工模式存在显著差异的背景下，部分区域可能通过区域间贸易将碳排放转移至其他区域，不利于中国整体二氧化碳减排目标的实现，并基于区域间投入产出模型构建了区域间隐含碳排放转移的测度模型，在此基础上测算了2002—2012年中国八大区域间贸易引致的碳排放转移量，以及区域间贸易隐含碳排放转移的空间特征和产业特征，提出了协调区域碳减排协作机制，降低经济欠发达区域贸易隐含碳排放转入的建议。

粤港澳大湾区位于广东省的腹地，由广东省的广州、深圳、珠海、佛山、惠州、东莞、中山、江门、肇庆九个地级市（珠三角九市）及香港、澳门两个特别行政区组成。粤港澳大湾区是我国开放程度最高、经济活力最强的区域之一，在国家发展大局中具有重要战略地位，2018年末，其总人口已达7000万人，GDP总量超过10万亿元，占全国经济总量的12%。

粤港澳大湾区是推动“碳达峰”的先锋，在绿色低碳发展方面引领全国。《“十三五”控制温室气体排放工作方案》明确支持优化开发区率先实现碳排放峰值，广东省“十四五”规划提出了推动碳排放率先达峰的目标，低碳试点城市广州、深圳、中山分别提出了2020年、2020—2022年、2023、2025年达到碳排放峰值的目标，且明显超前于国家设定的目标，香港已于2014年实现“碳达峰”。

但是，也应该看到，粤港澳大湾区各城市存在显著的区域差异，在实现“碳达峰”“碳中和”过程中应妥善处理地区间减排协调问题，防止碳泄漏的发生。这些区域差异体现在以下几方面：①经济发展水平存在明显的梯度。香港和澳门达到发达经济体水平，2020年，深圳、珠海、广州人均GDP达到15万元以上，其他珠三角城市为5万～15万元，粤东西北城市则不及7万元。②工业化水平跨度明显。港澳广深四大中心城市以服务业为主导产业，珠三角其他城市以制造业为经济支柱且先进制造业占比较高，粤东西北城市仍有较高比例的传统工业和农业。这些地区发展不平衡使经济落后的地区很可能成为“污染避难所”，导致碳泄漏问题。因此，明确区域内各城市的碳排放来源，厘清碳减排责任，是粤港澳三地协同低碳发展的基础。

本研究通过建立粤港澳区域间投入产出表，在确定区域各城市之间、区域城市与广东省外之间、区域城市与国外之间的贸易数据的基础上，结合行业碳排放数据，分析大湾区区域间隐含碳转移的情况，旨在为制定粤港澳大湾区的低碳发展政策提供一些数据支持。

二、方法与数据

（一）　粤港澳大湾区区域间投入产出表制作

1. 数据来源和行业划分

社会经济数据来源于广东省统计局和各市统计局、广东省42行业投入产出表（2017）、广东统计年鉴和各市统计年鉴（2018），能源使用数据来源于中国能源统计年鉴（2018），香港、澳门的贸易数据来自一些分析文献，如《大湾区进出口贸易比重分析》① 《2018年澳门经济适度多元发展统计指标体系分析报告》② 等。

根据研究的需要，先将广东省42行业投入产出表中原42行业合并为30

① 《大湾区进出口贸易比重分析》，见搜狐网（https://www.sohu.com/a/361857235_120303032），2021年5月16日。

② 《2018年澳门经济适度多元发展统计指标体系分析报告》，见统计暨普查局官网（https://www.dsec.gov.mo/Statistic/General/SIED/2018.aspx?lang=zh-CN），2021年6月10日。

行业，行业编号与原42行业投入产业表中编号对应关系见表1。

表1　行业编号及对应关系

行业	本文序号	投入产出表中序号	行业	本文序号	投入产出表中序号
农林牧渔产品和服务	1	01	通用设备	16	16
煤炭采选产品	2	02	专用设备	17	17
石油和天然气开采产品	3	03	交通运输设备	18	18
金属矿采选产品	4	04	电气机械和器材	19	19
非金属矿和其他矿采选产品	5	05	通信设备、计算机和其他电子设备	20	20
食品和烟草	6	06	仪器仪表	21	21
纺织业	7	07	其他制造产品、废品废料	22	22
纺织服装鞋帽皮革羽绒及其制品	8	08	金属制品、机械和设备修理服务	23	23
木材加工品和家具	9	09	电力、热力的生产和供应	24	24
造纸印刷和文教体育用品	10	10	燃气生产和供应	25	25
石油、炼焦产品和核燃料加工品	11	11	水的生产和供应	26	26
化学产品	12	12	建筑	27	27
非金属矿物制品	13	13	交通运输、仓储和邮政	28	29
金属冶炼和压延加工品	14	14	批发零售住宿餐饮	29	28，30
金属制品	15	15	其他行业	30	31—42

2. 数据分解

粤港澳大湾区区域间投入产出表制作思路是在参考张敏等关于区域间投入产出表制作方法的基础上，对各城市的投入产出消耗系数矩阵估算进行简化处理，即假定各城市的投入产出消耗系数矩阵与全省消耗系数相等，这样湾区内各城市的投入产出情况可在总表的基础上根据各地的社会经济数据进行试算分解获得。具体的内容包括：中间消费分解、居民和政府消费分解、固定投资（包括存货）分解、省内贸易矩阵估计、进出口数据分解和调入调出数据分解。

（1）中间消费分解。

中间消费分解分为两步：第一步，根据2018年广东省统计年鉴中的工业行业产值数据，计算各城市的行业产值比例，按该比例系数将投入产出表中的行业产值拆分到各城市。第二步，根据第一步分解出来的每个城市每个行业的产值，估计对应的中间投入项和初始投入项，本研究假设各城市同一行业的投入产出系数与总表中该行业的投入产出系数相同。

（2）居民和政府消费分解。

居民和政府消费分解也分为两步：第一步，根据2018年广东省统计年鉴中的各市居民和政府消费比例计算各市消费量。第二步，根据第一步确定的各市居民和政府的消费量按照商品消费系数确定各市居民和政府消费组成，本研究假设各市的居民和政府消费系数与全省的居民和政府商品消费系数相同。

（3）固定投资（包括存货）分解。

固定投资（包括存货）分解分为三步：第一步，根据2018年广东统计年鉴中的固定资产投资额计算各城市总量占广东省总量的比例，并以此比例计算各城市的固定资本形成及存货的总量。第二步，根据2018年广东统计年鉴中各行业的固定资产投资额计算各城市各行业的比例，并以此比例计算各城市各行业的固定资本形成及存货量。第三步，因为统计年鉴中的行业数据与投入产出表的行业存在一定的不一致，所以需要用双比例尺方法，用行业总量和城市总量数据做约束，将前两步形成的初始分解矩阵，经过多次迭代，获得最终的分解结果。

（4）省内贸易矩阵估计。

湾区内各个城市间，由于地理和交通的便利，存在着城市间商品的贸易。但城市间贸易的统计数据比较难以获得，因此本研究采用模型来估算湾区内城市的贸易情况。

引力模型（gravity model）是由Leontief和Strout提出的，在地区间投入产出表的编制中，该模型被广泛用于计算地区间各行业产品的贸易量，其计算公式为：

$$t_i^{rs} = \frac{x_i^r d_i^s}{\sum_r x_i^r} q_i^{rs} \tag{1}$$

式中，t_i^{rs} 为 s 地区对 r 地区产品 i 的需求量；x_i^r 为 r 地区的 i 部门的产值（总供给量）；d_i^s 为 s 地区对部门 i 产品的总需求量（中间需求和最终需求的合计值）；$\sum_r x_i^r$ 为全部地区对部门 i 的总需求量；q_i^{rs} 为摩擦系数。

因为省内商品的贸易矩阵是通过模型估算的，存在一定的不确定性，所以分解的结果需要根据实际的统计数据进行验证和调试。

贸易矩阵的确定可以得到每个城市每个行业的净调入数值，作为总调入调出（包括省外调入调出和进出口）分解的约束值。

（5）进出口数据分解。

进出口数据的分解同样是根据各城市统计年鉴中各城市各行业进出口数据及投入产出表的行业进出口总量数据，用双比例尺法迭代分解得出的。

（6）调入调出数据分解。

根据前面省内贸易矩阵的计算结果，可以确定每个城市每个行业的净调入值，即每个城市总调入（省外调入 + 进口）与总调出（省外调出 + 出口）之和。将这个净调入值作为每个城市某个行业总调入与总调出的分解的约束值，再加上省投入产出表中关于某行业的总调入和总调出的约束值，在一定的初始分解的原则下（比如总调入值与行业缺口成正比），通过双比例尺的方法，经过一定步骤的迭代，获得一个可行的分解方案。这个方案同样要经过实际统计数据的验证和调整。

（二）非竞争型投入产出表

前述的广东省投入产出表中，中间投入品包括由省内生产的中间品与进口或外省调入的投入品。广东省加工贸易所占的比重较大，这些进口或外省调入的中间产品的生产的能源消耗都在国外或省外，如果忽略了加工贸易中间投入品的影响，将会高估各城市隐含碳排放，因此需要剔除加工贸易中间投入品。

将满足中间需求及最终需求的商品按来源进行区分，分为广东省内生产以及外省调入、国外进口，如表 2 所示。

表 2　广东省非竞争型投入产出表

产出	中间需求				最终需求				总产出
	省内生产行业				消费	资本形成	调出	出口	
投入	1	2	…	n					

续上表

	产出	中间需求	最终需求	总产出
中间投入	1			
	2			
	…	$zBij$	fBi	Xi
	n			
省外调入		$m1oj$	$m1of$	$m1o$
进口		$m2oj$	$m2of$	$m2o$
最初投入	从业人员报酬			
	固定资产折旧			
	生产税净值			
	营业盈余			
	合计	Vj		
	总投入	Xj		

注：$zBij$ 表示第 j 个行业对省内第 i 个行业产品的直接消耗量；fBi 表示省内第 i 行业的产品作为最终需求的数量；$m1oj$ 表示第 j 个行业对省外调入品的直接消耗量；$m2oj$ 表示第 j 个行业对进口品的直接消耗量；$m1of$ 表示省外调入品作为最终需求的数量；$m2of$ 表示进口品作为最终需求的数量；$m1o$ 表示省外调入品数量；$m2o$ 表示进口品数量。为了获得表中的 $zBij$ 和 fBi，需对原表中的 Zij 和 fi 进行一定的分解，分解方法按照“比例等同法”，假设各中间使用行业和最终使用行业对进口及调进产品的使用比例等同于对国内产品的使用比例。

（三）直接能耗系数与完全能耗系数

各行业能源消费情况参考陈炜等的研究中所述方法得出，在此基础上，基于表2，定义系数和公式如下：

省内产品直接消耗系数矩阵：

$$A^{B} = (aB_{ij}) = (zB_{ij}/x_{j}) \tag{2}$$

中间投入和最终需求之和为行业总产出：

$$A^BX + F^B = X \tag{3}$$

社会总产出与最终需求的关系：

$$X = (I - A^B)^{-1}F^B \tag{4}$$

完全需要系数矩阵：

$$(I - A^B)^{-1} \tag{5}$$

直接能耗系数(企业单位产品对能源的直接消耗量)：

$$NT = (an_{ij}) = (n_{ij}/x_j) \tag{6}$$

完全能耗系数(直接能耗和间接能耗之和)：

$$NB = NT(I - A^B)^{-1} \tag{7}$$

计算得出各行业的直接碳排放系数与完全碳排放情况见图1。

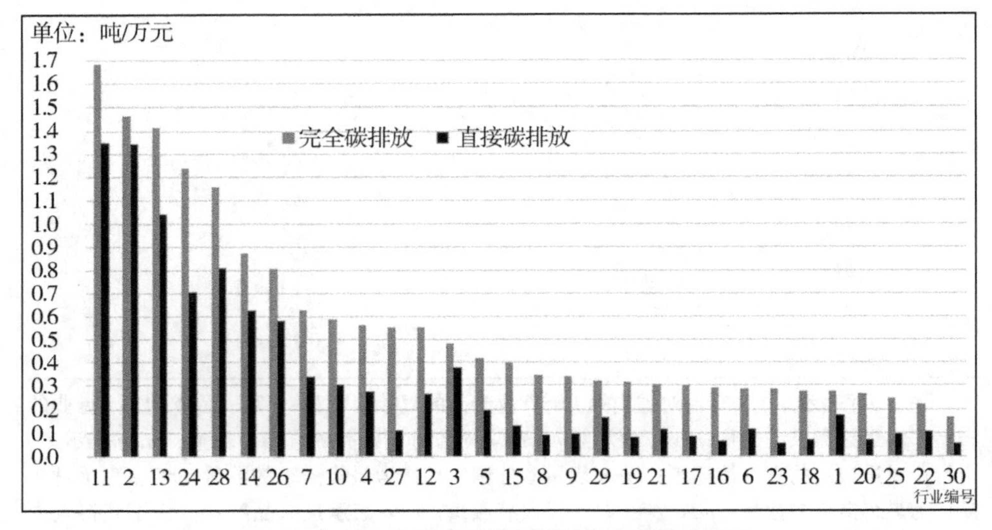

图1　各行业直接碳排放系数与完全碳排放情况

注：为后文描述方便，将完全碳排放系数大于1吨/万元的行业标志为HC，大于0.3～1吨/万元的行业标志为MC，大于0.3吨/万元的行业标志为LC。

（四）隐含碳计算

参考潘安对隐含碳的分类计算方法，按照大湾区城市的贸易情况进行扩展，本研究计算的隐含碳包括：①省内净调入隐含碳 *CRR*（湾区内各城市之间的贸易隐含碳）；②省外净调入隐含碳 *CRP*（与国内除广东省外其他地区的贸易隐含碳）；③国外净调入隐含碳 *CRW*。各进口来源国或区域的直接和完全碳排放系数，可基于“国内技术假设”得到，各类净调入隐含碳计算公式如下：

$$区域 R 的省内贸易净调入隐含碳(CRR) = NB \times (省内调入 - 省内调出) \tag{8}$$

$$区域 R 的省外贸易净调入隐含碳(CRP) = NB \times (省外调入 - 调出到省外) \tag{9}$$

$$区域 R 的国外贸易净调入隐含碳(CRW) = NB \times (国外调入 - 调出到国外) \tag{10}$$

$$区域 R 与香港贸易的净调入隐含碳(CRH) = NB \times (从香港调入 - 调出到香港) \tag{11}$$

$$区域 R 与澳门贸易的净调入隐含碳(CRA) = NB \times (从澳门调入 - 调出到澳门) \tag{12}$$

$$CRT = CRR + CRP + CRW \tag{13}$$

CRR、*CRP*、*CRW* 分别代表了区域 R 在省内贸易、省外贸易和对外贸易中引起的净碳排放转移；*CRT* 反映区域 R 在各类贸易中所引起碳排放转移的总体情况。

当这些指标大于 0 时，表明区域 R 在对应贸易中处于隐含碳净输入地位，即 R 城市通过贸易向其他国家、省或城市转移碳排放；当指标小于 0 时，表明区域 R 在对应贸易中处于隐含碳净输出地位，即其他国家、省或城市通过贸易向 R 城市转移碳排放。

三、结果分析

（一）湾区内各城市隐含碳排放情况

湾区内各城市各类隐含碳计算结果如下。

从各类隐含碳的规模来看，与外省的贸易隐含碳规模最大，省外调出的规模在 726 万吨（珠海）～ 5949 万吨（深圳）之间，省外调入的规模在 1556 万吨（珠海）～ 10896 万吨（深圳）之间；其次为进出口贸易隐含碳规模，出口规模为 101 万吨（肇庆）～ 5230 万吨（深圳），进口规模为 35 万吨（肇庆）～ 3410 万吨（深圳）；广东省内各市之间的贸易规模除肇庆（省内调出 159 万吨）与其进出口规模相当外，其他城市的省内贸易规模均小于进出口规模。这说明湾区内各城市隐含碳排放主要受到与省外其他城市贸易的影响。

从隐含碳的方向来看，总体来说，与省外的贸易体现为隐含碳净调入，各城市的净调入范围为 561 万吨（肇庆）～ 4947 万吨（深圳）；进出口贸易体现为隐含碳净调出，各城市的净调出范围为 66 万吨（肇庆）～1820 万吨（深圳）；省内贸易中，隐含碳调出城市主要是佛山（849 万吨）、深圳（268 万吨）、广州（203 万吨）、肇庆（159 万吨）、东莞（30 万吨）、惠州（15 万吨），隐含碳调入城市主要是珠海（276 万吨）、江门（169 万吨）、中山（93 万吨）、广东其他城市（986 万吨）。

湾区内各城市与香港和澳门的贸易隐含碳主要表现为净出口，即香港和澳门通过贸易向湾区内各城市转移了碳排放，转移的隐含碳排放总量是分别为香港 3613 万吨，澳门 61 万吨。

上述计算结果说明，国外城市通过贸易向粤港澳大湾区内各城市转移了碳排放，而粤港澳大湾区内各城市通过国内贸易向国内其他城市转移了碳排放，湾区内各城市之间也存在着彼此不同规模的碳排放的转移。下面从行业的角度进一步分析说明湾区内各城市的隐含碳排放转移情况。

（二）各城市分行业隐含碳排放情况

1. 广州

广州各行业的隐含碳排放情况如下：

（1）广州隐含碳净出口量为 431.83 万吨，主要的隐含碳出口行业有批发零售住宿餐饮（29MC）、金属制品（15MC）、造纸（10MC）。

（2）广州与省外其他城市贸易中，隐含碳净调入 3362.07 万吨，主要的隐含碳调入的行业有非金属矿物制品（13HC）、金属冶炼（14MC）和批发零售住宿餐饮（29MC）。

（3）广州与省内其他城市贸易中，净调出隐含碳 202.8 万吨，其中隐含碳调出 1639.15 万吨，主要调出行业为批发零售住宿餐饮（29MC）、其他行业（30LC）、交通运输设备（18LC）；隐含碳调入 1436.36 万吨，主要调入行业为非金属矿物制品（13HC）、造纸（10MC）。

（4）广州与香港的贸易中，隐含碳净调出至香港 266.1 万吨，隐含碳调出行业有金属制品（15MC）、交通运输设备（18LC）、批发零售住宿餐饮（29MC）和电气机械（19MC）。

（5）广州与澳门的贸易中，隐含碳净调出至澳门 7.72 万吨，隐含碳调出行业有批发零售住宿餐饮（29MC）、农业（1LC）、通信设备（20LC）。

总体来说，广州隐含碳输入较多的行业有非金属矿物制品（13HC）、金属冶炼（14MC）和石油炼焦（11HC）；隐含碳输出较多的行业有批发零售住宿餐饮（29MC）、交通运输设备（18LC）及其他行业（30LC）；广州整体呈现隐含碳输入 2727.45 万吨。

2. 深圳

深圳各行业的隐含碳排放情况如下：

（1）深圳隐含碳净出口量为1819.57万吨，主要的隐含碳出口行业有通信设备（20LC）、化学产品（12MC）和服装（8MC）。

（2）深圳与省外其他城市贸易中，隐含碳净调入4946.66万吨，主要的隐含碳调入的行业有金属冶炼（14MC）、非金属矿物制品（13HC）、化学产品（12MC）。

（3）深圳与省内其他城市贸易中，净调出隐含碳267.91万吨，其中隐含碳调出1895.03万吨，主要隐含碳调出行业为通信设备（20LC）、其他行业（30LC）和交通运输仓储邮政（28HC）；隐含碳调入6354.62万吨，主要隐含碳调入行业为非金属矿物制品（13MC）、石油炼焦（11HC）。

（4）深圳与香港的贸易中，隐含碳净调出至香港1903.41万吨，隐含碳调出行业有通信设备（20LC）、化学产品（12MC）、服装（8MC）、专用设备（17MC）、纺织业（7MC）、家具（9MC）和仪器仪表（21MC）。

（5）深圳与澳门的贸易中，隐含碳净调出至澳门33.85万吨，隐含碳调出行业有电力（24HC）、服装（8MC）和通信设备（20LC）。

总体来说，深圳隐含碳输入较多的行业有非金属矿物制品（13HC）、金属冶炼（14MC）和石油炼焦（11HC）；隐含碳输出较多的行业有通信设备（20LC）、其他行业（30LC）和批发零售住宿餐饮（29MC）；深圳整体呈现隐含碳输入2859.18万吨。

3. 珠海

珠海各行业的隐含碳排放情况如下：

（1）珠海隐含碳净出口量为318.24万吨，主要的隐含碳出口行业有非金属矿物制品（13HC）、电气机械（19MC）。

（2）珠海与省外其他城市贸易中，隐含碳净调入830.16万吨，主要的隐含碳调入的行业有非金属矿物制品（13HC）、金属冶炼（14MC）和建筑（27MC）。

（3）珠海与省内其他城市贸易中，净调入隐含碳276.44万吨，其中隐含碳调出121.34万吨，主要调出行业为化学产品（12MC）和石油天然气开采（3MC）；隐含碳调入397.78万吨，主要调入行业为非金属矿物制品（13HC）和交通运输仓储邮政（28HC）。

（4）珠海与香港的贸易中，隐含碳净调出至香港26.85万吨，隐含碳调出行业有电气机械（19MC）、交通运输设备（18LC）和通信设备（20LC）。

（5）珠海与澳门的贸易中，隐含碳净调出至澳门1.61万吨，主要的隐含碳调出行业有农业（1LC）和批发零售住宿餐饮（29MC）。

总体来说，珠海隐含碳输入较多的行业有非金属矿物制品（13HC）、金属冶炼（14MC）、建筑（27MC）和交通运输仓储邮政（28HC）；隐含碳输出较多的行业有电气机械（19MC）；珠海整体呈现隐含碳输入788.36万吨。

4. 佛山

佛山各行业的隐含碳排放情况如下：

（1）佛山隐含碳净出口量为662.69万吨，主要的隐含碳出口行业有电气机械（19MC）。

（2）佛山与省外其他城市贸易中，隐含碳净调入2533.01万吨，主要的隐含碳调入的行业有金融冶炼（14MC）、建筑（27MC）和电力（24HC）。

（3）佛山与省内其他城市贸易中，净调出隐含碳849.44万吨，其中隐含碳调出1845.58万吨，主要调出行业为非金属矿物制品（13HC）和金属制品（15MC）；隐含碳调入996.14万吨，主要调入行业为交通运输仓储邮政（28HC）、通信设备（20LC）和批发零售住宿餐饮（29MC）。

（4）佛山与香港的贸易中，隐含碳净调出至香港133.05万吨，隐含碳调出行业有电气机械（19MC）和金属制品（15MC）。

（5）佛山与澳门的贸易中，隐含碳净调出至澳门6.87万吨，隐含碳调出行业有电气机械（19MC）。

总体来说，佛山隐含碳输入较多的行业有金属冶炼（14MC）、建筑（27MC）和电力（24HC）；隐含碳输出较多的行业有非金属矿物制品（13HC）、电气机械（19MC）和金属制品（15MC）；佛山整体呈现隐含碳输入1020.88万吨。

5. 惠州

惠州各行业的隐含碳排放情况如下：

（1）惠州隐含碳净出口量为314.71万吨，隐含碳出口行业有服装（8MC）、其他行业（30LC）、仪器仪表（21MC）和金属冶炼（14MC）。

（2）惠州与省外其他城市贸易中，隐含碳净调入915.25万吨，主要的隐含碳调入的行业有金属冶炼（14MC）、建筑（27MC）和服装（8MC）。

（3）惠州与省内其他城市贸易中，净调出隐含碳15万吨，其中隐含碳调出429.82万吨，调出行业为石油炼焦（11HC）和化学产品（12MC）；隐含碳调入414.82万吨，主要的隐含碳调入行业有其他行业（30LC）和交通运输仓储邮政（28HC）。

（4）惠州与香港的贸易中，隐含碳净调出至香港167.97万吨，隐含碳调出行业有服装（8MC）、其他行业（30LC）和仪器仪表（21MC）。

（5）惠州与澳门的贸易中，隐含碳净调出至澳门2.92万吨，隐含碳调出行业有服装（8MC）。

总体来说，惠州隐含碳调入较多的行业有建筑（27MC）和金属冶炼（14MC）；调出较多的行业有石油炼焦（11HC）、通信设备（20LC）和服装（8MC）；惠州整体呈现隐含碳输入585.54万吨。

6. 东莞

东莞各行业的隐含碳排放情况如下：

（1）东莞隐含碳净出口量为156.14万吨，主要的隐含碳出口行业有通用设备（16LC）、服装（8MC）和家具（9MC）。

（2）东莞与省外其他城市贸易中，隐含碳净调入928.33万吨，主要的隐含碳调入行业有金属冶炼（14MC）、建筑（27MC）和非金属矿物制品（13HC）。

（3）东莞与省内其他城市贸易中，净调出隐含碳29.82万吨，其中隐含碳调出478.46万吨，主要的隐含碳调出行业有交通运输仓储邮政（28HC）、通用设备（16LC）和造纸（10MC）；隐含碳调入448.65万吨，主要的隐含碳调入行业有非金属矿物制品（13HC）、石油炼焦（11HC）和农林牧渔产品和服务（1LC）。

（4）东莞与香港的贸易中，隐含碳净调出至香港657.88万吨，隐含碳调出行业有交通运输仓储邮政（28HC）、通用设备（16LC）、通信设备（20LC）、电气机械（19MC）、服装（8MC）、化学产品（12MC）、金属制品（15MC）和家具（9MC）。

（5）东莞与澳门的贸易中，隐含碳净调出至澳门4.37万吨，隐含碳调出行业有服装（8MC）、通信设备（20LC）、农业（1LC）。

总体来说，东莞隐含碳调入较多的行业有金属冶炼（14MC）、石油炼焦（11HC）和建筑（27MC）；调出较多的有通信设备（20LC）、造纸（10MC）和服装（8MC）；东莞整体呈现隐含碳输入742.37万吨。

7. 中山

中山各行业的隐含碳排放情况如下：

（1）中山隐含碳净出口量为554.6万吨，主要的隐含碳出口行业有电气机械（19MC）和交通运输、仓储和邮政（28HC）。

（2）中山与省外其他城市贸易中，隐含碳净调入1115.08万吨，主要的隐含碳调入行业有金属冶炼（14MC）、建筑（27MC）和电气机械（19MC）。

（3）中山与省内其他城市贸易中，净调入隐含碳92.92万吨，其中隐含碳调出27.13万吨，主要的隐含碳调出行业为其他行业（30LC）和交通运输、仓储和邮政（28HC）；隐含碳调入120.06万吨，主要的隐含碳调入行业有石油炼焦（11HC）和非金属矿物制品（13HC）。

（4）中山与香港的贸易中，隐含碳净调出至香港113.84万吨，隐含碳调出的行业为电气机械（19MC）。

（5）中山与澳门的贸易中，隐含碳净调出至澳门4.58万吨，隐含碳调出的行业为电气机械（19MC）。

总体来说，中山隐含碳调入较多的行业有金属冶炼（14MC）、建筑（27MC）和石油炼焦（11HC）；调出较多的行业有电气机械（19MC）；中山整体呈现隐含碳输入653.4万吨。

8. 江门

江门各行业的隐含碳排放情况如下：

（1）江门隐含碳净出口量为217.54万吨，主要的隐含碳出口行业有电气机械（19MC）和服装（8MC）。

（2）江门与省外其他城市贸易中，隐含碳净调入738.13万吨，主要的隐含碳调入的行业有金属冶炼（14MC）和建筑（27MC）。

（3）江门与省内其他城市贸易中，净调出隐含碳168.59万吨，其中隐含碳调出131.12万吨，主要的隐含碳调出行业有食品（6LC）和非金属矿物制品（13HC）；隐含碳调入299.71万吨，主要的隐含碳调入行业有其他行业（30LC）、交通运输仓储邮政（28HC）和通信设备（20LC）。

（4）江门与香港的贸易中，隐含碳净调出至香港52.45万吨，主要的隐含碳调出行业有电气机械（19MC）、通信设备（20LC）和仪器仪表（21MC）。

总体来说，江门隐含碳调入较多的行业有金属冶炼（14MC）、建筑（27MC）和石油炼焦（11HC）；隐含碳调出较多的行业有金属制品（15MC）、造纸（10MC）和电气机械（19MC）；江门整体呈现隐含碳输入689.19万吨。

9. 肇庆

肇庆各行业的隐含碳排放情况如下：

（1）肇庆隐含碳净出口量为66.08万吨，主要的隐含碳出口行业有金属冶炼（14MC）和金属制品（15MC）。

（2）肇庆与省外其他城市贸易中，隐含碳净调入560.83万吨，主要的隐含碳调入的行业有金属冶炼（14MC）、建筑（27MC）和电力（24HC）。

（3）肇庆与省内其他城市贸易中，净调出隐含碳158.75万吨，其中隐含碳调出468.3万吨，主要的隐含碳调出行业有非金属矿物制品（13HC）和农林牧渔产品和服务（1LC）；隐含碳调入309.55万吨，主要的隐含碳调入的行业有交通运输仓储邮政（28HC）和通信设备（20LC）。

（4）肇庆与香港的贸易中，隐含碳净调出至香港3.51吨，隐含碳调出行业有金属制品（15MC）、农林牧渔产品和服务（1LC）和其他行业（30LC）。

（5）肇庆与澳门的贸易中，农林牧渔产品和服务（1LC）有0.53万吨隐含碳调出至澳门。

总体来说，肇庆隐含碳调入较多的行业有金属冶炼（14MC）、建筑（27MC）和石油炼焦（11HC）；调出较多的行业有非金属矿物制品（13HC）和金属制品（15MC）；肇庆整体呈现隐含碳输入335.99万吨。

10. 广东其他城市

广东其他城市各行业的隐含碳排放情况如下：

（1）广东其他城市隐含碳净进口量为527.71万吨，主要的隐含碳进口行业有化学产品（12MC）、金属冶炼（14MC）和专用设备（17MC）。

（2）广东其他城市与省外其他城市贸易中，调入隐含碳1349.31万吨，隐含碳净调入的行业有建筑（27MC）、电力（24HC）和非金属矿物制品（13HC）。

（3）广东其他城市与省内其他城市贸易中，净调入隐含碳985.75万吨，其中隐含碳调出1400.45万吨，主要的调出行业有石油炼焦（11HC）、非金属矿物制品（13HC）和农林牧渔产品和服务（1LC）；隐含碳调入2386.2万吨，主要的调入行业有其他行业（30LC）、批发零售住宿餐饮（29MC）和通信设备（20LC）。

（4）广东其他城市与香港的贸易中，隐含碳净调出至香港288.22万吨，隐含碳调出的行业有非金属矿物制品（13HC）、金属制品（15MC）、通用设备（16LC）和交通运输设备（18LC）。

（5）广东其他城市与澳门的贸易中，从澳门净调入隐含碳0.99万吨，调入行业有食品（6LC）和金属制品（15MC）。

总体来说，广东其他城市隐含碳调入较多的行业有建筑（27MC）、其他行业（30LC）、批发零售住宿餐饮（29MC）和金属冶炼（14MC）；调出较多的行业有服装（8MC）、造纸（10MC）和石油炼焦（11HC）；广东其他城市整体呈现隐含碳输入2862.77万吨。

四、结论与建议

从前面的分析可以得出如下结论：

（1）湾区内各城市在不同层次贸易上体现了不同的隐含碳排放特征。在进出口贸易中，湾区内各城市均表现出隐含碳出口，出口的行业大部分都是中等碳强度排放行业。在与国内其他省份的贸易中，湾区内各城市均表现为隐含碳调入，调入的大部分行业都是高碳强度排放行业。而在省内各城市的贸易中，佛山、深圳、广州、肇庆、东莞、惠州表现为隐含碳输出城市，其余表现为隐含碳输入城市。

（2）湾区内各城市总体上都表现为隐含碳输入城市。尽管在不同层次贸易上有不同的隐含碳排放特征，但各层次贸易加和的结果是使得湾区内每个城市都表现为隐含碳输入，其中以广州和深圳两个城市的隐含碳输入量最大，其余城市除肇庆略小外，都有量值相当的隐含碳输入。

（3）湾区内各城市隐含碳输入的主要来源是与省外其他城市的贸易。湾区内各城市在省外其他城市隐含碳调入的行业主要是非金属矿物制品（13HC）、金属冶炼（14MC）、电力（24HC）、建筑（27MC）等高中耗能行业，湾区在经济飞速发展的同时向其他城市转移了大量的碳排放。

根据以上研究结论，本文得到的启示如下：

（1）促进区域间的环境治理合作。鉴于未来较长时期内中国的区域间分工模式很可能整体上依然有利于经济发达区域的碳减排，所以应通过经济政策鼓励经济发达区域对经济欠发达区域给予减排资金和技术上的支持，根据碳排放的地区差异科学制定差异化的考核目标，通过完善环境责任核算机制，对经济欠发达地区的节能减排工作给予更大的支持力度。

（2）湾区内进一步的减排工作应重点关注本区域在与其他区域贸易活动中所产生的碳泄露问题，应积极采取措施降低本区域的区域间碳泄露程度。

（3）针对即将全面启动的中国碳排放交易市场，在地区配额分配上，应依据历史排放清单、产业结构特性、经济发展阶段科学确定配额分配方案；在行业配额分配上，地方政府应依据地方经济发展的实际情况对本区域的重点排放企业实施碳排放配额科学管理与控制，充分运用市场机制实现各产业既定目标减排成本的最小化与既定减排成本的减排实施效果最大化。

参考文献：

[1] 黄会平，赵荣钦，韩宇平．我国不同区域隐含碳排放流动研究[J]．华北水利水电大学学报（自然科学版），2019，40（4）：83－93.

[2] 潘安．对外贸易、区域间贸易与碳排放转移基于中国地区投入产出表的研究[J]．财经研究，2017，43（11）：57－69.

[3] 汤维祺，周夷，孙可哿．中国省际贸易隐含碳流向与地区经济发展模式研究[J]．环境经济研究，2016，1（1）：26－42

[4] 蒋雪梅，郑可馨．京津冀地区间贸易隐含碳排放转移研究[J]．地域研究

与开发，2019，38（6）：126－130.

[5] 邓荣荣，杨国华．区域间贸易是否引致区域间碳排放转移：基于2002—2012年区域间投入产出表的实证分析[J]. 南京财经大学学报，2018（3）：1－11.

[6] 卞勇．粤港澳大湾区率先实现碳中和方略[J]. 开放导报，2021（3）：105－112.

[7] 张敏范，金周，应恒．省域内多地区投入产出表的编制和更新：江苏案例[J]. 统计研究，2008（7）：74－81.

[8] 李元江，金静松．中国对外贸易隐含碳排放的实证研究[J]. 南大商学评论，2014（3）：61－79.

[9] 陈炜．基于CGE模型的能源税对节能减碳和社会经济影响研究：以广东省为例[D]. 广州：中山大学，2017.

[10] LEONTIEF W W，Alan Strout. Multiregional Input-output Analysis [C]. London：Structural Interdependence and Ecomomic Development St. Martin's Press，1963.

能源与低碳经济篇

政府补贴对风电上市企业研发投入及创新绩效的影响研究

周四清　严巧婷[①]

摘　要：本文以中国风电产业为例，探究政府补贴如何影响企业的研发投入及其创新绩效。首先，简述国内外相关研究文献及分析风电发展现状，结合相关理论分析政府补贴对企业研发投入及创新绩效的作用机制，提出本文的研究假设。其次，构建实证模型，基于2012—2019年中国风电上市企业的相关数据，进行实证分析，同时按照企业规模、所有权性质与产业链细分，研究其作用效果是否存在差异。

关键词：政府补贴；风电产业；研发投入；创新绩效

一、研究背景与意义

2020年9月22日，中国在第75届联合国大会上承诺：争取在2030年前实现碳达峰、2060年前实现碳中和。这对中国全面迈向绿色发展的意义重大，这一具有雄心的目标展现了中国作为世界第二大经济体的责任与担当。[②] 碳排放的根源问题是过量开发和使用化石能源，加快中国能源生产环节的清洁替代和能源消费环节的电能替代，是实现“碳中和”目标的根本途径之一。清洁替代又称为清洁发电，是指在能源供应领域中形成以太阳能、风能、水能等清洁能源为主的发电体系。2019年，中国风力发电量为4057亿千瓦，占所有清洁能源发电量的16.94%，实现了10.85%的增长；2020年上半年，全国风力

① 周四清：博士，暨南大学经济学院副教授，硕士研究生导师。研究方向：国际投资与可持续发展。电子邮箱：zsqhu2004@163.com。严巧婷：暨南大学经济学院硕士研究生。

② 资料来源：新华网。

发电量达到2379亿千瓦，同比增长率接近11%。[①] 未来，我国将会建立以风能等清洁能源为主的新能源体系，中国的能源产业结构将会焕然一新。

一直以来，为了风电产业能有一个可持续的、健康良好的发展环境，我国政府做了十足的努力，不仅直接或间接地为风电企业提供资金上的支持，还从立法、规划到补贴等方面出台了许多的扶持政策。以2005年我国颁布的《中华人民共和国可再生能源法》为基础，随后不断出台有关新能源和风电项目的专项政策。

在政策支持和企业合作的基础上，我国风电产业的创新投入稳健增加，但行业内创新水平高低不齐，关键技术还存在对国外的依赖。不仅如此，行业内还存在产能过剩、风电场建设和运营管理混乱、电网建设落后等现象。由此可以看出，风电企业缺乏核心技术是当前推动整个风电产业发展的一大障碍。政府补贴可以提升企业创新的积极性，而研发投入可以促进新知识的生成和新成果的产出，是企业进行创新活动的内在源泉。但是，对于风电企业而言，政府补贴对于其研发投入和技术创新是否有作用、作用机理和影响机制尚未明确。综上所述，本文以此视角展开探究风电企业创新绩效的影响因素，这对于提升其创新水平，挣脱产业发展的束缚，实现产业结构的转型升级十分关键。

二、文献综述与研究假设

本研究主要涉及以下几方面的文献：政府补贴对企业研发投入的影响，政府补贴对企业创新绩效的影响，研发投入对企业创新绩效的影响，以及政府补贴、研发投入对企业创新绩效的影响。

（一）政府补贴对企业研发投入的影响

一方面，当政府对企业的补贴数额增加时，会直接增加其对技术研发的投入水平。王丽、谢琼（2013）以51个医药上市企业3年的数据为研究样本，搭建多元线性回归模型，研究结果表明，政府补贴会显著影响医药上市企业增加研发投入。张兴龙、沈坤、李萌（2014）则构建了计量模型，对97家医药制造上市企业2007—2013年的数据开展实证分析，其研究结果表明，政府补助是否影响企业创新需要依据政府补助的方式来进行区分，补贴率形式的政府补助和事后奖励方式的政府补助都显著增加了非国有企业的研发投入。

另一方面，政府补贴可能会挤占企业研发投入。2016年有学者使用了3种

---

① 数据来源：中国电力企业联合会。

经典的面板数据模型来分析中国可再生能源领域政府补贴对企业研发投资行为的影响，结果发现，政府补贴对企业研发投资行为具有显著的挤出效应。Wallsten（2000）以1990—1999年间参与小型企业创新研究（small business innovation research，SBIR）项目的企业为研究对象，使用OLS估计法实证分析政府工商研发拨款与私人研发支出之间是否建立关键，结果发现拥有更多员工、进行更多研究的企业会获得更多SBIR赠款，此外，这些赠款挤占了企业资助的研发支出。

基于此，本文提出假设H_1。

假设H_1：政府补贴促进风电上市企业增加研发投入。

（二）政府补贴对企业创新绩效的影响

目前，政府对企业的补贴是否促进或抑制企业实质性创新还有待考究，国内外学者的研究结论也因为研究对象、研究方法的不同而存在差异。

国外学者研究发现，政府补贴介入可以发挥分散投资风险的作用，从而吸引更多企业参与创新活动，政府补贴可以推进新产品和新知识的不断涌现。伍健、田志龙（2018）选取中国A股上市公司中属于生物技术、节能环保、新能源汽车等七大战略性新兴产业的公司作为研究对象，构建计量模型，实证检验政府补贴是否会干预战略性新兴产业的内部企业创新。研究发现，在战略性新兴产业中，政府替代具有资源属性，有助于降低企业创新的风险和成本，刺激企业进行更多的创新。

李万福、杜静、张怀（2017）以2007—2014年非金融类的A股上市公司为研究对象，建立实证模型研究政府创新补助、企业自主创新投资与企业总体研发投资之间的关系。结果表明，虽然政府创新补助与企业总体研发投资正相关，但是随着政府创新补助的增加，企业自己就会减少内部的创新投资。此外，吴剑峰、杨震宁（2014）使用随机效应负二项式回归模型分析了2008—2011年在上海证券交易所和深圳证券交易所上市的电子、制药和信息公司的创新绩效，结果表明，企业获得的政府补贴与其技术创新绩效之间并没有显著的正相关关系。

基于以上分析，本文提出假设H_2。

假设H_2：政府补贴对风电上市企业创新绩效具有正向促进作用。

（三）研发投入对企业创新绩效的影响

Bart Verspagen等（2000）通过对美国制造业分成高、中、低三组面板数据进行研究与分析得出，研发投入对企业创新绩效的影响显著。薛庆根

(2014) 对 1998—2011 年中国高科技产业的 Moran 指数进行了调查，得出的结论是企业研发投资的创新绩效显著。

另外，也有一些学者的研究结果显示，研发投入与企业创新绩效不存在任何正相关的关系。李海东、马伟（2014）利用 2010 年中国 24 个省的面板数据构建了投入产出指标体系，发现企业在技术创新过程中发挥了主体作用，但高科技企业的直接研发投资对技术创新效率产生了显著的抑制作用。

基于以上分析，本文提出假设 H_3。

假设 H_3：风电上市企业的研发投入对企业创新绩效具有正向促进作用。

（四）政府补贴、研发投入对企业创新绩效的影响

从现有的研究可以总结出，当政府补贴和研发投入同时作用于企业创新绩效水平时，有可能会产生以下两种效果：一种是政府补贴对研发投入的拉动能力增强，放大了对企业创新绩效的正向激励效果；另外一种是当二者同时发生作用时，有可能会因为企业存在资源配置不合理的问题而导致创新绩效反而下降。

赵定涛（2015）通过搭建矩阵分析模型，使用 EViews 软件，利用中国航空航天产业 1995—2010 年的数据建立计量模型，对中国航天产业技术政策、技术战略、创新绩效展开检验，其结果显示，航天技术产业创新绩效的提升会受到国家政策和企业研发技术的双重影响。

丁金金、张峥（2020）以上海证券交易所 A 股 470 家制造业上市公司为研究样本，构建 3 个计量回归模型研究了政府补贴、研发投入与企业创新绩效 3 个变量之间的关系及中介效应，研究结果表明：首先，政府补贴会激励企业创新，并且对高新技术企业的激励作用显著于制造业；其次，在引入研发投入变量研究政府补贴变量和创新绩效变量之间的关系中，确实产生了中介效应。

（五）企业规模、企业所有权、产业链与创新绩效

企业规模越大，它在市场竞争中所承受技术创新风电的能力就越强。规模经济的发展有利于为中国企业实施技术创新工作提供财政资金的保障，更加凸显大企业的技术创新动机。因此，大企业相比于中小企业的创新绩效会更加显著。

基于上述分析，本文将提出假设 H_4。

假设 H_4：政府补贴对大型风电企业创新绩效的影响更为显著。

新新贸易理论中强调了有关企业异质性的模型，不同所有权性质的企业，因为其治理结构、资源分配方式、激励机制、市场地位等的不同而表现出不同的创新水平。

基于上述分析，本文将提出假设 H_5。

假设 H_5：政府补贴对民营企业创新绩效的影响更为显著。

以本文所研究的风电产业链为例，可将样本企业分为风电产业链的上、下游企业，其中上游企业包括资源和零部件制造商及风力发电机制造商，下游企业包括风电场建设和运营企业。风电行业的发展必须投入巨额的研发费用及相应的资金，而且还需要面对较大的技术风险及市场经济风险。单个企业很有可能不具备自主开发设备核心技术的能力，此时各个企业间的协同创新与政府的作用便会变得非常重要。

基于上述分析，本文提出假设 H_6。

假设 H_6：政府补贴对风电产业链上游企业创新绩效的影响更为显著。

（六）文献述评

从研究主题的角度来看，大多数文章只研究政府补贴和企业创新绩效之间的关系，研发投入和企业创新绩效之间的关系，而很少有文章研究这三个变量之间的关系，甚至更少有文章研究是否存在其中一个变量对另外两个变量的关系之间存在中介效应。从研究结论来看，许多文献在研究政府补贴、研发投入与企业创新绩效这三个变量之间的关系的研究结论大相径庭。由于企业性质的不同，学者选择的研究对象的不同，学者们采用的研究方法和检验方式的不同，因此可能会有不同甚至相反的结论，未能形成统一的结论。

三、中国风电企业政府补贴及研发投入现状分析

（一）中国风电产业发展现状

在国家支持大力开发风力发电领域的背景下，中国从2006年开始大幅加快了风电市场规模化建设，也是从这一年开始，新增装机规模迈入了“GW”时代。在“十一五”期间，中国的风电累计装机容量每年的平均增长率都超过了100%。“十二五”期间，风电装机容量年平均增长率达到28.6%，如图1所示。“十三五”期间的2016—2019年，年均增长约为12.5%。总体来看，中国风电装机的装机容量是呈现逐年上升的趋势，其2012—2019年的年复合增长率超过19%。

图2是根据中国风能协会公布的全口径数据所整理出的2012—2019年中国风电装机容量的增长情况（按非并网口径统计），可以看出，我国风电装机容量呈现逐年上升的趋势。按照非并网口径的统计，2014年，中国风电装机

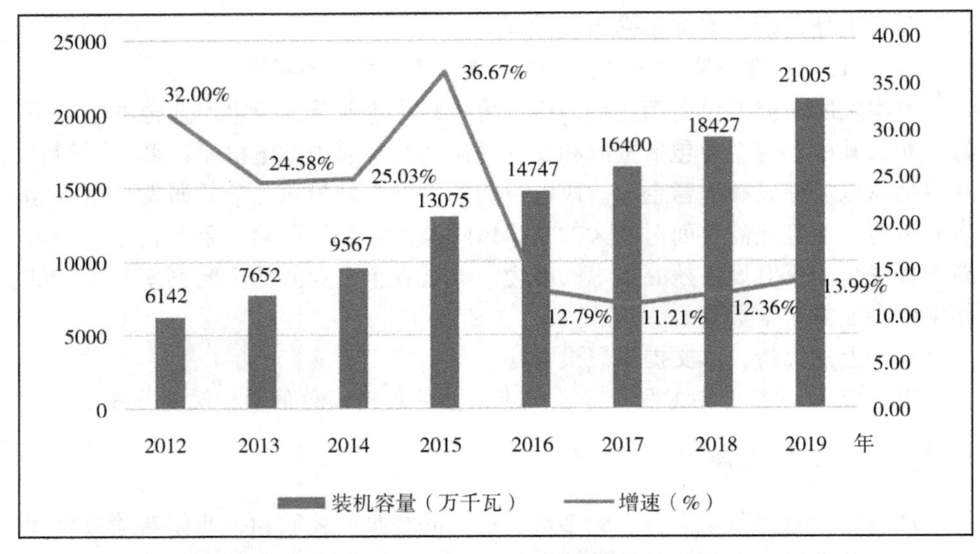

图 1　2012—2019 年中国风电装机容量增长情况（按并网口径统计）
（数据来源：中电联规划与统计信息部）

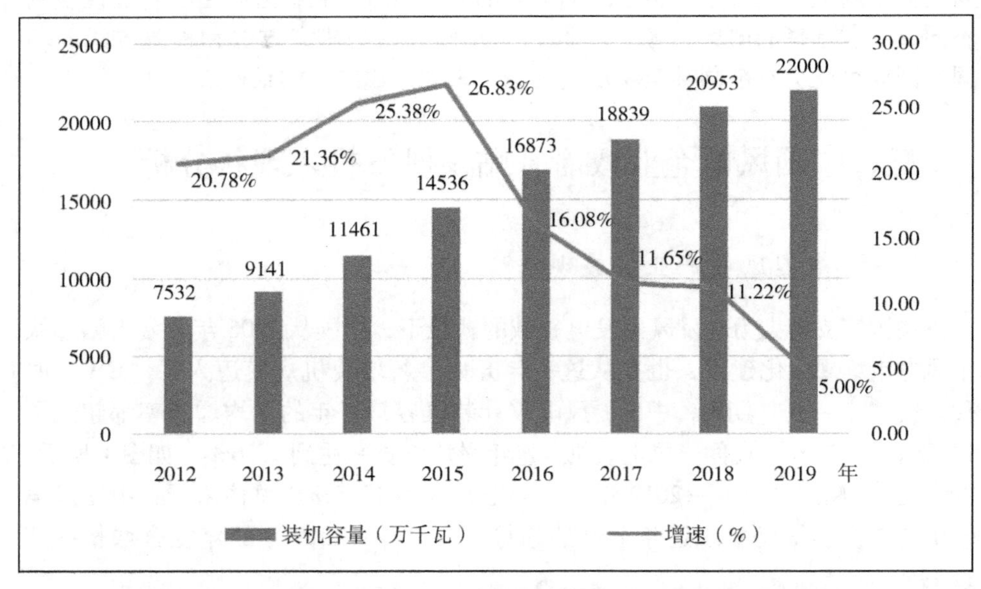

图 2　2012—2019 年中国风电装机容量增长情况（按非并网口径统计）
（数据来源：中电联规划与统计信息部）

容量已经超过了1亿千瓦，2018年中国风电装机容量超过2亿千瓦，2019年达到2.2亿千瓦。

大规模的风能投资是近年来中国风电装机容量加速增长的关键。如图3所示，中国风电市场的电源建设的投资规模在2012—2015年不断扩张，中国风电电源建设的投资规模在2015年达到了1200亿元，与2014年相比，增长了31.00%。这些年来，中国风电市场的规模稳步扩大，推动了技术不断提升，技术进步有效增强了风电机组的捕风性能和可靠性，使风电成本稳步下降，风电成本的逐步下降也带来了风电行业投资额的下滑，到了2018年年末，中国风电电源建设投资金额降至近几年的最低点，其投资规模为646亿元，同比下降了5.14%。到2019年，风电电源投资出现复苏的迹象，投资规模同比上涨81.27%，其原因很有可能是风电上网享受补贴的最后节点即将到来，一些风电存量项目都尽可能在这最后节点享受补贴，风电市场出现大量“抢设备订单”。

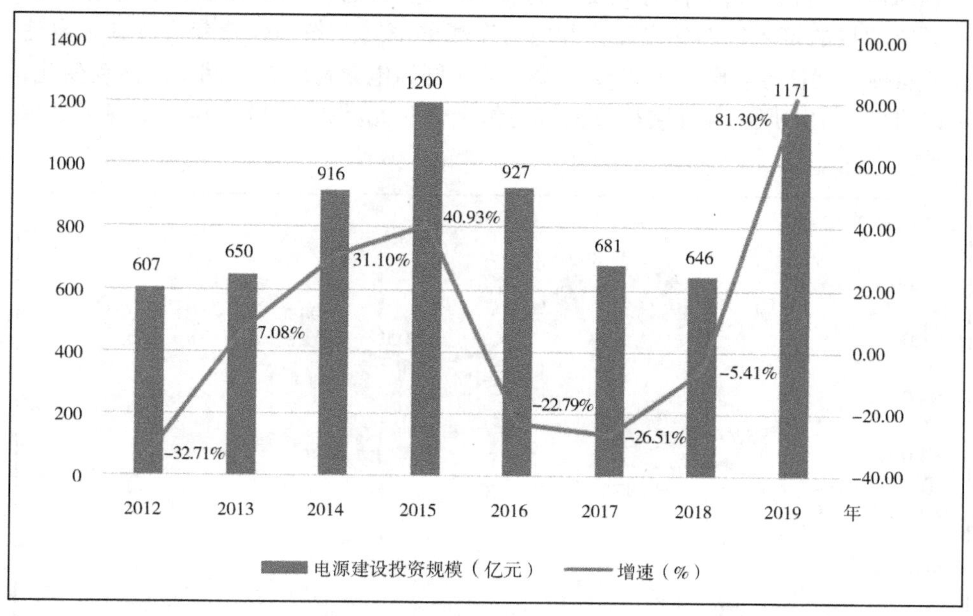

图3　2012—2019年中国风电电源建设投资规模

（数据来源：中电联规划与统计信息部）

虽然目前我国的清洁能源发展步伐加快，风电装机市场规模不断快速扩张，但是，我国局部地区出现的“弃风限电”现象也越来越严重。造成该现象的原因主要有两个：一是电源调峰能力的受限，“三北地区”的能源供应体系主要通过煤炭发电，冬季供热机组的大批量使用使该地区弃风率不断攀升；二是落后的风力预报限制了电网管理调度的能力，从而导致了跨省区和跨网间风电输送的消纳受限，增加了电力系统的成本与负担。一些局部地区弃风的主要原因就是当地电网的规划建设未能达到风电项目并网运行的要求。例如，新疆达坂城地区 7 亿千瓦 · 时的弃风，就是因为当地盐湖 220000 伏和东郊 750000 伏变电站的扩建施工，影响了风电的输送。风电并网的正常运营和消纳问题已经成为严重制约我国风力发电业务可持续健康稳定发展的重大影响因素。

弃风现象严重影响了风电场运行的经济性，2011 年，中国风力发电弃风限电的总量高达 100 亿千瓦，平均利用小时数大幅下降，个别地区的利用风电的小时数甚至下降到了 1600 小时。为了进一步提高中国风电开发和利用效率，切实做好中国风电并网和消纳工作，2012 年 6 月，国家能源局颁布了《关于加强风电并网和消纳工作有关要求的通知》，文件首次明确提出，要把各方案中风电项目的接入电网建设工作和电力市场的消纳工作当作全年度支持风电建设的首要发展任务。图 4 为 2012—2018 年中国风电累计装机并网率的波动变化，可以看到，中国风电累计装机并网率总体上升，尤其是在 2015 年，出现了大幅

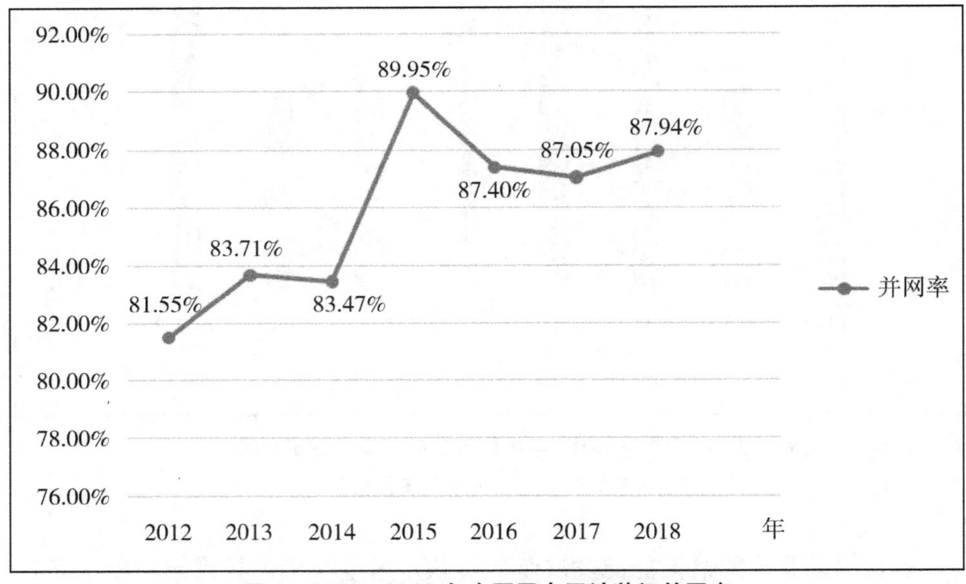

图 4　2012—2018 年中国风电累计装机并网率

（数据来源：中国风能协会）

度增长，截至2018年末，我国风电累计装机并网率为87.94%。

近年来，由于中国清洁能源利用效率显著提升，清洁能源的发电量也持续上升，弃风现象在国家能源局出台并网通知以后得到了明显的缓解。如图5所示，从2012年开始，中国清洁能源的发电量不断上升，这体现出近年来中国高度关注着清洁能源的发展，与此同时，中国风力发电占清洁能源发电的比重也不断攀升。截至2019年，中国风力发电占比约为17.01%，从长期来看，风力发电发展空间广阔，将逐渐占据清洁能源领域的主导位置。如图6所示，中国风力发电量2012—2019年呈现上升趋势，虽然其增速渐渐放缓。2016年，全国风力发电量同比增长29.80%，为近几年最大增速，当年全国风力发电量为2409亿千瓦，2019年全国风力发电量首次突破4000亿千瓦，其占比可达同年全部发电量的5.50%。

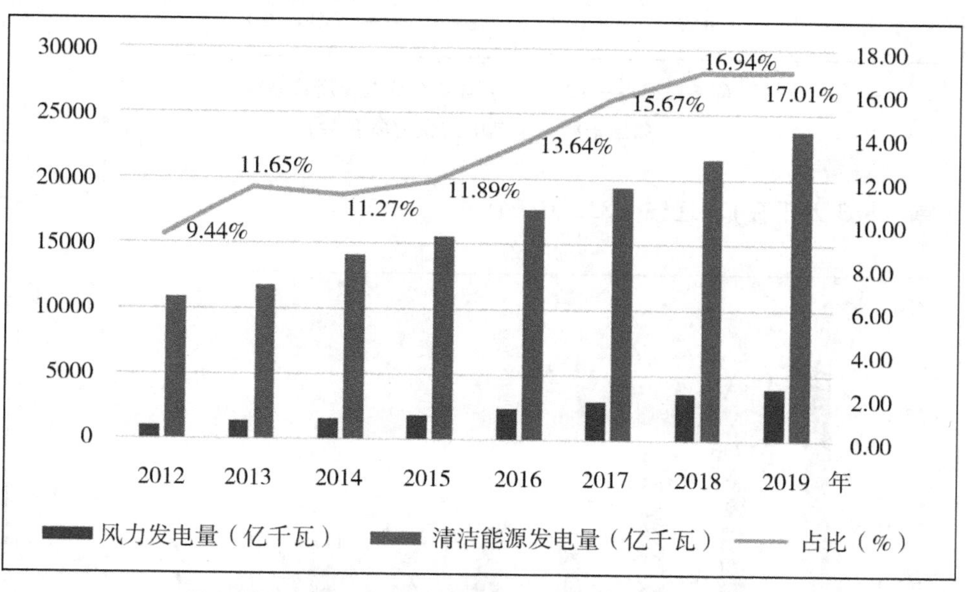

图5　2012—2019年中国风力发电占清洁能源发电比重

（数据来源：中国产业信息网）

中国的风能资源分布主要集中在中国的“三北”地区，因此，如图7所示，2019年中国风力发电的装机容量前十的地区也以中国北部地区和西北地区居多。2019年全国十大风电装机地区分别是：内蒙古（3007万千瓦）、新疆（1956万千瓦）、河北（1639万千瓦）、山东（1354万千瓦）、甘肃（1297万千瓦）、山西（1251万千瓦）、宁夏（1116万千瓦）、江苏（1041万千瓦）、

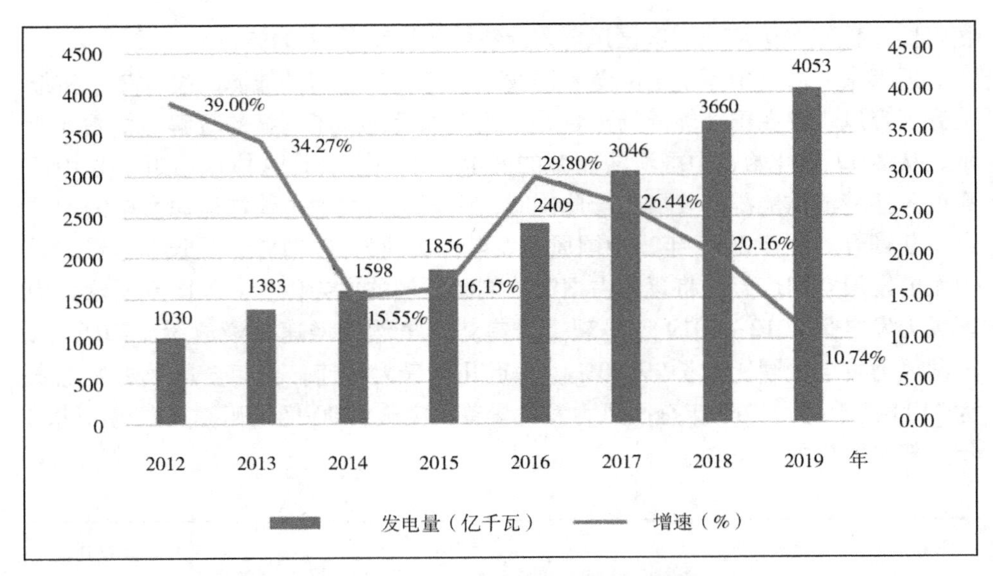

图6　2012—2019 年中国风力发电量及其增速

（数据来源：中国电力企业联合会）

云南（863 万千瓦）、辽宁（832 万千瓦）。

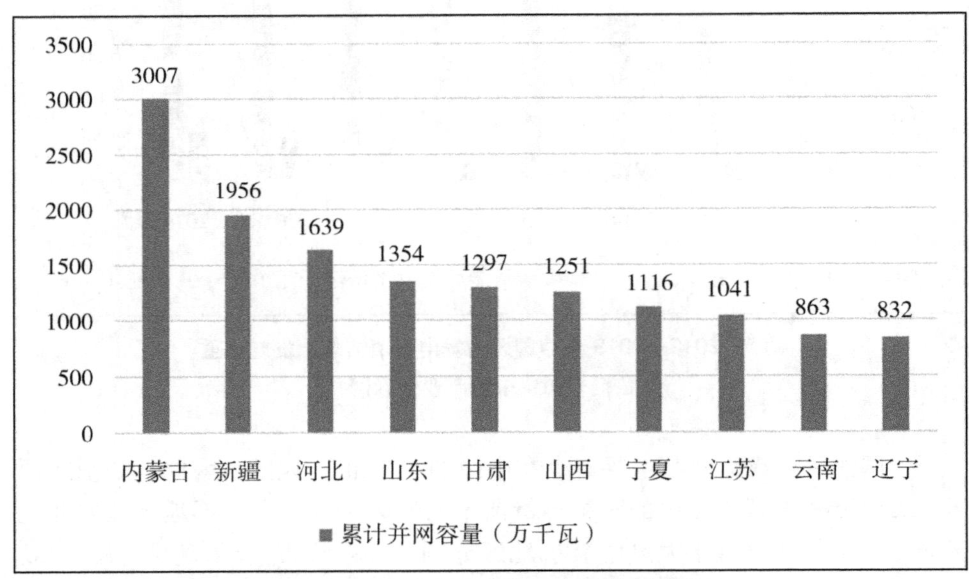

图7　2019 年中国风电装机容量前十的地区

（数据来源：中国电力企业联合会）

（二）中国风电产业政策与政府补贴分析

1. 中国风电产业政策概况

首先，本文在中国政府各个部委门户网站和北大法宝数据库以“清洁能源”为关键词进行了检索，依据“分别查找，交叉检验，最后汇总”的原则进行梳理，一共收集到中国各部委及以上级别的部门在2005—2019年颁布的一共884项清洁能源政策。

其次，本文在中国政府各个部委门户网站和北大法宝数据库以“风电”“风能”为关键词进行了检索。由于风电产业的创新政策数目众多，为了确保本文所收集到的政策的完整与准确，将依据“分别查找，交叉检验，最后汇总”的原则进行梳理，最后一共收集到中国各部委以及以上级别的部门在2005—2019年颁布的一共692项风电产业创新政策。

通过梳理样本期内我国风电产业创新政策的发布主体，可以发现，我国风电产业创新政策的发布部门逐渐增多，这说明风电技术创新活动具有跨领域性、艰巨性和复杂性，风电产业创新政策早已超越单一职能部门的职责范围和现有的政策边界。因此，风电产业创新政策的发布形式对企业创新绩效发挥作用不仅需要单一政策，而且需要针对创新系统的一系列政策进行干预和引导。

同时，也可以发现我国风电产业创新政策主要以低等级的通知和办法为主，而高等级的部例条令和法律较少。此外，通过梳理样本期内我国风电产业创新政策的发布形式，可以发现我国风电产业创新政策主要以部门规章为主，而高等级的法律法规数量较少。这说明样本期内我国政府对风电产业的支持和管理主要以比较柔和的方式进行，缺少强力监管手段。

2. 中国风电企业政府补贴现状

风力发电行业是一个资本密集型的政策支持行业，风电项目对资金要求的规模大，对政府补贴资金的差异十分敏感。为推进风电产业的创新发展，政府也出台了许多相关政策对风电产业进行补贴。

图8为本文所挑选的42家样本企业在2012—2019年接受政府补贴的具体金额情况。在本文所研究的42家沪、深A股风电上市企业中，其中23家为国有企业，占研究样本总数的54.76%，其余19家企业为民营企业，占研究样本总数的45.24%。可见，国有企业是国家风电产业的创新体系中不可或缺的一部分，是我国风电行业中非常重要的自主创新主体。从近几年中国风电产业的发展趋势来看，中央企业和地方国有企业在风电领域逐渐加大投资，形成产业集群，例如，西北地区风电项目基地建设的重大投资就是由大型国有企业来推动和实施的。

如图 8 所示，中国风电上市企业获得的政府补贴由 2012 年的 23.08 亿元左右上升到 2019 年的 59 亿元左右，总体是上涨的，并且增幅也越来越明显，说明中国政府对风电企业的政府补贴强度也是逐年增强的，且在 2014 年以后愈加明显。然而，政府对风电企业的补贴金额却在 2017 年出现了比较大幅度的下降，这很有可能与 2017 年国家能源局下发的《关于开展风电平价上网示范工作的通知》有关，该通知明确提出了要求减轻对风电企业的补贴力度，提高风电产业的核心竞争力，让风电企业的发展不能仅仅依赖于政府发放的补贴。

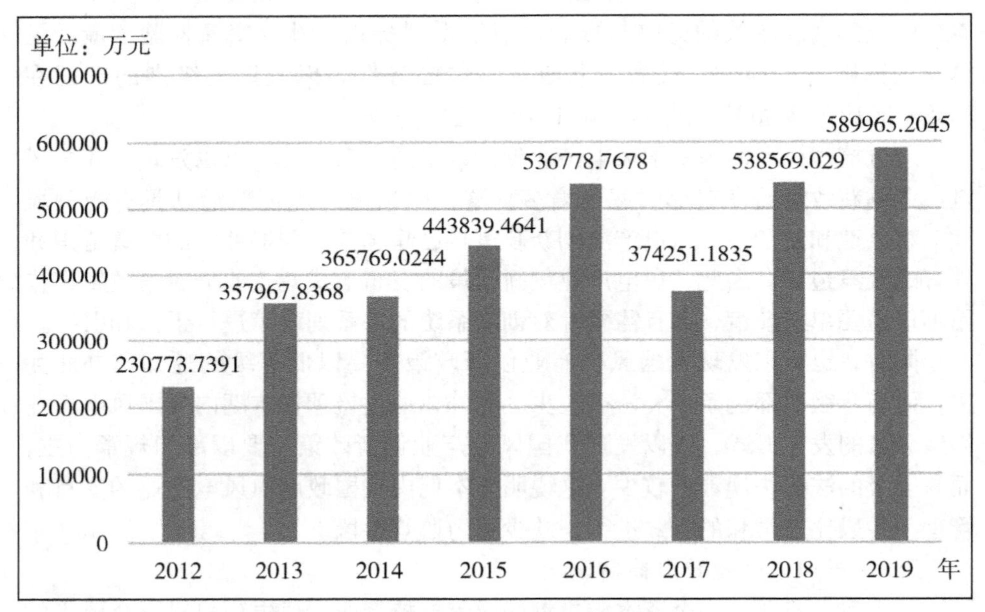

图 8　2012—2019 年风电上市企业政府补贴金额

（数据来源：国泰安数据库）

（三）中国风电企业研发投入现状

下面将从企业研发投入金额及企业技术人才数量两个方面来探究风电上市企业的创新投入状况。如图 9 和图 10 所示，2012—2019 年，风电上市企业研发投入及技术人员数量总体呈上升趋势。从研发投入的金额上看，我国风电行业的上市公司研发投入从 2012 年的 115 亿元左右迅速上升到 2019 年的 378 亿元左右，增幅约高达 229.07%。

从企业中高新技术人才数量来看，我国大型风电企业中高新技术人才投入的总量由 2012 年的 80617 人迅速增加到了 2019 年的 123228 人，总体上涨 52.86%，2012—2019 年我国大型风电企业中技术人才投入的增长率整体表现出先上升后快速下降的周期性变动特征，并且在 2018 年出现了企业技术人员数量的负增长，2012—2019 年风电行业上市企业中技术人员数量的年增长率最高点大约为 2015 年的 25.85%，最低点大约为 2018 年的 -1.64%。

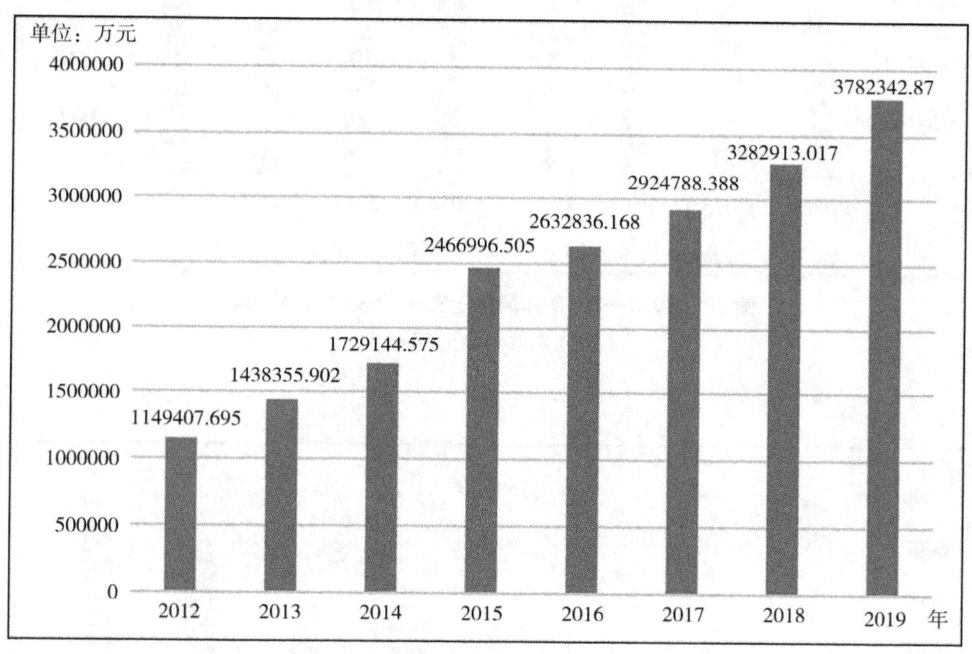

图 9　2012—2019 年风电上市企业研发投入情况

（数据来源：国泰安数据库）

（四）中国风电企业技术创新现状

21 世纪是知识经济时代，风能技术的进步是风能资源开发持续发展的基础。如图 11 所示，中国风电上市企业在 2012—2019 年的专利申请数据总体呈现逐年增长趋势。2018 年中国风电上市企业专利申请突破 8000 项，可以看出，在国家对风能技术给予高度关注和支持下，中国风电技术得到了迅速发展，因此出现了专利申请数量急剧增加的情况。

图 10　2012—2019 年风电上市企业技术人员数量

（数据来源：企业年报）

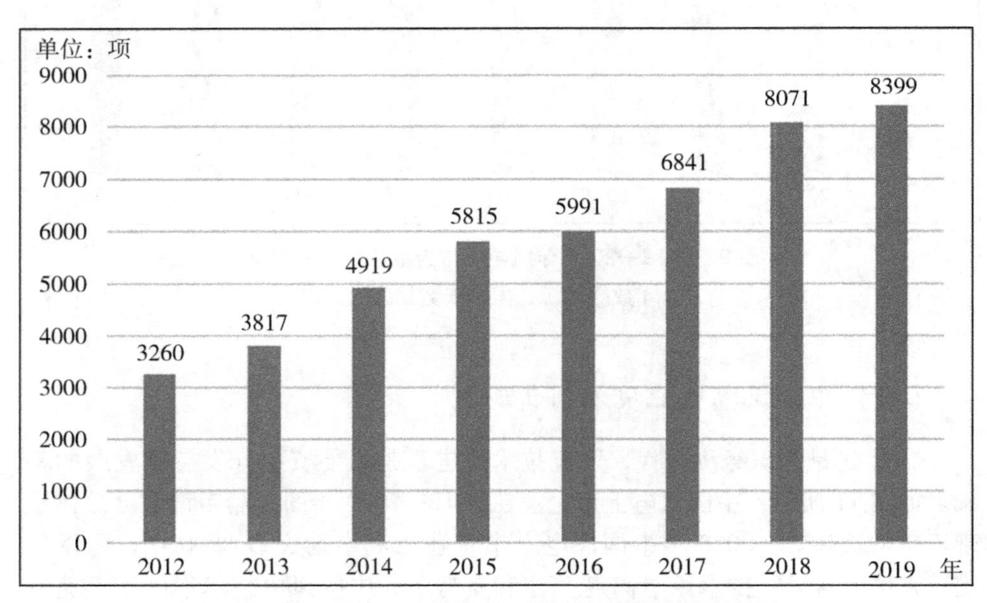

图 11　2012—2019 年风电上市企业专利申请数据

（数据来源：国家知识产权网站）

四、研究设计

（一）样本选择与数据来源

本文选取2012—2019年沪、深交易所披露的“风电”“风能”概念的上市公司作为研究对象，并对获得的数据做了如下筛选和归类处理：

（1）剔除ST或ST*的公司；

（2）剔除公司年度报告中关键数据缺失、异常或相关研究指标未公布的上市公司。

（3）剔除B股、H股风电上市企业，选取A股上市公司。

以42家风电上市企业8年的动态面板数据，共计315个观测值作为最终的研究样本。本文的政府补贴、研发投入等主要数据来源于CSMAR国泰安数据库和上市公司年报披露；公司专利的申请数据均通过国家知识产权网站数据手工整理而成。本文实证环节的数据处理软件采用EViews 9.0。筛选出的42家风电上市公司按照企业性质、企业规模、产业链进行分类如表1、2、3所示。

表1　风电上市公司按企业性质分类

序号	企业性质	数量（个）
1	国有企业	23
2	民营企业	19

表2　风电上市公司按企业规模分类

序号	企业性质	数量（个）
1	大型企业	36
2	非大型企业	6

表3　风电上市公司按企业产业链分类

序号	产业链上/下游	数量（个）
1	产业链上游	27
2	产业链下游	15

（二）变量设计与测量

本文变量及代理变量的选择原因、设计与测量如下。

1. 企业创新绩效

本文在研究过程中使用专利申请数据来作为衡量企业创新绩效的指标。由于在数据收集与处理的过程中，某些企业的当期专利申请数据为0，因此，本文将参照其他学者的做法，在专利数据上加1，然后再做取自然对数的处理。

2. 研发投入强度

本文将使用研发投入在总资产中所占的比例来代表企业的创新活动。它的计算公式是研发投入除以企业总资产。对于未披露的，将当期资产负债表中的开发支出、管理费中的研究支出及转让的无形资产的总和作为公司当年的研发总支出。

3. 政府补贴强度

本文在处理数据过程中将采用政府补贴/营业收入来衡量企业的政府补贴强度（*GS*）。

4. 控制变量

影响风电上市企业研发投入与创新绩效的还包括其他因素，为了更好地反映政府补贴的企业研发投入对创新绩效的影响，本文选择的控制变量包括：

（1）股权集中度（*Topshare*）。本文将参考 Choi 等人（2012）的文章，选取公司中最大股东的持股比例作为股权集中度的代理变量。

（2）财务杠杆（*Lev*）。一般采用资产负债率（总负债与总资产之比）来衡量。高资产负债率可以减少管理者的无效投资，提高资金利用率，从而促进企业绩效和技术创新效率的提高。

（3）员工教育程度（*Edu*）。本文采用大专以上学历的员工比例作为员工素质的代表变量。

（4）盈利能力（*ROE*）。本文采用了 *ROE*（普通股所有者权益回报率），其被广泛用来代表企业的盈利能力。

5. 虚拟变量

通过引入虚拟变量，可以将难以用具体数字衡量的某一属性加入模型进行建模，从而衡量该属性对被解释变量的影响。本文引入了所有权性质、企业规模和风电产业链共计 3 个虚拟变量。

（1）企业规模。根据国家统计局于 2017 年年底发布的新的中小企业分类标准，本文对样本企业进行了分类。

（2）所有权性质。本文将根据国泰安数据库中企业股权性质，将企业分为国有企业与民营企业。

（3）产业链。本文将在现有研究基础上，将样本企业分为风电产业链的上游企业与下游企业，其中，上游企业包括资源和零部件制造商及风力发电机制造商，下游企业包括风电场建设和运营企业。

本文所涉及的相关变量定义及其计算方式如表4所示。

表4　变量定义以及计算方式

变量符号	变量定义	计算方式
Patstock	企业创新绩效	当期企业专利申请数量加上1，然后取自然对数
GS	政府补贴强度	政府补贴金额/当期营业收入，取自然对数
RD	研发投入强度	研发投入/企业总资产，取自然对数
Topshare	股权集中度	企业内最大股东持股比例，取自然对数
Lev	财务杠杆	资产负债率，总负债与总资产之比，取自然对数
Edu	员工教育程度	企业内大专以上学历的员工比例，取自然对数
ROE	盈利能力	净资产收益率，净利润与平均股东权益之比

（三）模型设定

本文实证部分建立的多元线性回归模型见式（1）至式（4）。

$$RD_{i,t} = \alpha_1 + \alpha_2 GS_{i,t} + \alpha_3 Con_{i,t} + \varepsilon_{i,t} \tag{1}$$

$$Patstock_{i,t} = \beta_1 + \beta_2 GS_{i,t} + \beta_3 Con_{i,t} + \varepsilon_{i,t} \tag{2}$$

$$Patstock_{i,t} = \beta_4 + \beta_5 RD_{i,t} + \beta_6 Con_{i,t} + \varepsilon_{i,t} \tag{3}$$

$$Patstock_{i,t} = \kappa_1 + \kappa_2 RD_{i,t} + \kappa_3 GS_{i,t} + \kappa_4 Con_{i,t} + \varepsilon_{i,t} \tag{4}$$

其中，$Patstock_{i,t}$表示第i家企业第t年的专利申请数量；$GS_{i,t}$表示第i家企业第t年的政府补贴强度；$RD_{i,t}$表示第i家企业第t年的研发投入强度；$Con_{i,t}$是包含一组控制变量的向量。

式（1）将用于检验假设H_1，也就是政府补贴促进风电上市企业增加研发投入；式（2）将用于检验假设H_2，也就是政府补贴对风电上市企业创新绩效具有正向促进作用；式（3）将用于检验假设H_3，也就是研发投入对于企业创新绩效具有正向促进作用；式（4）将政府补贴与研发投入同时列入本文逻辑框架，分析这两个变量同时对创新绩效的影响，最终将式（4）引入虚拟变量来检验假设H_4、H_5、H_6。

五、实证结果与分析

（一）样本描述性统计

1. 样本总体描述性统计分析

首先用 EViews 9.0 对 2012—2019 年 42 家沪、深两市上市的 A 股风电企业中的企业创新绩效、政府补贴强度、研发投入强度等各个研究变量进行全样本描述性统计分析，表 5 汇总了本文中所有变量的观测值、平均值、标准误差、最大值和最小值。

表 5　全样本描述统计

变量	观测值	平均值	最大值	最小值	标准误差
Patstock	315	148.8127	3219.0000	0	338.1361
GS	315	0.0124	0.4481	0	0.0270
RD	315	0.0174	0.0492	0	0.0113
Topshare	315	0.3992	0.7732	0.1162	0.1498
Edu	315	0.5067	0.9084	0.1380	0.1913
Lev	315	0.4987	0.9274	0.0735	0.1888
ROE	315	0.0507	0.3966	−0.5777	0.0809

由表 5 可知，*Patstock* 的均值是 148.8127，说明风电上市公司创新产出水平高。*Edu* 的平均值是 0.5067，说明风电上市企业总体员工素质水平较高，这主要是因为风电上市企业作为新能源类型企业需要更多的技术专业人才。*Lev* 的平均值是 0.4987，说明我国风电产业的资产负债处于一个比较适宜的水平，相对容易获得金融贷款。*ROE* 的平均值是 0.0507，说明目前中国风电上市企业的盈利水平还需要提高。

2. 面板数据分组描述性统计分析

接下来，为了研究不同所有权性质、不同规模及不同产业链的公司在描述统计上的区别，本文按照相应分类标准对变量进行分类并进行统计性描述。

（1）企业规模分组。从样本分布来看，大部分企业为大型企业，其余企业为中小型企业。从政府补贴强度来看，中小型企业的政府补贴强度高于大型企业的政府补贴强度，可能是因为近年来国家政府出台多项针对中小型企业的补贴措施。从研发投入强度的角度来看，大型企业的研发投入强度远远高于中小型企业的研发投入强度，其原因很可能是，相对于小规模的企业，大规模的企业由于一定的规模化生产和融资优势而带来的规模化经济将对企业的技术创新和国际市场竞争产生重要的影响，从而使企业更加具备了创新的驱动力和勇气，并以自己的创新精神引导企业投入大量的研发资金。从企业专利申请的总体数量上看，大型企业专利申请总数明显比中小微型企业高。（见表6）

表6　企业规模分组描述性统计分析

类别	变量	均值	最小值	最大值	标准差
大型企业	*Patstock*	173.0150	0	3219.0000	362.0328
	GS	0.0122	0	0.4481	0.0287
	RD	0.0176	0	0.0492	0.0109
	Topshare	0.4044	0.1162	0.7732	0.1504
	Edu	0.4923	0.1380	0.9084	0.1875
	Lev	0.5112	0.1297	0.8997	0.1809
	ROE	0.0564	-0.4038	0.3966	0.0756
中小型企业	*Patstock*	14.1875	0	76.0000	15.3964
	GS	0.0137	0.0002	0.0734	0.0140
	RD	0.0165	0.0014	0.0453	0.0135
	Topshare	0.3704	0.1556	0.6639	0.1447
	Edu	0.5863	0.2642	0.8634	0.1943
	Lev	0.4288	0.0735	0.9274	0.2170
	ROE	0.0187	-0.5777	0.1676	0.1010

（2）所有权性质分组。从样本分布来看，大部分风电上市企业为国有企业。从研发投入强度来看，民营企业的研发投入强度高于国有企业，这可能是因为民营企业在研发阶段需要更多的内部资金投入。从国家政府补贴的强度来看，虽然国有企业的政府补贴的强度并没有高于民营企业，但是相对于民营企业，国家的财力补助及政策支持能够为国有企业研发创新提供一个良好的环境。从专利申请数量上来看，国有企业专利申请数量明显超过了民营企业的专利申请数量，由此可见国有企业充分发挥了国有资产的作用。（见表7）

表 7　企业所有权性质分组描述性统计

类别	变量	均值	最小值	最大值	标准差
国有企业	*Patstock*	211.9551	0	3219.0000	432.0787
	GS	0.0103	0	0.0884	0.0106
	RD	0.0166	0	0.0492	0.0125
	Topshare	0.4370	0.1500	0.7732	0.1537
	Edu	0.5539	0.1743	0.9084	0.1737
	Lev	0.5546	0.0735	0.9274	0.1982
	ROE	0.0468	-0.5777	0.2379	0.0923
民营企业	*Patstock*	66.7737	0	779.0000	94.9179
	GS	0.0151	0	0.4481	0.0390
	RD	0.0185	0.0012	0.0453	0.0095
	Topshare	0.3501	0.1162	0.6676	0.1294
	Edu	0.4453	0.1380	0.8634	0.1962
	Lev	0.4259	0.0800	0.7673	0.1474
	ROE	0.0558	-0.2033	0.3966	0.0632

（3）产业链分组。从样本分布来看，大部分风电上市企业是以生产零部件和风力发电机为主的，位于产业链上游。从政府补贴强度来看，作为风电产业链最基本的环节，国家对风电设备和零部件制造商提供了更多的激励和扶持政策。从研发投入角度来看，产业链上游企业的研发投入强度更大，风电设备生产相对于风电场的运营需要更多的研发资金投入。从专利申请数量来看，以生产风电设备为主的产业链上游企业的专利申请数量明显高于以运营和建设为主的产业链下游企业，其主要原因可能是产业链上游企业可以产出更多的发明与新型的专利。（见表 8）

表 8　企业产业链分组描述性统计

类别	变量	均值	最小值	最大值	标准差
产业链上游企业	*Patstock*	180.0291	0	180.0291	408.5183
	GS	0.0136	0	0.4481	0.0323
	RD	0.0198	0	0.0472	0.0107
	Topshare	0.3889	0.1553	0.7732	0.1431
	Edu	0.4780	0.1380	0.8634	0.1671
	Lev	0.4752	0.0735	0.8997	0.1875
	ROE	0.0433	-0.4038	0.1979	0.0711

续上表

类别	变量	均值	最小值	最大值	标准差
产业链下游企业	*Patstock*	89.8165	0	371.0000	101.3570
	GS	0.0101	0.0001	0.0884	0.0112
	RD	0.0128	0	0.0492	0.0110
	Topshare	0.4188	0.1162	0.7707	0.1604
	Edu	0.5608	0.1743	0.9084	0.2210
	Lev	0.5430	0.1336	0.9274	0.1841
	ROE	0.0647	-0.5777	0.3966	0.0956

（二）模型结果分析

1. 单位根检验

首先，进行多元回归分析之前，先对面板数据进行单位根检验。为了避免异方差的问题出现，本文将对企业专利申请数据、政府补贴强度、研发投入强度、最大股权比例、员工教育水平、资产负债率进行取自然对数处理，结果如表9所示。

表9　单位根检验结果

Method		ln *Patstock*	ln *GS*	ln *RD*	ln *Topshare*	ln *Edu*	ln *Lev*	*ROE*
LLC	Statistic	-20.6990	-12.3502	-10.7989	-765.3520	-23.0807	-16.9236	-8.5912
	Prob.	0.0000	0.0000	0.0000	0.0000	0.0000	0.0000	0.0000
IPS	Statistic	-4.6381	-3.2169	-1.2417	-94.3070	-1.4797	-5.3034	-0.9714
	Prob.	0.0000	0.0006	0.1072	0.0000	0.0695	0.0000	0.1657
ADF-Fisher	Statistic	129.0950	115.0380	95.0934	105.5150	86.1495	151.0130	93.6406
	Prob.	0.0000	0.0003	0.0499	0.0024	0.1997	0.0000	0.0828
Fisher-PP	Statistic	136.2030	149.8180	103.6570	91.7404	79.4336	116.7900	146.4080
	Prob.	0.0000	0.0000	0.0130	0.0291	0.3713	0.0018	0.0000

2. 协整检验

从表9可以看出，除变量 *Edu* 外，其他变量的 Prob. 均小于0.1，因此，

ln *Edu* 原序列存在单位根，原序列为非平稳系列。接下来进一步进行一阶差分，结果如表 10 所示。

表 10　一阶差分结果

Method		ln *Patstock*	ln *GS*	ln *RD*	ln *Topshare*	ln *Edu*	ln *Lev*	*ROE*
LLC	Statistic	-19.5770	-19.1225	-11.7204	-442.8040	-18.7552	-22.1252	-10.5109
	Prob.	0.0000	0.0000	0.0000	0.0000	0.0000	0.0000	0.0000
IPS	Statistic	-4.2594	-3.4492	-2.7242	-62.7059	-4.3733	-5.6762	-2.2442
	Prob.	0.0000	0.0003	0.0032	0.0000	0.0000	0.0000	0.0124
ADF-Fisher	Statistic	148.5530	130.6890	123.3190	119.7890	147.9050	165.4980	110.8320
	Prob.	0.0000	0.0001	0.0003	0.0000	0.0000	0.0000	0.0056
Fisher-PP	Statistic	231.6130	312.7040	215.1380	146.6680	176.9360	210.2830	251.5260
	Prob.	0.0000	0.0000	0.0000	0.0000	0.0000	0.0000	0.0000

由表 10 可以看出，所有变量的 Prob. 都远小于 0.1，表示本文的所有变量都是符合一阶单整的序列。接着，对面板数据模型进行协整检验，表 11 为面板数据的协整检验结果。

表 11　协整检验结果

t 统计量	Prob.
1.999783	0.0228

由表 11 可知，检验结果的 *P* 值为 0.0228，拒绝了不存在协整关系的原假设，因此，本文认为模型中 ln *Patstock*、ln *GS*、ln *RD*、ln *Topshare*、ln *Edu*、ln *Lev*、*ROE* 之间存在协整关系，可进行下一步的回归分析。

3. 模型检验

由表 12 可知，式（1）的 *F* 检验值大于临界值 1.89，Hausman 检验的 Prob 值大于临界值 5%，所以式（1）应该建立随机效应模型。式（2）、式（3）和式（4）的 *F* 检验值均大于临界值 1.89，Hausman 检验的 Prob 值小于临界值 5%，所以式（2）、式（3）和式（4）应该建立固定效应模型。

表 12　模型检验结果

公式	F 检验	Hausman 检验 – Prob.	模型选择
式（1）	36.2948	0.9051	随机效应模型
式（2）	31.6489	0.0282	固定效应模型
式（3）	24.0682	0.0000	固定效应模型
式（4）	23.1862	0.0000	固定效应模型

4. 回归结果分析

式（5）检验了风电上市企业政府补贴与研发投入之间的关系：

$$\ln RD = 0.0798\ln GS - 0.4638\ln Topshare - 0.6357\ln Edu - 0.1907\ln Lev + 0.4419ROE - 5.2992 \quad (5)$$

结果显示，政府补贴与风电企业研发投入在 90% 的置信水平下显著正相关，政府补贴增加 1%，将使风电企业研发投入增加 0.0798%，因此假设 H_1 成立。中国政府是风能领域发展的主要驱动力，政府补贴可以为风电企业在研发初期承担部分资金风险，除此之外，政府补贴还发挥了一种信号效应或者认证效应，这意味着政府补贴对私人投资者发出了可以进行良好投资的信号，从微观层面来看，政府补贴会加强风电企业研发投资的意愿。控制变量的回归结果表明，股东最大持股比例和企业的员工受教育程度与研发投入显著负相关，这可能是因为股东在考虑创新风险以后会产生风险规避心理，因此，股东集中程度不同的股权结构也成为企业创新投入的一个影响因素。员工受教育程度增加并没有促进风电企业创新资源投入，这可能是因为本文选择的员工受教育程度的代理变量是大专学历以上员工人数的占比，并不能很好地体现风电企业全体研发人员的学历水平。

式（6）检验了政府补贴与创新绩效之间的关系：

$$\ln Patstock = 0.0856\ln GS - 0.2831\ln Topshare + 0.4519\ln Edu - 0.1533\ln Lev - 0.3164ROE + 4.2647 \quad (6)$$

结果显示，政府补贴与风电企业创新绩效在 99% 的置信水平下显著正相关，政府补贴增加 1%，将使风电企业创新绩效提升 0.0856%，因此假设 H_2 成立，政府补贴可以填补企业创新资金的缺口并减少创新的风险，达到刺激企业创新的目的。控制变量的回归结果表明，股东最大持股比例与企业创新绩效显著负相关。股东的个人财富与公司高度绑定，并且创新活动具有高风险、回报周期长的特征，那么很有可能股东因为风险回避心理而不倾向于进行创新活动。员工受教育程度与企业创新绩效显著正相关，人才是企业发展的基础，高素质的人才不仅使企业拥有良好的工作和学习氛围，为技术创新创造了可能性，而且还直接为企业创新提供了技术和人员的支持。

式（7）检验了研发投入与企业创新绩效之间的关系：

$$\ln Patstock = 0.0583\ln RD - 0.2586\ln Topshare + 0.4690\ln Edu - 0.1986\ln Lev - 0.2806ROE + 4.1009 \tag{7}$$

结果显示，研发投入与风电企业创新绩效在90%的置信水平下显著正相关，风电企业增加1%研发投入，创新绩效就会上升0.0583%，因此假设 H_3 是成立的，即公司的自主创新能力离不开研发投资，研发投入的增加将提升企业研发能力，使企业形成技术创新优势，最终形成新的科技成果。控制变量的回归结果表明，股东最大持股比例与企业创新绩效显著负相关，员工受教育程度与企业创新绩效显著正相关。

式（8）将政府补贴与研发投入同时放入计量模型内：

$$\ln Patstock = 0.0622\ln GS + 0.0389\ln RD - 0.2847\ln Topshare + 0.4497\ln Edu - 0.1596\ln Lev - 0.2487ROE + 4.3153 \tag{8}$$

结果显示，虽然政府补贴、风电企业研发投入与企业创新绩效均为正相关关系，但是，只有政府补贴与风电上市企业的创新绩效在90%的置信水平下显著正相关，相比较式（2）的回归方程，其影响的显著程度有所下降，并且风电企业研发投入不再显著影响企业创新绩效。也就是说，当政府补贴和研发投入同时作用时，并不会对风电企业的创新绩效有增强效果，相比较之前的单一变量，其作用效果还有所下降，说明了风电企业的政府补贴和研发投入之间不存在相互促进的作用，但是这并不意味着风电企业可以仅通过政府补贴而放弃研发投入的方法来提升企业创新绩效，而是需要风电企业平衡好政府补贴和企业内的研发投入。控制变量的回归结果表明，股东最大持股比例与企业创新绩效显著负相关，员工受教育程度与企业创新绩效显著正相关。

5. 分组回归结果分析

接下来将基于式（4）对数据展开分组回归分析。

（1）企业规模分组。

大型企业回归分析方程：

$$\ln Patstock = 0.0638\ln GS + 0.0471\ln RD - 0.3828\ln Topshare + 0.6158\ln Edu - 0.1875\ln Lev - 0.3581ROE + 4.7165 \tag{9}$$

中小型企业回归分析方程：

$$\ln Patstock = 0.0348\ln GS - 0.6534\ln RD + 0.6183\ln Topshare - 1.1462\ln Edu + 0.3915\ln Lev - 0.1984ROE - 0.3779 \quad (10)$$

按照企业规模分组的回归分析结果见表13，虽然大型企业的 *GS* 与 *RD* 系数均为正数，但是只有 *GS* 的系数在90%的置信水平下显著，也就是对于大型风电企业来说，只有政府补贴会很明显对企业创新绩效产生显著影响，并且是正向推动的。中小型企业可能存在样本量过少的问题，其回归结果显示，政府补贴对企业创新绩效的影响并不是特别明显，并且研发投入与企业创新绩效之间还呈现负相关，虽然这一影响并不显著。

表13　企业规模分组回归分析

	大型企业	中小型企业
截距项	4.7165*** (16.1380)	−0.3779 (−0.2003)
ln *GS*	0.0638* (1.8083)	0.0348 (0.2938)
ln *RD*	0.0471 (1.2897)	−0.6534* (−1.8944)
ln *Topshare*	−0.3828*** (−2.9630)	0.6183 (0.7346)
ln *Edu*	0.6158*** (3.8888)	−1.1462 (−1.6685)
ln *Lev*	−0.1875 (−1.2049)	0.3915 (1.1001)
ROE	−0.3581 (−1.1268)	−0.1984 (−0.1562)
R-squared	0.9698	0.7588
Adjusted R-squared	0.9641	0.6851
F-statistic	172.1999	10.29678

注：括号内数字为 *t* 统计量，*代表在10%的水平下达到显著性，**代表在5%水平下达到显著性，***代表在1%的水平下达到显著性。

（2）所有权性质分组。

国有企业回归分析方程：

$$\ln Patstock = 0.0251\ln GS + 0.0230\ln RD - 0.3828\ln Topshare + 0.9007\ln Edu - 0.1371\ln Lev - 0.0441ROE + 4.7925 \quad (11)$$

民营企业回归分析方程：

$$\ln Patstock = 0.1124\ln GS + 0.1181\ln RD - 0.3878\ln Topshare - 0.2401\ln Edu + 0.2719\ln Lev - 0.9852ROE + 4.1768 \quad (12)$$

按照企业所有权性质分组的回归分析结果如表14所示，国有企业的 *GS* 和 *RD* 系数均为正，只有研发投入对国有企业创新绩效的影响在95%的置信水平下显著，也就是对于国有企业来说，政府补贴和研发投入均直接促进了企业的创新绩效，并且研发投入相较于政府补贴的推动效果更加显著。民营企业的 *GS* 和 *RD* 系数也均为正，但是只有政府补贴对民营企业创新绩效的影响在95%的置信水平下显著。从政府补贴的角度来看，民营企业使用政府补贴给创新绩效带来的效益相较于国有企业使用政府补贴产生的效益更加明显。从研发投入的角度来看，国有企业的研发效果更好。

表14　企业所有权性质分组回归分析

	国有企业	民营企业
截距项	4.7925***	4.1768***
	(14.6087)	(8.0053)
ln *GS*	0.0251	0.1124**
	(0.5999)	(2.3871)
ln *RD*	0.0230**	0.1181
	(2.0125)	(1.2716)
ln *Topshare*	-0.1322	-0.3878**
	(-0.6581)	(-2.2474)
ln *Edu*	0.9007***	-0.2400
	(4.6566)	(-0.9474)
ln *Lev*	-0.1371	0.2719
	(-0.6828)	(1.5670)
ROE	-0.0441	-0.9852
	(-0.1273)	(-1.5138)
R-squared	0.9625	0.9649
Adjusted R-squared	0.9554	0.9572
F-statistic	134.8839	124.8044

注：括号内数字为 *t* 统计量，*代表在10%的水平下达到显著性，**代表在5%水平下达到显著性，***代表在1%的水平下达到显著性。

（3）产业链分组。

产业链上游企业回归分析方程：

$$\ln Patstock = 0.1027\ln GS + 0.2066\ln RD + 0.0863\ln Topshare - 0.3499\ln Edu - 0.0021\ln Lev - 0.0021ROE + 5.4547 \quad (13)$$

产业链下游企业回归分析方程：

$$\ln Patstock = 0.0003\ln GS + 0.0496\ln RD - 0.3126\ln Topshare + 2.2688\ln Edu - 0.3399\ln Lev - 0.4506ROE + 4.9234 \quad (14)$$

按照产业链分组的回归分析结果如表15所示，分布在产业链上游的企业的 *GS* 和 *RD* 系数均为正数，皆在90%的置信水平下显著，也就是说，对于分布在产业链上游的企业来说，政府补贴和研发投入均有效促进了企业创新绩效，并且增加研发投入对于其企业的创新绩效的提升更多。对于分布在产业链下游的企业来说，其 *GS* 系数和 *RD* 系数皆为正数，但是二者并不显著。从政府补贴的角度来看，产业链上游企业的 *GS* 系数在90%的置信水平下显著，而产业链下游企业的 *GS* 系数并不显著，也就是说分布在产业链上游的企业使用政府补贴产生的效应更好；同理，从研发投入的角度来看，产业链上游企业的研发效果更好。

表15　产业链分组回归分析

	产业链上游企业	产业链下游企业
截距项	5.4547*** (8.4703)	4.9234*** (4.8225)
ln *GS*	0.1027* (1.9609)	0.0003 (0.0022)
ln *RD*	0.2066* (1.8704)	0.0496 (0.4664)
ln *Topshare*	0.0863 (0.5244)	−0.3126 (−1.0000)
ln *Edu*	−0.3499** (−1.9859)	2.2688*** (4.8894)
ln *Lev*	−0.0021 (−0.0138)	−0.3399 (−0.8775)

续上表

	产业链上游企业	产业链下游企业
ROE	0.1674 (0.3277)	-0.4506 (-0.5449)
R-squared	0.8707	0.8675
Adjusted R-squared	0.8462	0.8371
F-statistic	35.5663	28.4864

注：括号内数字为 t 统计量，*代表在10%的水平下达到显著性，**代表在5%水平下达到显著性，***代表在1%的水平下达到显著性。

六、研究结论与政策建议

（一）研究结论

本文以42家风电上市企业2012—2019年面板数据为研究样本，实证分析了政府补贴对企业研发投入及创新绩效的影响，主要得出以下七条结论。

（1）从式（1）的回归结果来看，政府补贴项的系数为正，并且结果显著（Prob. <0.1），这说明风电上市企业的政府补贴对于企业的研发资金投入具有一定的正向调控作用，同时也体现了风电上市公司确实把政府补贴真正地落实到公司的研发中。

（2）从式（2）的回归结果来看，政府补贴项系数为正且结果显著（Prob. <0.01），说明了风电上市公司所接受的政府性补贴对于风电企业的创新活动具有正向的促进作用，并且其效果显著，政府以补贴的方式促进了风电上市企业的创新活动。一方面，政府的补贴费用作为公共直接投入的一种政府性资金，大大地增加了风电企业科技创新活动的建设和投资以及融资规模与其他相关资金来源，为风电企业开展科技创新活动提供了坚实基础，可以在风电企业内部迅速地形成有效的科学技术知识和资源扩散，弥补了风电企业的科技创新经费来源的不足。另一方面，企业由于获得了政府的补助与支持，其科技创新的成果与项目因而具备巨大的市场潜力，有助于吸引来自全球各地的科技人员参与，促进科技人才研发工程技术与装备的更新换代，进一步增强企业创新和研发主题的驱动力和创新积极性，提高企业的创新绩效。

（3）从式（3）的回归结果来看，研发投入系数为正并且结果显著相关

(Prob. <0.1)，说明风电上市公司增加研发投入对于风电公司创新产品具有正向推动的作用，并且其效果显著，即企业的研发投入也必然会带来风电公司创新产出的大幅度增加，最直接的反映就是企业专利申请数量增加。研发投入发挥着驱动企业内部自主创新的重大作用，正向拉动了创新产出。企业增加研发经费，一方面，将资金用于购买先进的设备、工艺或引进产业前沿的核心技术，不仅可以节省生产成本，而且有助于企业更好地维持创新过程的运转，这样才可以生产出更加高性能的产品；另一方面，充足的研发经费还可以为科研人员提供丰厚的薪酬，为研究人员提供更好的科研平台，从而引进更多科研人才，为公司创新注入活力与动力，一家企业只有拥有更多的高素质的科研专业人才，才可以为公司争取更多的创新收益。

（4）从本文式（4）中得到的数据来看，将政府补贴项与研发投入项同时纳入实证模型时，研发投入项与政府补贴项的系数虽然都为正数，但是，此时只有政府补贴对风电上市企业的创新绩效影响显著，其研发投入的影响并不显著，并且其 *GS* 项的系数较式（7）有所下降，且政府补贴的正向推动作用比研发投入更为明显。这也侧面反映了，可能是存在着研发投入结构不合理，从而导致它们对创新成本的影响比较小，对创新绩效影响不显著。

（5）从按企业规模进行分组的回归结果可以看出，大型风电企业的政府补贴与研发投入均将直接对创新绩效产生促进作用，而这一回归效果在中小型企业并不明显，其主要原因很可能是大型企业的研发管理机构设置比较健全，对研发投入的支持和利用也可能更具有针对性，因此企业补贴到研发投入中的经费就较多，其创新型工程技术的实质和经济性就较高。除此之外，金融机构往往会根据一个企业规模的变化程度和规模大小等情况来综合评价其偿付贷款的风险和能力，可以这么说，规模大的企业比起规模小的公司将更容易得到融资或者贷款。

（6）从对企业所有权进行分组的回归调查结果看，对非国有企业，政府的补贴对企业技术创新成本影响更为显著。一方面，国有企业相对于非国有企业更容易取得政府的扶持，并且扶持金额也相对较多，挤出效应就会促使国有企业相应地减少在技术研发上的资金投入，实际上这样的做法也就极大地增加了一些国有企业的利润，因此，国有企业就会极大地降低了自身努力追求创新来提升其竞争力的积极性，从而大大降低了其创新的绩效。另一方面，国有企业的产权结构、用人机制、组织结构、薪酬机制、企业文化、管理理念、内部培养和竞争机制等问题可能还会造成政府补贴未能全部投入研发行为中。

（7）从按产业链分组的回归分析结果来看，风电产业链上游企业的创新绩效受政府补贴以及研发投入的影响显著，其原因可能是产业链上游企业多为风能资源开发与零部件制造商，这些企业的创新发展，相比较于产业链下游的风电场建设与运营的企业，对于资金更加敏感，也更加需要政府的激励与扶持。

（二）政策与建议

根据前文得出的研究结论，本文主要提出以下三条政策与建议。

1. 针对风电产业链的政策建议

风电技术进步是推动风电产业发展的核心动力。目前，我国许多新型风电驱动装置设计制造商和厂家已经基本具备了相当程度的企业自主研发创新能力，在各种新型大容量、超高功率容量的新型风电驱动装置及其风力发动车和机组的设计研制上都已经成功取得了一些重要阶段性的新成果。当前，政府应当注重风电产业链中企业的协调合作，因为重复生产很可能会导致整个风电产业的生产浪费和价值损失。风电价格低廉，如果风电开发商无法获得合理的回报，风电设备的制造商也受到了价格的压制，将无法保证整个风电产业链的利润，因此，可以考虑在降低风机生产成本的同时，促进产业链的协同和稳定发展。

2. 针对国有企业与非国有企业的政策建议

政府在向企业发放技术创新补贴时，可以侧重向国有企业以外的其他所有制企业提供技术创新补贴。民营企业在基础研究领域扮演着重要的角色，而部分国有企业的经营者追求的目标往往是其任职期间个人收益的最大化，这也是导致国企创新乏力的主要原因之一。因此，要推动国有企业未来高质量的发展革新。首先，应该在企业内部优化领导干部选拔考核制度；其次，应提高国有企业突破核心技术的能力；最后，要进一步释放国有企业科技人才的活力。

3. 针对中小型风电企业的政策建议

一方面，政府应当建立一个科学技术资源共享的平台，以促进产业内创新技术、研发资金和科研人才的自由流动，为企业提供创新和学习的良好环境；另一方面，政府应当为中小企业提供更为宽松的政策环境和政策待遇，缩小行业内创新绩效的差距。

参考文献：

[1] 丁金金，张峥．政府补贴、研发投入对企业创新绩效的影响：基于制造业内行业异质性视角[J]．经济研究导刊，2020（32）：9－11.

[2] 洪进，洪嵩，赵定涛．技术政策、技术战略与创新绩效研究：以中国航空航天器制造业为例[J]．科学学研究，2015，33（2）：195－204.

[3] 李海东，马威．投入端视角下高技术产业技术创新效率影响因素研究[J].科技管理研究，2014，34（10）：126－130.

[4] 李万福，杜静，张怀．创新补助究竟有没有激励企业创新自主投资：来自中国上市公司的新证据[J].金融研究，2017（10）：130－145.

[5] 宋鹏．我国政府研发补贴与企业创新绩效及研发能力关联性研究[J].软科学，2019，33（5）：65－70.

[6] 唐建荣，李晴．治理结构、R&D投入与绩效的逻辑分析：兼议政府补助的作用路径[J].审计与经济研究，2019，34（2）：67－78.

[7] 吴剑峰，杨震宁．政府补贴、两权分离与企业技术创新[J].科研管理，2014，35（12）：54－61.

[8] 吴松彬，张凯，黄惠丹．R&D税收激励与中国高新制造企业创新的非线性关系研究：基于企业规模、市场竞争程度的调节效应分析[J].现代经济探讨，2018（12）：61－69.

[9] 伍健，田志龙，龙晓枫，等．战略性新兴产业中政府补贴对企业创新的影响[J].科学学研究，2018，36（1）：158－166.

[10] 薛庆根．高技术产业创新、空间依赖与研发投入渠道：基于空间面板数据的估计[J].管理世界，2014（12）：182－183.

[11] 张辉，刘佳颖，何宗辉．政府补贴对企业研发投入的影响：基于中国工业企业数据库的门槛分析[J].经济学动态，2016（12）：28－38.

[12] 张兴龙，沈坤荣，李萌．政府R&D补助方式如何影响企业R&D投入：来自A股医药制造业上市公司的证据[J].产业经济研究，2014（5）：53－62.

[13] 邹彩芬，刘双，王丽，等．政府R&D补贴、企业研发实力及其行为效果研究[J].工业技术经济，2013，32（10）：117－125.

[14] ARROW K J. The Economic implications of learning by doing [J]. Review of economic studies，1962，29（80）：155－173.

[15] BART L，BART V. R&D spillovers and productivity：evidence from U. S. manufacturing microdata [J]. Empirical economics，2000，25（1）：20－29.

[16] CHOI S B，PARK B I，Hong P. Does ownership structure matter for firm technological innovation performance? The case of Korean firms [J]. Corporate governance：an international review，2012，20（3）：267－288.

[17] SCOTT J. Wallsten. The effects of government-industry R&D programs on private R&D：the case of the small business innovation research program [J].

The RAND journal of economics, 2000, 31 (1): 33 –39.
[18] ZHAO X G, WEI Z. The technical efficiency of China's wind power list enterprises: an estimation based on DEA method and micro-data [J]. Renewable Energy, 2019, 133: 470 –479.
[19] YU F, GUO Y, LE-NGUYEN K, et al. The impact of government subsidies and enterprises' R&D investment: a panel data study from renewable energy in China [J]. Energy policy, 2016, 89: 106 –113.

中国绿色低碳产业融资效率及影响因素研究

周四清　覃　媛①

摘　要：基于DEA-Tobit模型探究中国绿色低碳上市企业的融资效率及影响因素。研究结果表明：我国绿色低碳上市企业的融资效率偏低，其主要受制于较低的纯技术效率；子产业中新能源汽车产业的融资效率最高，其次是节能环保产业，最后是新能源产业。大部分企业处于规模报酬递增或规模报酬递减阶段。企业融资效率六年间呈现出下降的趋势。地区GDP生产总值、高管年度报酬总额与总资产总额三个指标有利于提高绿色低碳企业的融资效率，政府补助、财务费用对绿色低碳企业融资效率具有显著的负向影响。

关键词：绿色低碳产业；融资效率；DEA-Tobit 模型

一、引言

（一）研究背景及意义

1. 研究背景

根据英国石油公司（BP）公布的《世界能源统计年鉴2020》（*Statistical Review of World Energy* 2020）显示，2019年全球新能源的消耗量仅占一次能源的15.7%②，传统能源仍在大部分国家的能源生产消费结构中占主导地位。随着资源短缺、气候变化等全球性问题变得越来越紧迫，推进以低能耗、低排放、低污染为基本特征的绿色低碳产业与经济增长模式正逐渐成为世界各国的共识与行动。2020年9月，中国首次提出了“2060年碳中和”目标，与2030

---

① 周四清：博士，暨南大学经济学院副教授，硕士研究生导师。研究方向：国际投资与可持续发展。电子邮箱：zsqhu2004@163.com。覃媛：暨南大学经济学院硕士研究生。

② Bp：*Statistical Review of World Energy* 2020，https：//www.bp.com/en/global/corporate/energy-economics/statistical-review-of-world-energy.html，2020-6-17。

年前碳排放达峰共同组成“30·60目标”，标志着中国全面进入绿色低碳时代。欧盟、美国、日本、德国等国家和地区也在2020年设立了“净零排放”的目标，这意味着“全球绿色低碳经济之战”已正式开始。加快绿色低碳产业的培育和发展，已成为各国加快经济转型升级和提高国际竞争力的重要举措。2016年，国务院发布的《“十三五”国家战略性新兴产业发展规划》将节能环保、新能源和新能源汽车三个领域整合为绿色低碳板块，确立了绿色低碳产业在我国发展规划中的重要地位。2016年12月22日，中国发展和改革委员会印发的《“十三五”节能环保产业发展规划》提出了要尽快推动节能环保产业成为国民经济的一大支柱产业；在已披露的2021年地方政府工作报告中，云南等11个省市区在报告中将发展光伏等新能源产业作为最高行动纲领，宁夏、湖南、浙江等八省市把新能源产业列入2021年工作重点内容之一，中央和地方政府的重视持续推动新能源产业的高速发展；2020年10月20日，国务院正式印发《新能源汽车产业发展规划（2021—2035年）》，表明了推动新能源汽车产业高质量发展的决心。这些政策均表明了绿色低碳产业已成为未来发展的重点产业。当前，新冠肺炎疫情给全球经济带来严重冲击，世界经济增长动力不足，各国都在寻求新的经济增长点，同时环境退化、资源过度开发等现实问题也阻碍着经济发展。发展绿色低碳产业不仅是为了获得经济效应，更是为了缓解当前生态保护与经济发展之间的矛盾。

近年来，随着产业关键技术的不断突破和规模的迅速扩大，我国绿色低碳产业发展迅猛。2019年，我国节能环保总产值达88700亿元，新能源汽车销量为120.6万辆，新能源发电装机达到8.2亿千瓦。尽管我国的绿色低碳产业已经进入成长期，但鉴于绿色低碳产业进入壁垒高、产业链长、回报周期较长的特点，产业内企业不仅融资需求大，而且融资风险高，因而目前难以获得大额的融资。传统产业起步早，发展至今已具备较完善的规模，传统产业的融资问题亦已获得学者们的广泛研究，而绿色低碳产业属于战略性新兴产业，对其融资问题的研究是目前研究热点之一。要推动绿色低碳产业成为我国的支柱产业，就必须对其融资效率及影响因素进行科学评价，这样才能从根本上解决绿色低碳企业在融资方面出现的难题。

2. 研究意义

（1）就理论意义而言，首先，绿色低碳产业属于高新技术产业，其融资特点与传统产业有很大差异，目前关于绿色低碳产业融资方面的文献著作较少，且大部分是基于定性分析，本文可以对该方面的文献进行补充。其次，筛选和构建合理的投入产出指标体系，有助于补充和完善用于评价企业融资效率的指标体系。再次，运用DEA方法计算绿色低碳样本企业的融资效率，能够直观地了解整个产业的融资效率，为后续融资效率影响因素的实证奠定基础。最后，从宏观、微观角度考察我国绿色低碳企业融资效率的影响因素，可以为其他高新技术或战略性新兴产业融资政策实施的可行性提供有力的理论支持。

（2）就现实意义而言，一方面，发展绿色低碳产业是我国当前培育新经济、积聚新动能、发展新优势的重要组成部分。与其广阔的发展前景和重要战略地位不匹配的是，融资方式少、融资效率不高、配置资金低效等问题严重阻碍了该产业的健康发展。本文通过定量与定性相结合的方法研究我国绿色低碳产业的融资现状与存在问题，探索绿色低碳企业融资效率的影响因素，对帮助产业摆脱融资困境提供指导。另一方面，对绿色低碳产业的融资效率的影响因素展开研究，从宏观上看，可以帮助相关方更好地了解绿色低碳企业真正的融资需求，对引导企业尽早走出融资约束，助力产业结构优化升级具有重要的战略意义；从微观上看，通过对比企业个体融资效率的差异，融资低效率的企业能以其他融资高效率的企业为参照，找出自身融资方面的劣势，以优化企业个体的融资决策，对改善我国绿色低碳产业整体融资效率低下的情况具有积极的现实意义。

（二）有关企业融资效率影响因素的文献综述

影响企业融资效率宏观方面的因素包括宏观经济环境、金融市场发展水平、政府补贴等。张玉喜、赵丽丽（2015）的研究表明，政府支持与我国科创型企业的融资效率显著负相关，金融发展水平、企业社会资本与我国科创型企业的融资效率显著正相关。曾刚、耿成轩（2018）的研究表明，地区生产总值、技术市场交易规模等外部变量对京津冀战略性新兴产业融资效率具有正向作用。宋云星、陈真玲（2020）的研究表明，经济政策的不确定性对我国民营企业融资效率有负面影响。

影响企业融资效率的微观因素包括企业各项财务指标。陈肖敏（2015）研究得出，资产负债率、营业利润率、营业成本率与航运上市公司的融资效率显著相关，公司规模和股权集中度的影响不显著。谢婷婷、马洁（2016）的研究表明，盈利能力、融资结构等对我国西部节能环保产业上市企业融资效率具有显著的负面影响，上市年龄对其产生显著的正向效应。

部分学者同时考虑了企业的内外部条件，更全面地考察了融资效率的影响因素。潘永明、喻琦然等（2016）的研究表明，企业规模扩大、企业质量和地区生产总值增长率提高有助于改善企业的融资效率，债权融资额、大股东持股比例增加和消费者价格指数提高均会抑制节能环保企业的融资效率。王伟（2020）对西部地区战略性新兴产业上市公司的融资效率开展实证研究，研究结果表明，西部地区战略性新兴产业上市公司融资效率与地区生产总值增长率和政府补贴额同向变动，企业的盈利能力与偿债能力与战略性新兴产业融资效率显著正相关。

（三）绿色低碳产业发展现状分析

1. 新能源产业现状分析

新能源是指传统能源之外的各种能源形式，主要包括太阳能、地热能、风能、海洋能、生物质能和核聚变能等。目前新能源产业已经在我国形成了一定规模，现阶段我国主要将新能源用于电能的转换上。经过近十年的飞速发展，我国新能源装机量和设备制造能力位居世界第一。如图 1 所示，2012—2020 年我国新能源发电装机容量逐年增长，这说明我国新能源产业的能源替代效用逐渐增强。截至 2020 年底，我国新能源发电装机容量达到了 5. 85 亿千瓦，同比增长 26. 57%，占总电力装机比重的 26. 58%。其中，风电为 2. 82 亿千瓦，太阳能发电为 2. 53 亿千瓦，核电为 4989 万千瓦。但目前我国还是主要依靠火力和水力发电，如图 2 所示，2020 年新能源发电仅占发电总量的 14. 3%，其中风电占 6. 1%，核电占 4. 8%，太阳能发电占 3. 4%。在国家的支持下，新能源行业发展迅猛，2019 年新能源行业的营收规模突破 1 万亿元，且新能源龙头企业实力明显增强，据 2020 年“全球新能源企业 500 强”榜单统计，我国有 207 家企业入围，占 41. 4%。而美国和日本分别只有 69 家和 54 家企业入围，分别位居世界第二位和第三位。

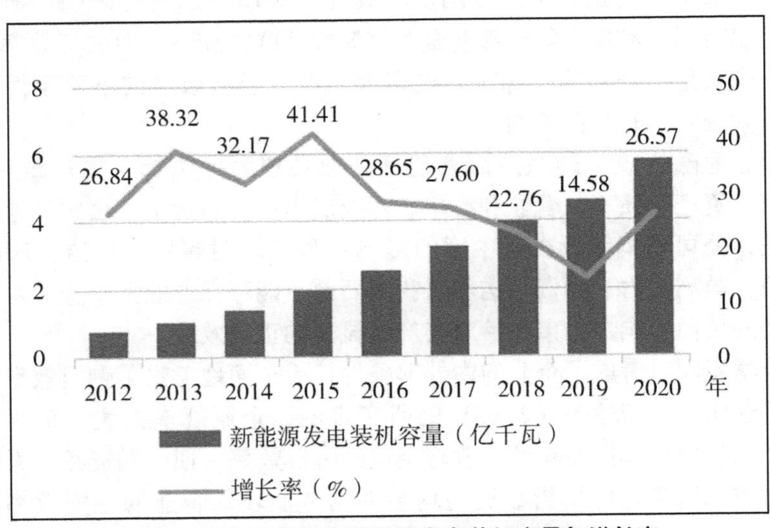

图 1　2012—2020 年新能源发电装机容量与增长率

（数据来源：Choice 数据库）

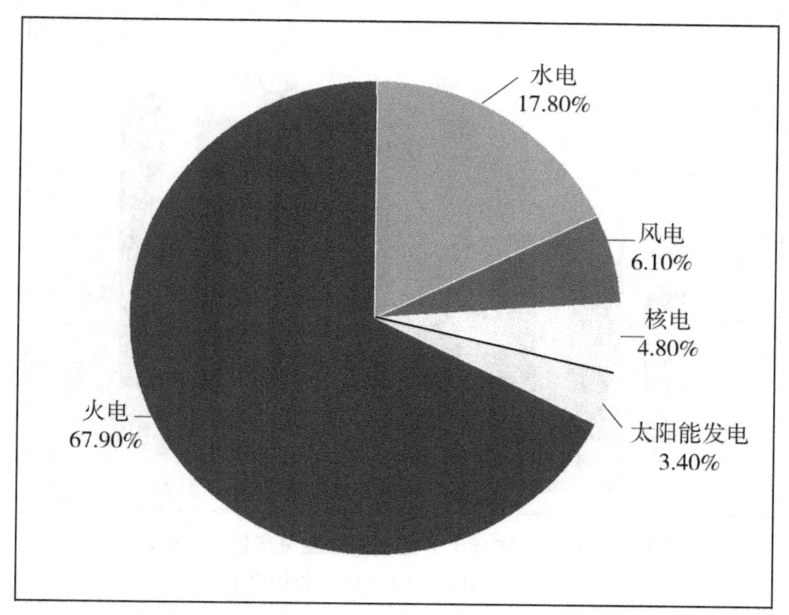

图 2　2020 年 1—12 月全国发电量统计分布
（数据来源：中国电力企业联合会）

2. 节能环保产业发展现状

从图 3 可以看出，我国节能环保产业产值由 2012 年的 3.1 万亿元增加至 2019 年的 8.87 万亿元，年均增长率约 16%，远超国民经济增长速度。尽管节能环保产业发展态势良好，但其占据国民经济的比重不高，对 GDP 的拉动作用较弱。从企业规模看，我国目前 90% 以上的节能环保企业都是中小型企业，大型企业占比较小，且 80% 以上的产业营业收入集中于占比约 10% 的营业收入过亿的企业。从地域分布来看，东部地区的节能环保产业优势明显且主要分布在广东、山东、浙江、江苏四地，2019 年东部地区的环保企业的营业收入占比为 67.4%，对我国环保产业总产值贡献率最大，这说明我国节能环保产业的产业集聚性明显，但目前我国节能环保行业的集中度较欧美等发达国家还有一定差距。

3. 新能源汽车产业发展现状

经过多年的努力，我国新能源汽车产业的发展取得了良好的成绩。2013—2018 年，我国新能源汽车销量翻倍增长，其中 2015 年新能源汽车销量翻了 3 倍有余。2019 年 6 月，新能源汽车补贴大幅减少之后，我国新能源汽车销量全面下滑，同比下降了 4.0%。2020 年销量回升至 136.7 万辆，创历史新高，

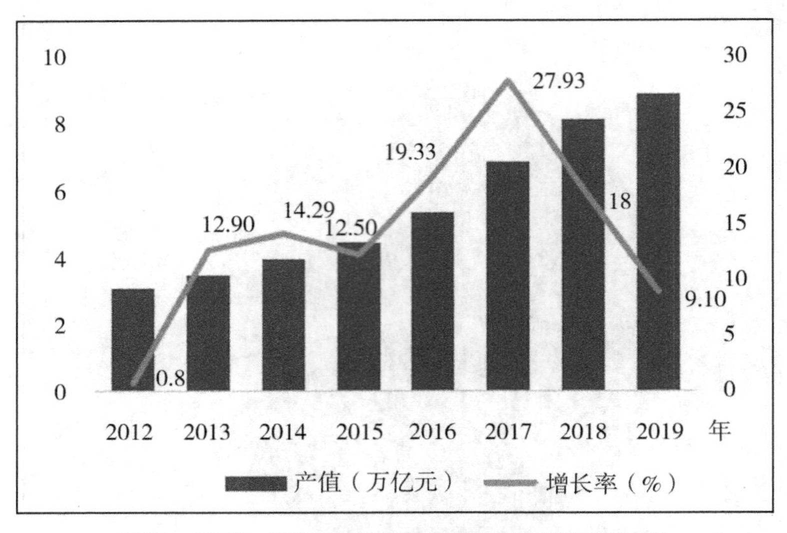

图3　2012—2019 年节能环保产业总产值与增长率

（数据来源：中国汽车工业协会）

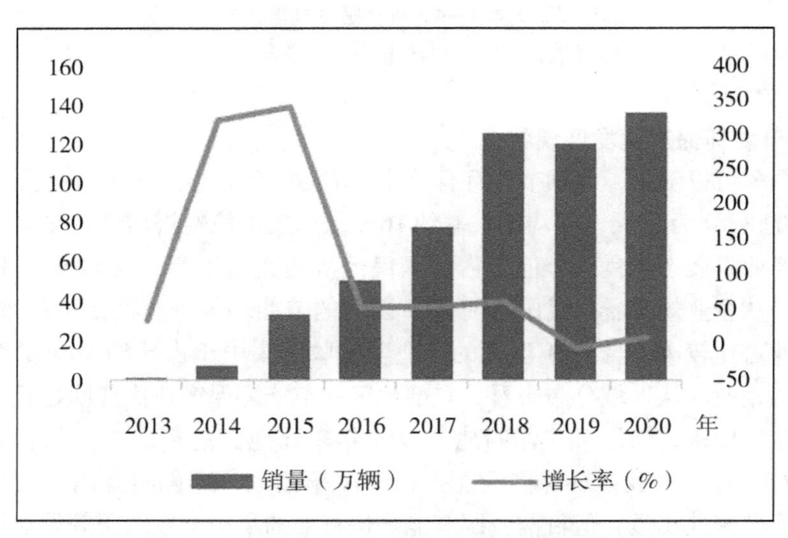

图4　2013—2020 年新能源汽车销量与增长率

（数据来源：中国汽车工业协会）

增速由上年的 -4.0% 转至 10.9%（见图4）。其中，纯电动汽车产销分别完成 110.5 万辆和 111.5 万辆，分别同比增长 7.5% 和 10.9%；插电式混合动力汽车产销分别完成 26 万辆和 25.1 万辆，分别同比增长 5.4% 和 11.6%。燃料电池汽车的产销均完成 0.1 万辆，分别同比下降 57.5% 和 56.8%。新能源汽车在整体发展向好的同时，也存在着很多亟须解决的问题。目前，新能源汽车市场总体呈现高端放量、低端爆发、中端不如人意的情况，整车销售仍然是新能源汽车的主要盈利模式，加上当前行业规模有限，企业资金投入大，产出低于预期。虽然新能源汽车在操控性、舒适性、环保性等方面优于燃油汽车，但未因此形成高溢价。此外，新能源汽车的安全性问题也有待解决，近年来频频发生的电动汽车失火和汽车“缺芯”事件暴露出我国新能源汽车产业在核心技术攻关方面还有待加强。

（四）绿色低碳产业融资现状分析

1. 新能源产业融资现状

随着新能源产业的高速发展，在过去几年中，众多中国企业进入了新能源产业。目前我国已成为新能源设备制造的世界领先者，光伏发电与风力发电都是全球最大市场，然而近两年部分新能源企业由于在融资方面遇到困难，被迫逐步缩减规模甚至被淘汰。从图 5 可以看出，我国新能源产业投融资事件数的波动幅度较大，2009—2017 年期间我国新能源产业的投融资事件数量有增有减，但整体呈向上趋势。2018 年新能源产业投融资事件数骤减至 68 件，2019 年新能源产业的投融资事件数为 70 件。从新能源行业的投融资规模来看，2009—2019 年新能源行业投融资规模大致呈现出先增后减的趋势。2017 年新能源行业投融资规模达到 254.25 亿元的高峰，随后 2018 年投融资规模出现回

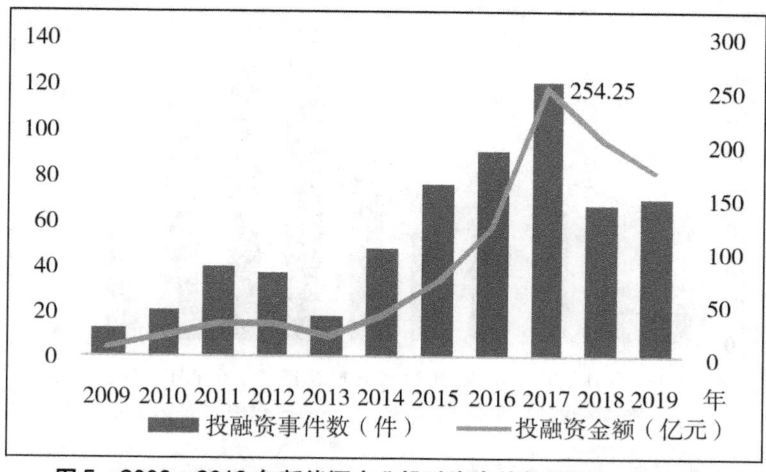

图 5　2009—2019 年新能源产业投融资事件数量与投融资金额

（数据来源：中国汽车工业协会）

落，同比下降18.65%，2019年投融资规模同比下降14.78%。

目前我国大部分新能源企业的融资渠道较单一，主要依靠股东出资、银行贷款、上市融资及发行债券等方式。风险投资、私募股权融资、融资租赁、碳交易等新型融资方式在我国新能源企业中仍应用得较少。我国新能源企业尤其依赖于银行信贷融资，但不同企业的融资待遇区别较大，符合国家产业导向且具有国企背景的新能源企业较容易获得商业银行贷款，一些新能源民营企业由于治理结构尚不成熟、风险控制能力较弱、技术发展水平较低，其获取商业银行贷款的条件更为严苛，因此新能源产业整体的融资前景仍然严峻。

2. 节能环保产业融资现状

我国目前对节能环保产业的投入远远低于发达国家，节能环保产业的融资状况不容乐观。从图6可以看出，我国的节能环保产业2009—2018年的投融资事件数与投融资金额波动幅度较大，变化趋势并不稳定，投融资事件数与投融资金额在2015年分别达到为75件和82.66亿元，随后两年投融资金额出现小幅的回落。近两年，受资管新规、金融去杠杆化和PPP库存清算等工作的影响，节能环保产业在2018年遭遇了大规模的投融资困境。2018年，节能环保产业的投融资事件数由2017年的71件降至35件，但投融资金额回升至86.78亿元。

20世纪80年代以前，我国节能环保项目融资基本是通过政府渠道，以财政拨款的形式进行融资。20世纪80年代以后，环境污染问题日趋严重，单纯依靠政府财政已经难以满足环保产业的融资需求，融资渠道也已从单一渠道转

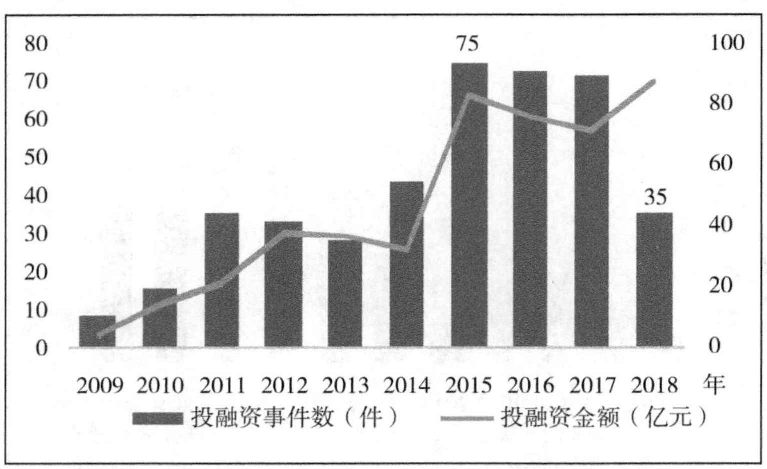

图6 2009—2018年节能环保产业投融资事件数与投融资金额

（数据来源：前瞻产业研究院）

变为多种渠道，由单一主体转变为多个主体，逐步形成多元化的投融资模式，其中较常用的渠道包括专项环保基金、抵押贷款等形式。目前，我国节能环保产业主要依靠银行贷款进行筹资，尽管2019年以来节能环保产业中使用股权、债券等融资方式的情况有所增加，但绿色金融、PPP融资、BOT融资、合同能源管理项目等新型融资方式尚未在节能环保产业中被普及。

3. 新能源汽车融资现状

在国家利好政策的推动下，我国新能源汽车产业已具有相当规模。随着新能源汽车发展趋势向好，多方资本表示看好新能源汽车的潜力，新能源汽车产业的融资事件与融资金额成倍增加。图7为我国2011—2020年新能源汽车的投融资数据，其中，2011—2014年为我国新能源汽车产业的初创期，产业的投融资事件数与投融资金额都处于较低水平，2015年新能源汽车产业步入成长期，投融资事件逐渐增多，投融资金额也大幅度上升。2011—2020年新能源汽车行业的投融资事件数呈现倒“U”形，其中，2016—2018年投融资事件数连续3年超过160件，2017年达到峰值为185件，相比2012年增长了23倍有余。新能源汽车的投融资金额2011—2018年呈现直线上升的趋势，2019年新能源汽车行业融资进入调整期，投融资事件数与投融资金额均有所下降。2020年，虽然新能源汽车行业投融资事件量减少，但投融资金额首次突破千亿元达到1292.1亿元，同比增长159.35%，这反映了投资方更倾向于行业内发展稳定的高质量企业，随着政府补贴退坡，部分企业由于缺乏资金被迫退出行业，行业洗牌进入白热化阶段。

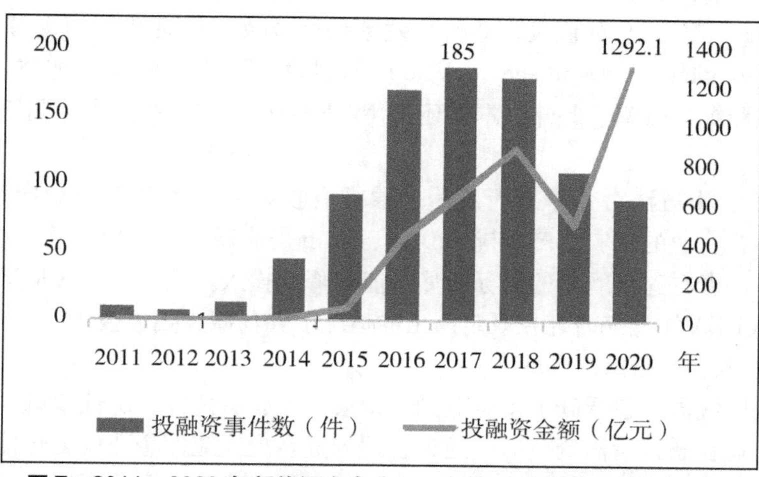

图7　2011—2020年新能源汽车产业投融资事件数量与投融资金额

（数据来源：企查查）

纵向来看，新能源汽车产业是最受资本看好的绿色低碳产业，尤其在2016—2020年期间，新能源汽车产业的投融资金额远超其他两类绿色低碳子产业。新能源汽车产业的投资方主要由社会资本方、国有资本方和互联网巨头构成，社会资本方代表有鼎晖投资、红杉资本、高瓴资本、经纬中国、晨兴资本、济源资本；国有资本方代表有国调基金、国新科创基金、国股招商、合肥建投等；互联网巨头代表有腾讯投资、蚂蚁金服、字节跳动、阿里巴巴、百度、京东数科等。当前，我国新能源汽车产业延续了传统的汽车金融服务体系，融资模式比较单一，主要集中在风险投资（venture capital，VC）、私募股权投资（private equity，PE）、银行贷款、汽车金融公司等方向。

二、实证研究设计

（一）融资效率的测量

1. DEA方法的模型选择

DEA方法通常采用CCR模型、BCC模型、FG模型、ST模型、Log-DEA模型及SBM模型等。其中，FG模型适用于在规模效应非增的条件下；ST模型适用于在规模效应非减的条件下；Log-DEA模型是基于Cobb-Douglas生产函数提出的DEA模型；SBM模型则考虑了松弛变量。因以上四种模型的单一形式皆不适用于本文的研究思路和目标企业，故本文结合CCR模型与BCC模型全面评价企业的融资效率状况。其中，CCR是基于规模收益不变（constant returns to scale，CRS）的假设，即所得效率是综合效率；而BCC是基于规模收益可变（variable returns to scale，VRS）的假设，即所得效率为纯技术效率、规模效率和综合效率。此外，本文还采用DEA-Malmquist指数模型测算生产率变化。

采用DEA方法对效率进行度量，通常有投入导向型和产出导向型两种。本文在结合企业的现实生产情况后认为，上市企业通常会制定年度产值目标，并要求管理者在这个既定的目标内尽可能地降低投入。因此，本文将选取投入导向型的DEA模型来研究在既定产出的情况下如何减少要素投入。

2. 投入、产出指标选取

现阶段我国绿色低碳上市企业的融资渠道主要有两种，即债权融资和股权融资。企业在融入所需资金后，通过合理的资金配置应使企业的营运能力、盈利能力、成长能力增长。绿色低碳产业属于技术密集型产业，所以企业会将大量筹集的资金用于技术研发。因此，本文选取了能够衡量企业股权融资能力、债权融资能力、融资风险的 3 个指标变量作为投入指标，反映企业盈利能力、营运能力、成长能力、技术竞争能力的 4 个指标变量作为产出指标。具体的投入、产出指标见表 1。

表 1　绿色低碳企业融资效率投入、产出指标汇总

一级指标	二级指标	三级指标
投入指标	股权融资能力	机构持股（流通股）比例
	债权融资能力	总负债
	融资风险	产权比率、资产负债率
产出指标	盈利能力	净资产收益率
	营运能力	总资产周转率
	成长能力	每股收益增长率
	技术竞争能力	无形资产总额

（二）变量设计

本文以 DEA 方法计算出的综合技术效率值作为被解释变量。在对相关指标进行筛选与整理之后，选取了 7 个指标作为解释变量，分别为宏观经济运行状况、金融行业发展水平、政府环境变量、股权集中度、财务管理水平、管理层报酬、企业规模。

1. 宏观经济运行状况

宏观经济运行状况是我国产业运行良好的重要保障，本文采用绿色低碳上市企业所在省份的地区生产总值衡量地区的宏观经济运行状况。一般来说，一个地区的宏观经济运作越好，则该地区的产业发展越佳，企业的各项财务指标表现越佳。

2. 金融行业发展水平

一个地区的金融行业发展水平更高，说明该地区的融资成本更低、融资渠道更多，企业更加容易获取资金。社会融资规模是指一定时期内实体经济从金融体系获得的资金总额，由于每个省份的金融行业发展水平存在着差异，本文采用企业所在省区社会融资规模表示该地区的金融行业发展水平。

3. 政府环境变量

绿色低碳产业在发展的各个阶段都需要大量的科研创新投入。我国一直以来给予了绿色低碳企业一系列的政策扶持与补贴政策，政府支持也给公众带来了示范效应，有助于绿色低碳企业融资渠道的多元化。显然，政府补贴也是影响绿色低碳企业融资效率的关键性外部因素，本文采用报告期内企业获得的政府补助来表示政府环境变量。

4. 股权集中度

股权集中度反映了企业的股权分布情况。股权集中度高的上市企业内部，股东对参与公司事务的积极性更高，这可以大大提高决策效率，提高资金的配置效率；然而股权集中度过高也会导致大股东的权力无法被牵制，中小股东无话语权，容易出现决策失误，比如滥用资金等行为，从而对企业融资效率产生影响。本文采用前十大股东持股比例表示企业的股权集中度。

5. 财务管理水平

财务管理涉及企业资金的筹集与配置。财务管理水平高的企业往往能够合理地筹集与配置资金，大大降低企业经营全过程的成本，有利于提高企业的融资效率。本文采用企业的财务费用来表示财务管理水平，财务费用越高，说明企业的财务管理水平越低。

6. 管理层报酬

股东与高管在企业内追求的利益不一致，采取适当的激励手段可以缓解二者之间的利益矛盾。高额的薪酬可以激励企业管理层做出有利于股东价值的最优决策，从而有利于企业资金最优运作。本文采用高管年度薪酬总额来表示管理层报酬。

7. 企业规模

一方面，大规模企业具备了雄厚的资金实力，更容易获得规模效应。另一方面，大规模企业在市场上的信誉良好，相较于小企业更容易筹措到金融资源，因此其融资成本相对于中小型企业更低。然而大规模企业的管理层级较多，问题处理反馈时间较长，信息不对称问题更严重，因此在管理决策方面不如小规模企业。可见，企业规模对融资效率的影响不能够凭借主观推测。资产总额指企业拥有或控制的全部资产，包含了负债与所有者权益，本文采用企业资产总额反映企业的规模。

（三）数据来源

选取沪深股票中概念类股票分类标准下节能环保、新能源、新能源车板块的2014—2019年的数据作为样本。根据数据的准确性与完整性，剔除了数据缺失与财务数据异常的ST、*ST企业，共获得在2014年以前上市的128家企业，其中节能环保企业40家，新能源企业43家，新能源车企业45家。DEA模型要求决策单元个数至少是投入与产出指标之和的3倍以上，本文的样本容量为128，满足DEA有效规则。另外，本文研究的时间范围为6年，满足

DEA-Malmquist 指数模型不得少于 6 年面板数据的要求。此外，DEA 模型要求所有样本数据为大于 0 的正数，本文已对所有输入、输出数据采取线性转化法进行无量纲化处理，使所有指标数据转化为 0 到 1 之间的正数，不会对 DEA 模型输出的效率结果产生实质性影响。原始数据来源于 Choice 金融终端。

（四）Tobit 模型构建

运用 DEA 模型测算出来的绿色低碳企业的融资效率值是（0，1］内的离散数值。对于该类被解释变量的某些观察值被压缩到某个点上的数据，用普通的最小二乘法进行回归会使估计结果产生偏差。Tobit 模型也被称为受限因变量模型，适用于因变量有截断或受限情形的回归问题。Tobit 模型包含两个部分，一是截距因变量，二是满足约束条件下的连续变量方程，当因变量只能以受限的方式被观察到时，可以采用 Tobit 受限因变量模型进行回归分析。Tobit 模型的上下限为开区间，观测的因变量应该包含在内，为了使所有的效率值均被观测到，本文在实际操作当中设置 Tobit 模型的下限为 0，上限为 1.01。基于以上对我国绿色低碳企业的影响因素的分析，本文建立的 Tobit 受限因变量回归模型及相关变量说明见式（1）和表 2。

$$Efficiency_{it} = \alpha + \beta_1 \ln GDP_{it} + \beta_2 \ln Fin_{in} + \beta_3 \ln Sub_{it} + \beta_4 OWn_{it} + \beta_5 FE_{it} + \beta_6 \ln Rew_{it} + \beta_7 \ln size_{it} + \varepsilon_{it} \tag{1}$$

表 2　Tobit 模型变量的选取与说明

变量类别	变量缩写	变量名称	变量解释
被解释变量	$Efficiency_{it}$	DEA 综合技术效率	融资效率
解释变量	$\ln GDP_{it}$	ln（企业所在省区的地区生产总值）	宏观经济运行状况
	$\ln Fin_{it}$	ln（企业所在省区社会融资规模）	金融行业发展水平
	$\ln Sub_{it}$	ln（政府补助）	政府环境变量
	Own_{it}	前十大股东持股比例	股权集中度
	FE_{it}	财务费用	财务管理水平
	$\ln Rew_{it}$	ln（高管年度薪酬总额）	管理层报酬
	$\ln Siz_{it}$	ln（总资产）	企业规模
随机干扰项	ε_{it}	排除解释变量以外的所有干扰因素	

三、实证结果

（一）绿色低碳上市企业融资效率分析

1. 融资效率整体性分析

总体来看，绿色低碳企业2014—2019年的平均综合技术效率为0.6788，说明我国绿色低碳产业的融资效率当前处于较低的水平，其中平均纯技术效率为0.7259，平均规模效率为0.9385（见表3），说明导致大部分企业综合技术效率低下的原因为较低的纯技术效率水平。128家企业中仅有2家企业连续6年达到综合技术效率有效，分别为新能源企业中的宏发股份与新能源车企业中的宜安科技。综合技术效率为1表明决策单元同时达到纯技术有效与规模有效，无投入冗余与产出不足情况。纵向来看，2014—2019年综合技术效率为1的企业占比较低，均值为14%。纯技术效率为1表明在目前的技术水平上，其对投入资源的使用是有效率的，纯技术效率有效的企业数目基本保持稳定，占比在20%上下波动。此外，有不少的企业达到了纯技术效率有效但是综合效率无效，这说明这些企业当前的融资规模与技术水平不相匹配，导致其规模效率小于1，企业需要增加或减少融资规模。

表3　2014—2019年绿色低碳企业整体融资效率均值与有效占比情况

年份	综合技术效率		纯技术效率		规模效率	
	有效占比（%）	均值	有效占比（%）	均值	有效占比（%）	均值
2014年	9	0.615	23	0.68	16	0.921
2015年	13	0.632	24	0.694	14	0.918
2016年	18	0.657	26	0.698	21	0.942
2017年	16	0.721	21	0.748	21	0.96
2018年	14	0.749	21	0.781	18	0.961
2019年	11	0.699	20	0.754	13	0.929
综合均值	14	0.6788	23	0.7259	17	0.9385

2. 子产业融资效率分析

节能环保、新能源和新能源汽车企业的综合技术效率均值的变化在

2014—2019 年间较平稳，新能源汽车企业的平均综合技术效率普遍高于节能环保企业与新能源企业，这说明新能源汽车企业近几年的融资状况相对稳定。节能环保、新能源、新能源汽车企业的规模效率均处于较高的水平，纯技术效率值均低于规模效率值。其中，2014 年节能环保企业的平均纯技术效率最高，为0.732，新能源汽车的纯技术效率均值为0.724，随后在2015—2019 年期间新能源汽车的纯技术效率增长迅猛，在2018 年达到峰值为0.800（见表4）。新能源汽车作为“十二五”期间国家重点发展的战略新兴产业，其规模效率与纯技术效率明显高于其他两类产业。由于新能源汽车在生产过程中极度依赖技术，我国对新能源汽车不同的发展阶段都给予了大量政策方面的支持，因此，在2014—2017 年期间，我国的新能源汽车得到了快速的发展，其规模效率与纯技术效率一路攀升。之后2018 年政府补贴提前一年退坡使新能源汽车上市企业的生产成本增加，利润空间被压缩，致使留存收益变少，降低了内部融资比例。因此，2019 年新能源汽车的规模效率、纯技术效率骤然下降，导致综合技术效率亦随之下降。

表4　2014—2019 年绿色低碳子产业融资效率均值

年份	节能环保			新能源			新能源汽车		
	TE	*PTE*	*SE*	*TE*	*PTE*	*SE*	*TE*	*PTE*	*SE*
2014 年	0.641	0.732	0.894	0.546	0.587	0.941	0.658	0.724	0.926
2015 年	0.636	0.703	0.910	0.549	0.617	0.911	0.707	0.759	0.933
2016 年	0.655	0.706	0.934	0.586	0.616	0.949	0.726	0.770	0.944
2017 年	0.738	0.770	0.958	0.659	0.692	0.946	0.765	0.783	0.974
2018 年	0.744	0.773	0.926	0.734	0.768	0.958	0.769	0.800	0.963
2019 年	0.702	0.756	0.933	0.685	0.741	0.930	0.710	0.766	0.925
均值	0.686	0.740	0.932	0.626	0.670	0.939	0.722	0.767	0.944

3. 企业规模报酬分析

规模报酬是指在其他条件不变的情况下，企业的各种生产要素同比例变化时所带来的产出变化。本文运用 DEA-BCC 模型得出 128 家样本企业的规模报酬的变化情况，即绿色低碳企业生产规模变化与引起的产量变化之间的关系。

从表5 可以看出，2014—2019 年大部分绿色低碳企业处于规模报酬递增与规模报酬递减阶段，少部分企业处于规模报酬不变阶段。2014—2019 年规模报酬递增企业数与规模报酬递减企业数的变化趋势相反。其中，2014—2016年大部分企业属于规模报酬递减阶段，这部分企业出现过度扩张的现象，导致产量增加比例低于投入要素增加比例，这些企业应该适度减少融资规模与降低要素投入，使企业规模与发展阶段相匹配。2017—2019 年大部分企业处于规模报酬递增阶段，企业可以通过增加融资规模与提升要素投入来获得更高比例的产量。总体上看，我国绿色低碳企业所处的规模报酬阶段并不均衡，企业规模相差较大。

表5　2014—2019 年绿色低碳企业规模报酬变动情况

规模报酬	2014 年	2015 年	2016 年	2017 年	2018 年	2019 年
规模报酬递增企业数（家）	49	36	44	79	54	60
占比（%）	38	28	34	62	42	47
规模报酬不变企业数（家）	20	20	27	28	23	19
占比（%）	16	16	21	22	18	15
规模报酬递减企业数（家）	59	72	57	21	51	49
占比（%）	46	56	45	16	40	38

4. Malmquist 指数模型动态分析

Malmquist 指数能动态反映我国绿色低碳企业融资效率的变化趋势，本文运用 DEA-Malmquist 指数模型进一步考察样本企业 2014—2019 年的融资效率的动态变化与异质性，表 6 为 2014—2019 年我国绿色低碳企业融资 Malmquist 相关指数与分解。

表6　2014—2019 年我国绿色低碳企业融资 Malmquist 相关指数与分解

年份	技术效率	技术进步	纯技术效率	规模效率	全要素生产率
2014—2015 年	1.014	0.876	1.012	1.002	0.889
2015—2016 年	1.048	0.747	1.018	1.029	0.782
2016—2017 年	1.122	0.847	1.098	1.022	0.950
2017—2018 年	1.053	1.215	1.053	1.000	1.279
2018—2019 年	0.924	1.027	0.961	0.962	0.949
均值	1.030	0.929	1.027	1.003	0.957

总体上来看，2014—2019 年我国绿色低碳企业的全要素生产率指数、技术效率指数、技术进步指数指标均呈现出不同幅度的变动。全要素生产率指数大于 1 表明企业当年的融资效率相对于上一年上升，小于 1 则表明企业的融资效率下降。从表 6 可以看出，2014—2019 年期间我国绿色低碳企业的全要素生产率指数的均值为 0.957，仅仅在 2017—2018 年期间全要素生产率指数大于 1，这说明我国绿色低碳企业的融资效率总体上呈现出下降趋势。

从全要素生产率的分解因子来看，技术效率与技术进步在不同时间范围内都存在着波动。其中技术效率指数的均值为 1.030，这说明 2014—2018 年绿色低碳企业的技术效率总体上呈现出上升的趋势。相反地，技术进步指数的均值为 0.929，技术进步呈现出先下降后上升的趋势。进一步从技术效率的分解因子来看，纯技术效率与规模效率的均值都大于 1，其中纯技术效率为 1.027，规模效率为 1.003，说明纯技术效率的改进程度更大。结合静态分析结果得知，虽然我国绿色低碳企业的纯技术效率逐年提高，但我国绿色低碳企业的平均纯技术效率仍然低下，企业应该采取措施提高纯技术效率。

横向来看，从表 7 可以看出全要素生产率指数大于等于 1 的企业数仅为 34 家，占比为 27%，这说明大部分的企业的融资效率发展态势欠佳。从增长动因来看，技术效率大于等于 1 的绿色低碳企业数为 96 家，占比为 75%；技术进步指数大于等于 1 的企业数为 6 家，仅仅占所有样本企业的 5%。这说明我国绿色低碳企业融资效率提升主要源于技术效率的升高，主要受制于技术进步。从技术效率的分解因子来看，纯技术效率指数大于等于 1 即纯技术效率增长的企业数有 89 家，占比为 70%；规模效率指数大于等于 1 即规模效率增长的企业数有 69 家，占比为 54%。

表 7　2014—2019 年绿色低碳企业融资效率改进占比

	技术效率	技术进步	纯技术效率	规模效率	全要素生产率
相应数值不小于 1 的企业数（家）	96	6	89	69	34
占比（%）	75	5	69	54	27

（二）融资效率影响因素分析

变量通过了平稳性和多重共线性检验之后，为了进一步探究我国绿色低碳产业融资效率的影响因素，本文将 128 家绿色低碳企业的相关数据代入已构建的 Tobit 模型中，并运用 Stata 15.0 进行回归分析，回归结果如表 8 所示。

表8　我国绿色低碳行业上市企业融资效率影响因素的 Tobit 回归结果

变量	系数	标准差	z 值	P 值
α	-2.844826	0.5473993	-5.20	0.000***
ln *GDP*	0.0826442	0.0249112	3.32	0.001***
ln *Fin*	-0.0115663	0.0170877	-0.68	0.498
ln *Sub*	-0.0082643	0.0037636	-2.20	0.028**
Own	0.0000297	0.0006721	0.04	0.965
FE	-0.0001684	0.0000313	-5.38	0.000***
ln *Rew*	0.0583567	0.0155429	3.75	0.000***
ln *Siz*	0.0302497	0.0120191	2.52	0.012**

注：**代表在5%水平下达到显著性，***代表在1%的水平下达到显著性。

回归结果表明，地区生产总值（ln *GDP*）、财务费用（*FE*）、高管年度报酬总额（ln *Rew*）在1%的显著性水平下对我国绿色低碳上市企业融资效率的影响是显著的；在5%的显著性水平下，政府补助（ln *Sub*）、总资产（ln *Siz*）的影响是显著的；而地区社会融资规模（ln *Fin*）和前十大股东持股比例（*Own*）的影响不显著。

从宏观影响因素的变量来看，企业所在省区的生产总值（ln *GDP*）的影响系数为0.0826442，说明我国宏观经济运行状况对绿色低碳产业的融资效率有显著的正向影响。绿色低碳产业的发展立足于宏观经济运行情况，在经济上行时期，外部需求强劲，企业拥有较高的利润水平和投资回报率，此时投资者的信心高涨，企业可以吸引更多的资金投入，融资成本大大降低，有利于企业融资效率的提高。政府补助（ln *Sub*）对绿色低碳上市企业的融资效率有显著的负向影响。一方面，政府补助作为绿色低碳企业的一种融资渠道，影响企业自身经营状况；另一方面，政府补贴还能通过间接信号传递的方式改变公众对企业的判断，进而影响企业融资渠道与规模。但是，我国的政府补贴不仅没有改善绿色低碳产业的融资环境，反而阻碍了融资效率的提升。我国的绿色低碳企业发展良莠不齐，当前政府补贴额度主要根据企业规模大小与项目数量进行调整，致使不少发展初期的中小企业获得的补贴数额较少，不利于产业的良性竞争，从而导致政府补贴没有在提高融资效率方面发挥作用。外部影响因素中的社会融资规模对绿色低碳企业的融资效率影响并不显著，但存在着负向效应。

从微观影响因素的变量来看，财务费用（*FE*）的影响系数为-0.0001684，其与绿色低碳企业的融资效率是负相关关系，企业的财务费用高表明其融资成本高，导致企业的融资效率低下。高管年度薪酬总额（ln *Rew*）与总资产（ln *Siz*）对绿色低碳企业的融资效率有显著的正向影响。高管薪酬是上市企业对管理层采取的重要激励手段，高额的薪酬能使管理层与公司股东的目标尽可能趋于一致，由此管理层做出的融资决策将更符合企业的发展状况，有利于降低企业的管理成本，提高融资效率。企业的总资产越多说明企业的规模越大，当前我国的绿色低碳企业正处于发展的初期阶段，技术与品牌建设尚不成熟，投资者们基于规避风险的心理更倾向于将资金投入技术比较成熟、规模比较大的企业，因此，规模较大的绿色低碳企业融资渠道更广泛，获取资金更容易，企业的融资成本与融资风险更低，从而使得融资更高效。

四、结论与政策建议

本文通过构建 DEA-CCR、DEA-BCC、DEA-Malmquist 模型分析 2014—2019 年绿色低碳企业的融资效率状况。在此基础之上，建立 Tobit 模型探究影响绿色低碳企业融资效率的内外部因素。研究结果表明：第一，我国绿色低碳产业融资效率较低，主要是由于较低的纯技术效率；第二，新能源汽车产业的融资效率最高，其次是节能环保产业，最后是新能源产业；第三，大部分企业处于规模报酬递增与规模报酬递减阶段，少数企业处于规模报酬不变的阶段；第四，我国绿色低碳产业的融资效率六年间呈现出下降的趋势，导致融资效率降低的原因是技术进步的下降；第五，地区生产总值、高管年度薪酬总额与总资产三个指标有利于提高绿色低碳企业的融资效率，政府补助、财务费用对绿色低碳企业融资有显著的负向影响。

基于以上结论，本文提出以下建议。

（一）优化产业扶持政策，促进产业规模化

目前，我国大部分绿色低碳企业属于中小型企业，远未达到规模化生产，政府应该逐步推动绿色低碳产业规模化。一方面，政府应持续推动传统的高能耗、高排放企业改革转型；另一方面，政府有必要完善有关绿色低碳产业方面的补贴政策。DEA 实证结果显示，我国新能源汽车企业的融资效率最高，而新能源汽车产业是绿色低碳产业中获得政府补助最多的产业。绿色低碳产业融资效率影响因素实证结果显示政府补助与绿色低碳产业的融资效率呈显著负相关关系，这说明现有的政府补贴政策不但没有创造出有效供给，反而抑制了产业整体的融资效率。因此，本文认为，政府的产业政策扶持应向节能环保产

业、新能源产业适当倾斜，以促进整体绿色低碳产业的协同发展；在政府补贴方面，政府不仅要注重补贴的“量”，还要注重补贴的有效性，不能对所有的绿色低碳企业采取无差别的补贴政策，而应针对不同发展阶段的绿色低碳企业采取相应的补贴形式与额度。

（二）拓宽新型融资渠道，扩大融资规模

DEA 实证结果显示，我国大部分绿色低碳企业融资的规模效率未达到有效，说明企业的融资规模较小。而目前我国绿色低碳企业主要依靠银行贷款融资等间接融资方式。首先，政府应当大力支持符合条件的绿色低碳企业上市融资，提高企业直接融资的比例。其次，政府可以成立如中小企业发展政策性银行等更具针对性的金融机构，降低中小企业的信贷门槛，给中小型绿色低碳企业提供更多的融资便利。最后，传统的融资渠道已经无法支持我国绿色低碳产业庞大的资金需求，目前绿色金融已经成为我国绿色低碳企业重要的融资渠道，政府应大力发展绿色金融，开发多样化的绿色金融产品和服务，持续拓宽绿色低碳产业的融资渠道。

（三）优化资金配置，加强内部管理

首先，纯技术效率低下是导致我国绿色低碳产业融资效率不高的重要原因，具体而言就是资金配置不合理，绿色低碳企业主体需要加强自身内部管理、资源配置、财务管理等方面，使融入资金在现有企业技术管理水平下得到充分利用，最大化提高企业的经济效益。其次，技术进步下降导致绿色低碳企业融资效率下降，企业应该将资金用于获取新技术、运用新的生产手段和新产品开发等方面。再次，财务费用严重制约着企业的融资效率，因此必须提高企业的财务管理水平。上市企业的财务费用大部分是利息支出，而在现实当中，我国大部分绿色低碳企业正处于初创期或成长期，此时企业的抗风险能力不强，主要运用银行信贷等间接融资方式，企业应根据自身生产计划，合理选择贷款期限，保持贷款期限结构的灵活性，有效地控制利息费用。最后，企业应该采取适当的薪酬制度使管理层与公司股东的目标尽可能趋于一致，促使企业的融资决策更合理。

参考文献：

[1] 曾刚，耿成轩．京津冀战略性新兴产业融资效率测度及其协同发展策略[J]．中国科技论坛，2018（12）：142－149.

[2] 陈肖敏．基于 DEA-Tobit 两步法的我国航运上市公司融资效率研究［D］．

哈尔滨：哈尔滨工业大学，2015.
[3] 马占新，唐焕文．关于 DEA 有效性在数据变换下的不变性[J]．系统工程学报，1999（2）：27－32.
[4] 潘永明，喻琦然，朱茂东．我国环保产业融资效率评价及影响因素研究[J]．华东经济管理，2016，30（2）：77－83.
[5] 宋云星，陈真玲，赵珍珍．经济政策不确定性对民营企业融资效率的影响[J]．金融与经济，2020（2）：71－78.
[6] 王海荣．基于两阶段链式网络 DEA 模型的新能源产业融资效率评价研究[J]．绿色财会，2020（6）：16－20.
[7] 王伟．西部地区战略性新兴产业融资效率的影响因素研究[D]．兰州：兰州大学，2020.
[8] 谢婷婷，马洁．西部节能环保产业上市公司融资效率及影响因素探究[J]．财会月刊，2016（24）：79－84.
[9] 熊正德，阳芳娟，万军．基于两阶段 DEA 模型的上市公司债权融资效率研究：以战略性新兴产业新能源汽车为例[J]．财经理论与实践，2014，35（5）：51－56
[10] 张玉喜，赵丽丽．政府支持和金融发展、社会资本与科技创新企业融资效率[J]．科研管理，2015，36（11）：55－63.
[11] British Petroleum. Review of World Energy Statistics in 2020 [R]. London：BP，2020.

中国新能源汽车“显性”和“隐性”政策的比较研究
——基于需求侧的视角

伍　亚[①]

摘　要：本文以中国19个大中型城市为样本，从政策分布、政策力度和政策影响三个维度出发，研究2010—2015年新能源汽车的需求侧政策。首先根据消费者直接或间接获得政策补贴的不同形式，将需求侧政策划分为“显性”政策和“隐性”政策两类，并比较分析两类政策在19个城市间的分步实施特征；然后重点构建新能源汽车不限行政策、牌照优惠政策等“隐性”政策的补贴力度评估模型，分别评估19个城市“显性”和“隐性”政策的补贴力度；最后在此基础上，运用灰色关联模型，比较研究“显性”和“隐性”政策对消费者需求行为的影响。研究发现：在政策分布上，“显性”政策实施时间早，范围广，购置补贴是主要的形式；“隐性”政策实施时间晚，范围小，激励方式多样。在政策力度上，“显性”政策的补贴力度强于“隐性”政策，且各城市间“隐性”政策的补贴力度差异较大。在政策影响上，由于使用环节的便捷性，“隐性”政策对消费者行为的影响显著大于“显性”政策的影响。因此，为更好地培育新能源汽车市场，中央及各地方政府应当在逐步减少“显性”政策补贴力度的同时，扩大“隐性”政策的推行实施，以持续强化需求侧的政策效果。

关键词：新能源汽车；需求侧；“显性”政策；“隐性”政策；政策力度

近年来，交通领域的高速发展，加速了全球温室气体的排放。据统计，在全球温室气体排放量中，有17%来自公路运输领域。因此，加快交通领域的低碳转型，是减少温室气体排放的重要环节。由于新能源汽车在减少温室气体

① 伍亚：博士，暨南大学经济学院副教授，博士研究生导师。研究方向：资源环境经济学理论与政策、可持续发展经济学理论与政策。电子邮箱：jnwy2012@126.com。

排放方面的显著优势，因而发展新能源汽车产业是大势所趋。在中国，中央及各级地方政府高度重视新能源汽车产业发展，出台了一系列产业扶持政策，但新能源汽车的市场渗透程度依然有限。据中国汽车工业协会的数据显示，2010—2017年，新能源汽车销量占全年汽车销售总量的比重不到3%。新能源汽车的产业扶持政策面临“市场失灵”，这与消费者“用脚投票”不无关系。长期以来，私人消费者对新能源汽车的接受度不高，使新能源汽车市场化发展受到制约。政府部门虽然可以强制在公交、公务、邮政等公共用车领域推行新能源汽车[①]，但是政府用车占机动车市场的比重很小（2014年约为5%）。这就意味着新能源汽车的发展几乎完全取决于私人消费者市场。因此，从消费者角度出发，研究新能源汽车的需求侧政策，对新能源汽车的快速推广具有重要意义。

本文的贡献主要体现在以下两个方面：第一，学术界通常将新能源汽车的激励政策划分为供给侧政策和需求侧政策两大类。现有研究多从总体层面研究这些激励政策，缺少对细分政策的深入研究。事实上，供给侧政策主要影响生产者成本，对生产者研发和制造的影响力相对较大；需求侧政策影响着消费者的购置和使用成本，对消费者需求行为的影响力相对较大。本文切中需求侧这一关键环节，梳理中央和地方政府针对消费者的各项激励政策，细化分类，比较研究各类需求侧政策的差异特征，扩展了新能源汽车的研究视角。第二，根据消费者获得补贴的方式，将需求侧政策划分为“显性”政策和“隐性”政策两种类型。通过建立新能源汽车不限行政策、牌照优惠政策等“隐性”政策的力度评估模型，着重评估各城市“隐性”政策的政策力度，为新能源汽车需求侧政策的合理调整提供理论依据。

一、文献综述

作为处于发展阶段的新兴产业，国内外对新能源汽车的应用推广都极为重视。已有文献梳理了新能源汽车的政府激励政策，包括降低购置成本的购置补贴和税收减免政策、促进工业化和创新发展的政策、公共或私人领域的充电设施建设扶持政策、免费停车和充电优惠以减少消费者支出的优惠政策等。

国外针对新能源汽车政策的研究，大致可以分为两类：第一类研究，运用计量方法，分析新能源汽车的市场推广度与相关政策之间的关系。例如，Jenn

---

① 2017年，中央政府颁布了《党政机关公务用车管理办法》，要求党政机关带头使用新能源汽车，按照规定逐步扩大新能源汽车配备比例。国家机关事务管理局在部署“十三五”中央国家机关节约能源资源工作时指出，中央国家机关配备更新公务用车中新能源汽车的比例要达到50%以上。

等（2013）基于2000—2010年美国HEV的市场销量数据，发现当补贴额度较高时，激励政策能显著增加新能源汽车购买量。Bjerka等（2016）则发现，增加充电设施建设对促进私人和企业购买纯电动汽车具有推动作用。第二类研究，通过问卷调查的形式，了解消费者对政策的评价和偏好，进而探索新能源汽车激励政策的发展方向。Rudolph（2016）采用陈述性偏好实验方法，对直接补贴、免费停车、对燃油汽车征收碳税、提高燃油税、增加充电设施建设等五项政策的政策效应进行评估。Helveston等（2015）则将这一方法用于比较研究不同国家新能源汽车的发展情况。

随着中国新能源汽车产业扶持政策的发展，中国新能源汽车的激励政策受到学者们的广泛关注。Zhang、Qin（2018）分析了中国新能源汽车政策“计划—试点—推广—补贴—发展”路径的特点。张海斌等（2015）运用多Agent方法研究政府补贴力度在刺激新能源汽车市场开拓中的作用。熊勇清、陈曼琳（2017）运用基尼系数分解法，研究新能源汽车激励政策与私人消费量之间的关系，并探讨政策效果的区域差异。部分学者则基于问卷，研究新能源汽车相关政策对消费者购买意愿的影响。熊勇清、李小龙（2017）借鉴技术接受模型，分析不同潜在消费者对供需双侧政策的感知有用性和易用性的差异。Wang等（2017）结合环境意识对政策作用的影响，探究货币激励、信息提供、便利性政策等对消费者购买意愿的影响，发现不限行、牌照优惠等便利性政策是增强消费者购买意愿最重要的政策。

上述研究均强调了激励政策对新能源汽车应用推广的积极意义。但是，这些文献研究对象相对单一，仅关注某一项政策的效果；或者仅使用“是否实行政策”这一标准来反映政策的实施情况，欠缺政策的系统性梳理，对政策补贴力度的量化研究则更为鲜见。本文在测度“显性”的货币化补贴政策的同时，更加强调对“隐性”的其他形式补贴政策的货币化测度；并在此基础上，分别建立细致的补贴力度评估模型和政策影响量化模型，为评价和完善新能源汽车产业的需求侧政策提供理论支持。

二、新能源汽车政策的分类与梳理

财政支出学从消费者角度出发，将补贴分为“显性”补贴和“隐性”补贴。前者指政府直接给予消费者货币补贴，使消费者以较低的价格获得商品；后者指政府对消费者以外的利益相关方给予一定的补贴，使消费者以较低成本使用商品。借鉴这一分类方法，本文将新能源汽车的激励性政策划分为“显性”政策和“隐性”政策。其中，“显性”政策是指中央或地方政府以货币形式直接补贴消费者的政策，包括购置补贴、换购补贴、充电设施建设补贴、充电费用补贴和电动汽车使用补贴等。“隐性”政策是指中央或地方政府以非货币形式间接补贴消费者的政策，即通过补贴其他利益相关方来降低消费者使用成本的政策，如停车优惠、充电优惠、车船税免除、购置税免除、路桥费免除、交通强制保险费用免除、新能源汽车不限行政策和牌照优惠政策等。

（一）中央政策

早在2009年，中国政府就发布了首个节能与新能源汽车激励政策，对公共服务领域的节能与新能源车辆进行补贴；2010年，新能源汽车相关补贴进入私人购车领域。此后，新能源汽车产业的激励政策历经多次补充修订，补贴的对象、范围和额度在不断调整和细化。

中央政府的“显性”政策以购置补贴为主，覆盖范围经历了“从试点到全国”的发展过程。2010年，杭州、上海、深圳、合肥、长春5个城市被指定为私人购买新能源汽车补贴试点城市。中央政府根据电动汽车的动力电池组能量，按3000元/千瓦·时的标准给予购置补贴，单辆插电式混合动力汽车最高补贴5万元，单辆纯电动汽车最高补贴6万元。自2013年起，中央政策的补贴区域由试点城市扩大到全国范围。根据2013年出台的《关于继续开展新能源汽车推广应用的工作通知》，中央政府对续航里程大于80千米的纯电动汽车，发放购置补贴每辆3.5万～6万元不等；对续航里程大于50千米的插电式混合动力汽车，发放购置补贴每辆3.5万元。但是，自2014年起，中央政府在购置补贴政策中引入退坡机制，补贴标准逐年下降。2014年和2015年的补贴标准分别在2013年基础上下降5%和10%。2017—2018年，补贴标准在2016年基础上下降20%；2019—2020年，补贴标准在2016年基础上下降40%。2020年后，购置补贴将完全退出市场。

中央政府的“隐性”政策包括车船税免除和购置税免除。自2012年1月1日起，对纯电动乘用车和燃料电池乘用车，免征车船税。2014年9月1日至2017年12月31日，对新能源汽车免征车辆购置税。

（二）地方政策

与中央政府类似，地方政府的“显性”政策也以购置补贴为主（见表1）。自2010年起，作为中央政府首批指定的新能源汽车补贴试点城市，杭州、上海、深圳、合肥和长春5个城市的地方政府，在中央发放购置补贴的基础上，给予消费者地方性购置补贴，补贴标准因地而异。北京尽管不是中央政策指定的补贴试点城市，但也积极出台补贴方案，由地方财政出资，给予消费者每辆最高6万元的购置补贴。自2013年起，除北京和5个试点城市之外，广州、西安等13个城市的地方政府也陆续出台购置补贴方案：在中央补贴的基础上，对续航里程大于80千米的纯电动汽车和续航里程大于50千米的插电式混合动力汽车，发放地方性购置补贴，补贴标准因地而异。具体为：北京、西安、天津、武汉、襄阳、长春、郑州和重庆，这8个城市提供的地方性购置补贴，其数量与中央补贴等同；大连、海口、沈阳和唐山，这4个城市分别按中央补贴的80%、60%、90%、50%确定地方性购置补贴；广州、杭州、上海、深圳、合肥和苏州，这6个城市提供的地方性购置补贴，其标准不随中央补贴数量而定。例如，广州、深圳和苏州根据电动汽车行驶里程，在中央补贴的基础上，提供每辆3.5万～7.1万元不等的地方性购置补贴。

表1　地方政府发布的新能源汽车“显性”和“隐性”政策分布（2010—2015年）

	2010年	2011年	2012年	2013年	2014年	2015年
北京	E^{1}	E^{1}	E^{1}	E^{1}	E^{1}；I^{10}	E^{1}；$I^{9,10}$
广州				E^{1}；I^{10}	E^{1}；I^{10}	E^{1}；I^{10}
杭州	$E^{1,2,4}$；I^{8}	$E^{1,2,4}$；I^{8}	$E^{1,2,4}$；I^{8}	E^{1}	E^{1}；I^{10}	E^{1}；I^{10}
上海	E^{1}；I^{10}	E^{1}；I^{10}	E^{1}；I^{10}	E^{1}；I^{10}	E^{1}；I^{10}	E^{1}；I^{10}
深圳	E^{1}	E^{1}	E^{1}	$E^{1,5}$；I^{7}	$E^{1,5}$；I^{7}	$E^{1,5}$；$I^{7,10}$
苏州				E^{1}	E^{1}	E^{1}
西安					$E^{1,2,3}$；$I^{7,10,12}$	$E^{1,2,3}$；$I^{7,10,12}$
成都						E^{1}；$I^{7,9}$
大连				E^{1}	E^{1}	E^{1}
海口				E^{1}	E^{1}	E^{1}
合肥	$E^{1,2,6}$	$E^{1,2}$	$E^{1,2}$；I^{7}	$E^{1,2}$；I^{7}	$E^{1,2}$；I^{7}	$E^{1,2,3}$；$I^{7,10,12}$
沈阳				E^{1}	$E^{1,2}$	$E^{1,2}$
唐山					E^{1}	E^{1}
天津			I^{9}	E^{1}；I^{9}	E^{1}；$I^{9,10}$	E^{1}；$I^{9,10}$
武汉				I^{8}	E^{1}；$I^{8,9}$	E^{1}；$I^{8,9}$
襄阳				E^{1}	E^{1}	E^{1}
长春	E^{1}	E^{1}	E^{1}	E^{1}；I^{9}	E^{1}；I^{9}	E^{1}；I^{9}
郑州				E^{1}	E^{1}	E^{1}
重庆	I^{11}	I^{11}	I^{11}	E^{1}	E^{1}	E^{1}

注：表中E表示“显性”政策，I表示“隐性”政策；上标1—6表示地方政府发布的“显性”政策，上标7—12表示地方政府发布的“隐性”政策。数字与政策具体对应如下：1：购置补贴；2：换购补贴；3：充电设施建设补贴；4：充电补贴；5：电动汽车使用补贴；6：其他货币补贴；7：停车优惠；8：充电优惠；9：不限行；10：牌照优惠；11：路桥费免除；12：交通强制保险费用免除。

2013 年之后，地方政府的“显性”政策的形式开始增加，部分城市出台换购补贴、充电设施建设补贴等政策。例如，深圳和沈阳分别自 2013 年和 2014 年开始实施电动汽车使用补贴政策；西安自 2014 年开始实施换购补贴政策和充电设施建设补贴政策；合肥自 2015 年开始实施充电设施建设补贴政策。

相比之下，地方政府制定“隐性”政策的时间较晚，大部分城市在 2013 年以后才开始。2013 年之前，地方政府出台“隐性”政策的城市仅有 6 个。其中，重庆在 2010—2012 年实施路桥费免除政策；杭州在 2010—2012 年实施充电优惠政策；上海自 2010 年开始实施新能源汽车牌照优惠政策；合肥自 2012 年开始实施停车优惠政策；天津和长春自 2012 年开始实施不限行政策。2013 年之后，出台“隐性”政策的地方政府达到 12 个。其中，西安和合肥同时实施三项“隐性”政策，包括停车优惠、牌照优惠和交通强制保险费用免除；武汉也同时实施三项“隐性”政策，包括充电优惠、不限行政策和路桥费免除；北京、杭州、深圳、成都和天津同时实施两项“隐性”政策；广州、上海、长春和重庆实施单项“隐性”政策。

综上所述，中央政策对新能源汽车的激励政策以“显性”政策为主，而地方政府的激励政策则表现为“显性”和“隐性”政策“双管齐下”。其中，“显性”政策实施时间早、范围广，购置补贴是主要的形式；“隐性”政策实施时间晚、范围小，但激励方式多样。

三、新能源汽车的政策力度评估

（一）评估模型简介

需求侧政策的政策力度，是单辆新能源汽车从所有需求侧政策中获得的补贴值之和，包括“显性”政策力度和“隐性”政策力度。通常，“显性”政策力度在政策文件中有明确的货币值进行衡量；而“隐性”政策力度，则需要通过不同方式将政策效果进行货币化。下文将详细介绍主要“隐性”政策的力度评估模型。

1. 牌照优惠政策

按照有关规定，国内消费者购买机动车后，需要到车辆管理所申请牌照。为缓解城市交通压力，地方政府不断调整交通管理政策，在机动车使用量上予以控制。其中，车辆牌照定额配给是最为常见的一种控制机动车保有量的手段。为推广新能源汽车，部分地方政府规定，新能源汽车在申请牌照时享受优惠政策。例如，上海、广州、天津和杭州的新能源汽车可以直接申请新能源汽车牌照，无须参与燃油汽车牌照的摇号或竞价；北京的新能源汽车与燃油汽车分开摇号，且新能源汽车的摇号平均中签率大于90%；西安和合肥的新能源汽车上牌时免除牌照工本费125元。

牌照优惠政策的力度（PL）等于消费者在上牌过程中节省的费用，包括免除牌照工本费（F），免除竞拍的收益（A）和摇号优惠的收益（L）。具体计算公式如下：

$$PL = \begin{cases} F + A + L, A = 0 \text{ 或 } L = 0 \\ F + 0.5 \times (A + L), A \neq 0 \text{ 且 } L \neq 0 \end{cases} \tag{1}$$

某城市申请汽车牌照,若没有实施竞拍机制,则 $A = 0$;若没有实施摇号机制,则 $L = 0$;若既实施竞拍机制,又实施摇号机制,本文假设消费者选择竞拍和选择摇号的概率是相同的,均为50%。

免除竞拍的收益(A)是消费者由于购买新能源汽车,无须参与汽车牌照竞拍所节省的费用,假设为每年汽车牌照竞拍的平均成交价。摇号优惠的收益(L)是消费者无须参加车辆牌照摇号或者摇号中签概率大,从而节省的等待成本。假设消费者在摇号等待期间通过租车来满足自驾出行的需求,那么消费者由于摇号优惠政策减少的租车成本,即为摇号优惠的收益(L):

$$L = E(t) \times P_R \tag{2}$$

其中,$E(t)$ 表示摇号花费的平均等待时间,P_R 表示租车年收费标准。侯幸等利用持续时间模型对北京上牌摇号的平均等待时间进行估计。本文借鉴这种方法,估算其他城市上牌摇号的平均等待时间。假设摇号等待时间的分布函数为 $F(t)$,相应的概率密度函数为 $f(t)$。同时设定冒险函数 $\lambda(t)$,表示在 t 期之前没有中签。在区间$[t, t + h]$,中签的概率为

$$\lambda(t) = \lim_{h \to 0} \frac{P_R(t \leqslant T \leqslant t + h)}{h} \tag{3}$$

那么，等待时间的概率密度函数为

$$f(t) = \lambda(t) \exp\left[- \int_0^t \lambda(s) \mathrm{d}s \right] \tag{4}$$

中签的平均等待时长为

$$E(t) = \int_0^\infty t f(t) \mathrm{d}t \tag{5}$$

假设车牌摇号的中签率为 p，则冒险函数为

$$\lambda(t) = p(1 - p)t \tag{6}$$

摇号等待时长的概率密度函数为

$$f(t) = p\ (1-p)\ t \cdot \exp\left\{ \frac{p\ [1 - \ (1-p)\ t]}{\ln\ (1-p)} \right\} \tag{7}$$

摇号的平均等待时间为

$$E(t) = \int_0^{\infty} tp(1-p)t \cdot \exp\left\{\frac{p[1-(1-p)t]}{\ln(1-p)}\right\}\mathrm{d}t \tag{8}$$

在实际生活中，由于摇号要花费等待时间，消费者通常会提前申请摇号。假设消费者在购车前提早半年进行摇号，用购车前一年 7 月到购车当年 6 月的平均中签率来表示消费者购车时面临的中签率 p。参考中国大型租车网站上经济性年租车的月租价格，取其最高租价与最低租价的均值作为代表性租车价格 P_{R}。

2. 不限行政策

在中国，许多大中型城市为减轻交通压力和减少环境污染排放，采取车辆尾号限行政策，包括单双号限行机制和数字限行机制[①]。2010—2015 年，实施车辆尾号限行政策，新能源汽车除外的城市有 5 个，分别为北京、成都、天津、武汉和长春。车辆尾号限行政策限制了消费者自由驾车出行的决策，降低了消费者拥有单辆汽车所带来的效用。通行受限的消费者想要在尾号限行时段实现自驾出行的需求，就需要在限行时段拥有一辆同质的汽车，这就意味着消费者需要额外购买 1 辆或 1 辆以上同质的汽车。如果新能源汽车不限行，则为消费者节省了额外购买 1 辆或 1 辆以上同质汽车的支出，这可以看作不限行政策为新能源汽车消费者带来的“隐性”补贴。本文参考 *Diao* 等（2016）构建不限行政策的力度（*CV*）评估模型。计算公式为

$$CV = \frac{P_{\mathrm{V}}}{d-1} \tag{9}$$

其中，P_{V} 表示车主拥有的新能源汽车的裸车价格。由于比亚迪 · 秦和北汽 E 系列电动汽车的市场份额长期处于领先地位，深受消费者的关注和喜爱。2015 年和 2016 年，二者均位居中国新能源汽车销量排行榜前三位。因此，本文选定比亚迪 · 秦和北汽 E 系列电动汽车作为新能源汽车代表车型，取二者价格的平均值作为新能源汽车的代表价格。d 表示车辆被限行的频率，即车主拥有的汽车每 d 天被限行 1 次。

3. 停车优惠政策

在 19 个样本城市中，在 2010—2015 年实施了停车优惠政策的城市包括深圳、西安、成都、合肥。停车优惠政策的补贴力度等于减免的停车费用，即

$$PB = P_{\mathrm{P}} \times T_{\mathrm{y}} \tag{10}$$

① 数字限行机制，即根据车辆尾号的数字限制出行。采取这一机制的城市会提前公布每日限行的尾号，受限尾号通常为 2 ～ 3 个。

其中，P_P 表示汽车每小时的停车价格，由各城市每小时停车价格的最高标准和最低标准的均值计算而得；T_y 表示单辆新能源汽车全年可享受停车补贴的最长小时数，是每日享受政策规定的最长补贴小时数 T_d 与每年出行天数的乘积。本文假设消费者每年出行并在公共区域内停车的时间为360天。

4. 充电优惠政策

在19个样本城市中，仅武汉实施充电优惠政策。充电优惠政策的补贴力度等于免除的充电费用，即

$$CD = P_E \times E \times D \tag{11}$$

P_E 表示每千瓦·时电的充电价格，由充电收费的最高价格和最低价格的均值计算而得；E 表示单辆新能源汽车每千米耗电量，假设为0.2千瓦·时/千米；D 表示单辆新能源汽车的每年行驶里程，假设为2万千米。

（二）城市间政策力度的比较研究

2010—2015年，中国大中型城市积极推广新能源汽车，政策力度的均值约为9.2万元/年，但是各城市的政策力度存在较大差异（见图1）。

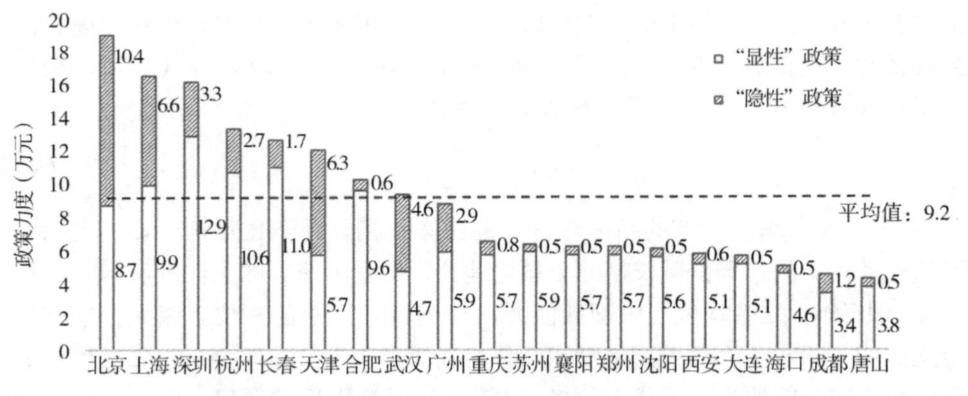

图1　19个城市的新能源汽车总的政策力度（2010—2015年）

（数据来源：图中数据为2010—2015年政策力度的均值，作者根据相关资料整理得出）

从“显性”政策方面分析，各城市的政策力度在3.4万～12.9万元/年不等。力度最大的城市是深圳（12.9万元/年），其次是长春（11万元/年）、杭州（10.6万元/年），力度最小的城市为成都（3.4万元/年）。总的来说，“显性”政策的实施方式单一，购置补贴是其最重要的形式。19个样本城市中，采用两种或两种以上“显性”政策的仅有合肥、杭州、深圳、西安、沈阳5个城市。其中，2010—2012年，杭州在中央政策的基础上，额外给予每辆最

高6万元的购置补贴，并提供3年或6万千米的充电补贴，同时为以燃油车换购新能源汽车的消费者一次性提供每辆0.3万元的换购补贴。自2010年起，合肥在中央政策的基础上，为新能源汽车消费者提供每辆2万～6万元不等的购置补贴，并提供3000元的换购补贴；2015年，合肥新增补贴政策，在原有政策的基础上，给予新能源汽车消费者每辆1万元的充电设施建设补贴。2013年起，深圳除了在中央政策的基础上给予消费者每辆最高6万元的购置补贴，还额外为消费者提供每辆2万元的电动汽车使用补贴。其余两个城市自2014年起，为消费者发放换购补贴，西安还额外提供私人充电桩建设补贴。除上述5个城市外，其余14个城市仅采用购置补贴政策。

从“隐性”政策方面分析，各城市的政策力度在0.5万～10.4万元/年不等，且城市间差异显著（见图2）。造成城市间“隐性”政策力度差异的主要原因是牌照优惠政策和不限行政策。2010—2015年，车船税免除和购置税免除政策覆盖所有城市，补贴值固定；停车优惠、充电优惠、路桥费免除、交通强制保险费用免除等政策覆盖的城市少，且补贴数额较小。反观牌照优惠和不限行政策，两项政策带来的补贴数额大、占比高，直接造成了“隐性”政策力度在城市间的差异。

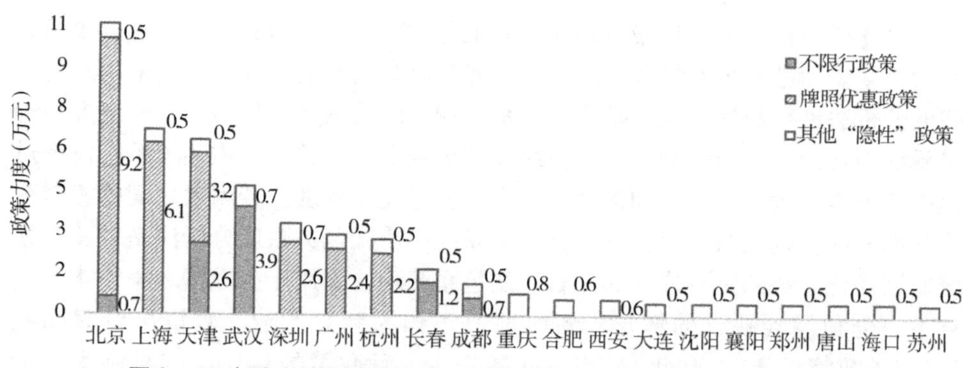

图2　19个城市的新能源汽车“隐性”政策力度（2010—2015年）

（数据来源：作者根据相关材料整理）

2010—2015年，“隐性”政策力度最大的是北京（10.4万元），其次是上海（6.6万元）、天津（6.3万元）；深圳、广州、杭州的政策力度也较大（3万元左右）。上述6个城市，均采用了牌照优惠政策，且这一政策带来的补贴占“隐性”政策力度的比重均大于50%。根据本文测算，北京牌照优惠带来的补贴约9.2万元，补贴数额远远大于其他采用牌照优惠政策的城市；其次是上海的牌照优惠，补贴约6.1万元，杭州、广州、深圳、天津的牌照优惠也带来2.2万～3.2万元不等的补贴，显著降低了新能源汽车的消费成本。值得注意的是，牌照优惠政策具体形式的不同，会造成政策力度在城市间的差异。以北京和西安为例，北京限制机动车申领牌照，但是对新能源汽车提供摇号优惠，牌照优惠政策价值将近9.5万元；西安不限制机动车申领牌照，牌照优惠的具体形式是免除牌照工本费，补贴值约125元。尽管两地均采用了牌照优惠政策，但这一政策带来的补贴占“隐性”政策力度的比重差异明显，降低新能源汽车消费成本的作用亦有明显差异。

此外，不限行政策也是造成城市间“隐性”政策力度差异的重要原因。例如，武汉、天津的汽车每3天或7天限行1次，不限行政策给两地带来的补贴，均超过2.5万元，显著提升了新能源汽车的使用价值。

总的来说，在19个样本城市中，“显性”政策力度均大于“隐性”政策力度。其中，针对新能源汽车的牌照优惠政策和不限行政策，是影响“隐性”政策力度的主要因素；且城市经济发展水平越高，上述两项政策对“隐性”政策力度的影响越大。

四、新能源汽车的政策影响研究

前述研究量化了各项激励政策，比较了“显性”政策和“隐性”政策的补贴力度。为进一步衡量两类政策对新能源汽车消费的贡献，下文采用灰色关联度分析法进行衡量比较。基于灰色系统理论的关联度分析是通过一定方法确定系统中各因素之间的关系，找出最大的影响因素。关联度描述了系统发展过程中各因素在大小、方向和速度等方面的相对变化程度。若因素之间的相对变化基本相同，则关联度大；反之，则关联度小。灰色关联度分析法是对一个系统发展变化态势的定量描述和比较。灰色系统理论适用于少数据、小样本、信息不完全和经验缺乏的情形。新能源汽车作为新兴产业，政策出台时间晚（最早的政策始于2009年），市场化数据少，且政策的具体影响机制尚不清晰。因此，采用灰色关联度分析法研究激励性政策对新能源汽车消费的影响是非常合适的。

具体操作步骤如下。

第一步，以2012—2015年19个目标城市私人新能源汽车的平均推广量建立参考序列 $x_0(k)$，同期“显性”和“隐性”政策力度的平均值建立比较序列 $x_i(k)$，k 对应四个年份，i 对应两类政策。

第二步，对数据进行无量纲处理，并求出最大差值和最小差值，在此基础上，计算关联系数：

$$\gamma_{0i}(k)=\frac{\min_i \min_k \left|x_0(k)-x_i(k)\right|+\rho \max_i \max_k \left|x_0(k)-x_i(k)\right|}{\left|x_0(k)-x_i(k)\right|+\rho \max_i \max_k \left|x_0(k)-x_i(k)\right|} \tag{12}$$

其中，ρ 为分辨系数，$\rho \in \{0,1\}$，通常取值为0.5。

第三步，计算关联度：

$$\gamma_{0i}=\frac{1}{n}\sum_{k=1}^{n}\gamma_{0i}(k) \tag{13}$$

根据表2的数据，运用灰色关联度分析法，可以得到“显性”政策和“隐性”政策力度与新能源汽车推广量之间的灰色关联度分别为0.61和0.92。两类政策的灰色关联度均大于0.5，表明无论是“显性”政策还是“隐性”政策，对新能源汽车的推广均具有显著的影响。同时，“隐性”政策的灰色关联度（0.92）大于“显性”政策的灰色关联度（0.61），表明“隐性”政策对消费者行为的影响大于“显性”政策的相关影响。出现这种现象的原因在于“显性”政策则多针对车辆购置环节，“隐性”政策则多集中于车辆使用环节，而消费者对车辆使用环节的政策更加敏感，因此“隐性”政策的影响力更大。这也直接解释了2014年开始的“显性”补贴退坡机制的合理性。未来，各地方政府应该在降低“显性”补贴力度的同时，综合运用不限行、不限牌、停车优惠等“隐性”政策措施，从而提高新能源汽车激励政策的政策绩效。

表2　19个城市政策力度的均值与私人新能源汽车的平均推广量

	2012年	2013年	2014年	2015年	灰色关联度
19个城市“显性”政策力度的平均值（万元）	10.7	10.1	10.8	10.5	0.61
19个城市“隐形”政策力度的平均值（万元）	1.5	1.1	3.7	8.0	0.92
19个城市私人新能源汽车的平均推广量（辆）	152	344	1516	4240	—

（数据来源：《节能与新能源汽车年鉴》）

五、结论与政策建议

本文以中国19个大中型城市为样本，比较研究中央与地方政府在2010—2015年出台的新能源汽车激励政策。研究发现：“显性”政策实施时间早、范围广、力度强，购置补贴是主要的形式；“隐性”政策实施时间晚、范围小、力度弱，但激励方式多样。牌照优惠政策和不限行政策是造成城市间“隐性”政策力度差异的主要原因。无论是“显性”政策还是“隐性”政策，对新能源汽车的推广均具有显著的影响；但是，“隐性”政策对消费者需求行为的影响更大。

基于以上研究结论，为促进新能源汽车的快速推广，本文提出如下政策建议。

一是扩大“隐性”政策的应用区域。据本文测算，“隐性”政策对新能源汽车的补贴作用明显，尤其是牌照优惠、不限行政策，有效降低了消费者的成本。此前亦有研究证明，不限行、牌照优惠等政策能有效增强消费者的购买意愿，对促进新能源汽车市场应用有显著作用。但从全国范围来看，“隐性”政策的实施范围小，且力度明显低于“显性”政策。政府应进一步推进“隐性”政策的应用，实现“显性”和“隐性”政策“双管齐下”。

二是丰富“显性”政策的激励方式。目前，购置补贴是“显性”政策的主要激励方式。但是，货币补贴在购置环节的作用不如在使用环节的作用明显。中国新能源汽车“显性”激励政策应适当丰富激励方式，以最终达到刺激消费者购买的目的。

参考文献：

[1] 李苏秀，刘颖琦，王静宇，等. 基于市场表现的中国新能源汽车产业发展政策剖析[J]. 中国人口·资源与环境，2016，26（9）：158－166.

[2] 熊勇清，黄恬恬，李小龙. 新能源汽车消费促进政策实施效果的区域差异性：“购买”和“使用”环节政策比较视角[J]. 中国人口·资源与环境，2019，29（5）：71－78.

[3] 张海斌，盛昭瀚，孟庆峰. 新能源汽车市场开拓的政府补贴机制研究[J]. 管理科学，2015（6）：122－132.

[4] 熊勇清，李小龙. 新能源汽车供需双侧政策在异质性市场作用的差异[J]. 科学学研究，2019（4）：597－606.

[5] 丛树海. 财政支出学[M]. 北京：中国人民大学出版社，2002.

[6] 侯幸，彭时平，马烨. 北京上牌摇号与上海车牌拍卖政策下消费者成本比较[J]. 中国软科学，2013（11）：58－65.

[7] 李珒，战建华. 中国新能源汽车产业的政策变迁与政策工具选择[J]. 中国人口·资源与环境，2017，27（10）：200－210.

[8] 徐国虎，许芳. 新能源汽车购买决策的影响因素研究[J]. 中国人口·资源与环境，2010（11）：91－95.

[9] 熊勇清，陈曼琳．新能源汽车需求市场培育的政策取向：供给侧抑或需求侧[J]．中国人口·资源与环境，2016，26（5）：129－137.
[10] 熊勇清，秦书锋．新能源汽车供需双侧政策的目标用户感知满意度差异分析[J]．管理学报，2018，15（6）874－883.
[11] 熊勇清，陈曼琳．新能源汽车产业培育的“政策意愿”及其差异性：基于政府、制造商和消费者的网络媒体信息分析[J]．中国科技论坛，2017（10）：88－96.
[12] 陈麟瓒，王保林．新能源汽车“需求侧”创新政策有效性的评估：基于全寿命周期成本理论[J]．科学学与科学技术管理，2015（11）：15－23.
[13] 桑杨，张健明，毛艳．新能源汽车产业的市场培育对策研究[J]．科技管理研究，2015（19）：94－97.
[14] 李礼，杨楚婧．财政货币政策联动对新能源汽车消费的影响研究[J]．科技管理研究，2017，37（13）：30－35.
[15] IREA. Policy options for the promotion of electr ic vehicles：a review [R/OL]．（2012－08－12） [2020－05－10]．http：//www. ub. edu/irea/working_ papers/2012/201208. pdf.
[16] UFCCC. Global car industry must shift to low carbon to survive-CDP. [EB/OL]．（2012－01－18） [2020－05－30]．https：//unfccc. int/news/global-car-industry-must-shift-to-low-carbon-to-survive-cdp.
[17] JENN A，AZEVEDO I L，FERREIRA P. The impact of federal incentives on the adoption of hybrid electric vehicles in the United States [J]. Energy economics，2013，40（1）：936－942.
[18] BJERKAN K Y，NORBECH T E，Nordtomme M E. Incentives for promoting battery electric vehicle（BEV）adoption in Norway [J]. Transportation research part d：transport and environment，2016，43：169－180.
[19] RUDOLPH C. How may incentives for electric cars affect purchase decisions? [J]. Transport policy，2016，52：113－120.
[20] HELVESTON J P，Liu Y M，Feit E M，et al. Will subsidies drive electric vehicle adoption? Measuring consumer preferences in the US and China [J]. Transportation research part a：policy and practice，2015，73：96－112.
[21] ZHANG L，QIN Q D. China's new energy vehicle policies：evolution，comparison and recommendation [J]. Transportation research part a：policy and practice，2018，110：252－272.

[22] WANG S Y, Li J, ZHAO D T. The impact of policy measures on consumer intention to adopt electric vehicles: evidence from China [J]. Transportation research part a: policy and practice, 2017, 105: 14 – 26.

[23] DIAO Q, SUN W, YUAN S, et al. Life-cycle private-cost-based competitiveness analysis of electric vehicles in China: considering the intangible cost of traffic policies [J]. Applied energy, 2016, 178: 567 – 578.

[24] KWON Y, SON S, JANG K. Evaluation of incentive policies for electric vehicles: an experimental study on Jeju Island [J]. Transportation research part a: policy and practice, 2018, 116: 404 – 412.

绿色产业与绿色金融篇

旧经济模式城市雾霾环境下建筑社会成本探析

——以某城市为例

朱　健　曹军平[①]

摘　要：2020年，习近平总书记在第七十五届联合国大会上提出，中国二氧化碳排放力争于2030年前达到峰值，2060年前实现碳中和。如何构建人类命运共同体，如何构建可持续化社会发展模式，成为各国政府的重要责任。土木建筑行业是碳排放的主要领域之一，对实现人类社会绿色可持续发展影响巨大。当前，针对土木工程领域全寿命周期能耗水平和环境成本影响方面已经开展了较多的研究，但针对原有经济模式和环境影响下的社会成本方面的研究相对缺乏。本文通过对工程社会成本方面的研究，揭示温室气体过量排放下的自然环境对居住者的有形和无形影响，并将其量化为可评价指标。研究的开展为旧有经济模式转化为绿色可持续经济发展模式增加了有力的评判依据，为夯实可持续化经济发展模式和构建碳中和的人类更美好经济社会奠定了坚实的基础。

关键词：绿色可持续发展；土木工程；全寿命周期；社会成本；碳排放

一、建筑社会成本问题的提出

目前，学术界通常倾向于讨论可以清晰得到答案或结论的研究，对于无法给出确定性研究结论或答案的研究，一部分学者会直接选择忽略或者无视，另外一部分学者认为该问题并不重要。这种情况在目前的土木工程界尤其普遍，如热议的虎门大桥震颤、深圳赛格电脑大厦震颤等问题，引起了社会和学者的高度关注。无论是结构受力问题还是变形问题，都属于目前土木工程学界可以

① 朱健：博士，佛山科学技术学院教授，主要从事工程全寿命周期方面的分析研究。电子邮箱：zhujian@ fosu. edu. cn。曹军平：硕士研究生，主要从事绿色轻型混凝土材料性能方面的研究。

掌握的领域，学者们对这一类问题均进行了大量的研究，因为易于得到清晰而明确的解答。

但有可以清晰解答的问题，也有难以得到明确和清晰解答的问题，如大型的基础设施、交通工程、桥梁工程在其全寿命周期内到底对周围环境造成了多大的影响，这种影响应该采取何种方法进行量化评价，交通流带来的噪音对周边群众心理造成损害所形成的社会成本到底应该如何准确的评价等。桥梁的兴建导致的污染排放物增加到底对周边群众身体健康造成了多大的影响，即土木工程全寿命周期社会成本问题。这一类问题是人的肉眼或仪器难以立刻辨识或观察到的，而结构的变形、速度、加速度变化都是可以观察到并容易被量化评价的；而且这一类问题通常都是长期性的，可能会持续几十，甚至上百年，而人类一般对于短时间内，如几秒或几小时内就发生明显变化的现象更感兴趣。对于无法清晰测量和表征的长期性问题，现在国内部分学者通常倾向于采取无视或忽略的态度，普遍认为无论是生物、化工、能源领域还是建筑工程领域，只有研究短期变化的成果才是有意义的。

因此，在国内每年举行的大量土木工程学术会议中，很难听到学者开展工程全寿命周期长期性研究工作的报告。这种现象一方面反映出国内学者在研究选题上的局限性，在社会功利的压力下，更多人选择出成果快的方向，另一方面也反映出各个行业的全寿命周期问题的艰深复杂，目前还没有找到一种有效的办法来完全解决这一类长期性问题。但回避或者忽略并不表示这一类问题不存在或者这一类问题造成的影响无足轻重。

一百多年前，当内燃机刚刚出现时，尽管喷出来的是滚滚黑烟，但当时没有人认为这会对环境造成多大的影响。而现在燃油技术和发动机技术已经提升到很高的水平，车辆排放的尾气肉眼几乎不可见了，为什么其造成的影响却反而不容忽视了呢？答案当然是经过一百多年的量变积累，情况已经发生了质变，并且已经质变到足以影响全球的气候变化，导致自然灾害，对个人的身体健康、心理变化也产生了不利影响的地步。这从一个侧面说明，对于工程的长期性研究并非可有可无或无足轻重。如果学界全都聚焦于力学或者材料等短期性性能研究而轻视工程的长期性研究，那么是畸形和危险的。

钢筋混凝土建筑是近百年来人类兴建的最主要的建筑结构类型，而大规模的土木工程建设已经成为引起巨大的全球温室气体效应的主要诱因，导致地震、台风、洪水、酷热、干旱等自然灾害层出不穷，这引起了全世界范围内有识之士的广泛担忧。2020 年 9 月，美国西部加州沿海地区最高气温达到 49℃，而过去几年在中东地区则同时出现了破纪录的高温和高湿度天气，最高气温一度达到 71℃。坦率地讲，目前学界对于温室气体所导致的极端自然灾害后果，认识远远不够，这反映在相关学术刊物的影响因子、发表论文的数量、从事研究的学者人数及受资助的课题数量上。这些极端气候现象到底是短期的还是一场大规模极端自然灾害的开始，包括学界在内，目前均没有统一明确的研究结论。由于缺乏各个专业的长期性的、系统的全寿命周期基础研究，未来一旦出现极端热浪叠加高湿度气候，将严重威胁到包括我国华南地区在内的全球所有低纬度热带滨海地区人们的生命安全和生存。我国广东、福建地区是重要的工业和制造业基地，如果不对相关领域提前开展工程全寿命周期综合影响和气候环境长期性评价、系统性研究，提前实施相关的预防措施，极端气候可能将严重威胁国家人民的生命安全和经济安全，甚至有可能带来巨大的城市灾难和人口灾难。这样一种滞后的整体研究现状尤其令人担忧，因为气候变化一定是大范围、跨国界的，需要各国政府联合起来行动才可能真正解决人类无节制地向大气中排放温室气体所带来的长期性问题。从经济政策上来讲，未来可能不仅仅只有碳排放政策，还可能会进一步推出碳税和碳货币政策，以碳货币取代目前各国的实体或虚拟货币，通过碳货币实现对排放温室气体个人或公司的奖惩。目前，从工程全寿命周期角度进行研究的学者不多，这方面的国内外研究成果亦非常有限。

工程项目的全寿命周期分析评价在不同研究中有不同的定义，该研究也一直在发展，以往学者在做工程全寿命周期的分析评价时，只侧重于结构和材料的受力性能和耐久性长期劣化的研究，这一类研究大多要结合工程所在地的环境气候、温度和湿度的变迁来做综合性的长期研究，这反映了一部分学者对于工程全寿命周期综合性能的理解。近十年，对于工程全寿命周期的综合分析更倾向于建筑结构在建造、运营和报废回收阶段对环境的影响，这种环境影响不仅包含温室气体排放量，还包括各种对人们的身体和心理的损害、各种化学物质对土壤和海洋水体的酸化等长期不利影响。

当然，由于土木工程对于地球生态圈所造成的影响比较复杂，目前的研究还主要聚焦在 CO_2 温室气体的排放评估上，这主要涉及 4 个方面：绿色技术、CO_2 排放政策、建筑材料和构造，以及房屋的全寿命周期分析。

近年来，绿色技术是国内非常流行的行业技术，如绿色建筑、绿色建材、绿色能源等。绿色技术一直被看作节能减排最有力的措施，但目前存在的问题是对绿色技术的界定缺乏严格的标准和统一的认证体系，或者可以理解为只要该技术相比现有技术在节能减排方面有作用，就可以定义为绿色技术，如天然气和氢燃料。天然气相较汽油、柴油，可以带来较少的温室气体排放；单纯看燃烧氢燃料是零排放，但制氢的过程需要耗费大量的电力，目前的国内电力能源 70% 以上来自火力煤炭发电。因此，综合来讲，所谓的绿色技术只是部分降低了温室气体排放量或节约了部分能源消耗，但从总的生态环境来看，目前的绿色技术可能并没有减少 CO_2 的排放总量，而只是延缓了温室气体总量增加的速度，这显然不能逆转目前整个地球生态圈温室气体总量在增加的现状。

由于地球的大气层空间是有限的，可容纳和降解的污染物总量也是有限的，地球的资源更是有限的。只有减少碳排放，才可以维持整个经济的长期可持续发展。因此，近年来各国政府高度重视制定一个可操作、可执行的碳排放计算、追踪、交易可持续体系，在这一体系中，各行各业的具体碳排放量和碳价格、碳交易税率直接挂钩，通过经济杠杆来控制碳排放总量是这个政策的初衷。

在土木工程方面，为落实这一宏大的政策，近年来，诸多学者在工程碳排放计算方面展开了研究，如一些学者致力于研究不同的因素对于高层混凝土建筑结构碳排放的影响，而且研究发现预制装配式混凝土较现浇混凝土可以减少5%的 CO_2 排放量，增加木材料在房屋结构中的使用可以减少碳排放。只有将环境影响和温室气体排放的因素考虑进土木工程设计、建造、运营和报废回收全过程中，才可以全面反映土木工程对地球生态系统的长期影响。因此，诸多学者近年来将全寿命周期的概念引入土木工程研究中，通过在全寿命周期研究中考虑碳排放政策来实现工程设计过程中对环境更友好的建筑材料和产品的设计评估和优化。工程全寿命周期研究可以在全寿命周期跨度内识别出对环境影响最显著的因素，同时也可以定量化地描述出低能耗建筑相比较传统建筑在全寿命周期内能耗的巨大差异。土木建筑工程的特点在于工程对环境的影响远大于对其能源消耗的影响。为此，国外一些学者陆续研究了土木工程建造和运营期间的环境影响和能耗水平，其中，报废回收阶段被认为是工程全寿命周期中最困难的阶段，简化处理的方式被广泛地应用在这一阶段。

具体到计算建筑房屋 CO_2 排放量的方法，过去十年也在不断发展，例如，Huang 等发展出一种量化评估 CO_2 足迹的建筑房屋全寿命周期模型，Azzouz 等强调了在房屋早期设计决策中使用全寿命周期评估的重要性，Li 等提出了模拟和优化的现浇混凝土建设中减少 CO_2 排放量的模拟模型方法，Schmidt 等通过建立考虑全寿命周期成本和全寿命周期温室气体评估流程来尝试建立低碳并且价格合理的建筑环境。

2021 年 2 月，中国建筑节能协会发布了《中国建筑能耗研究报告（2020）》，报告开篇部分坦陈，当前中国建筑节能数据量化工作还存在一个短板，即缺乏建筑全寿命周期能耗和碳排放数据。随着我国城乡建设持续大规模推进，建筑材料的生产、建筑施工环节消耗了大量能源，产生了大量的碳排放，建设领域对这部分的能源消耗和碳排放缺乏系统研究和可靠的数据支撑。图 1 为 2005—2018 年我国建筑全寿命周期碳排放量。

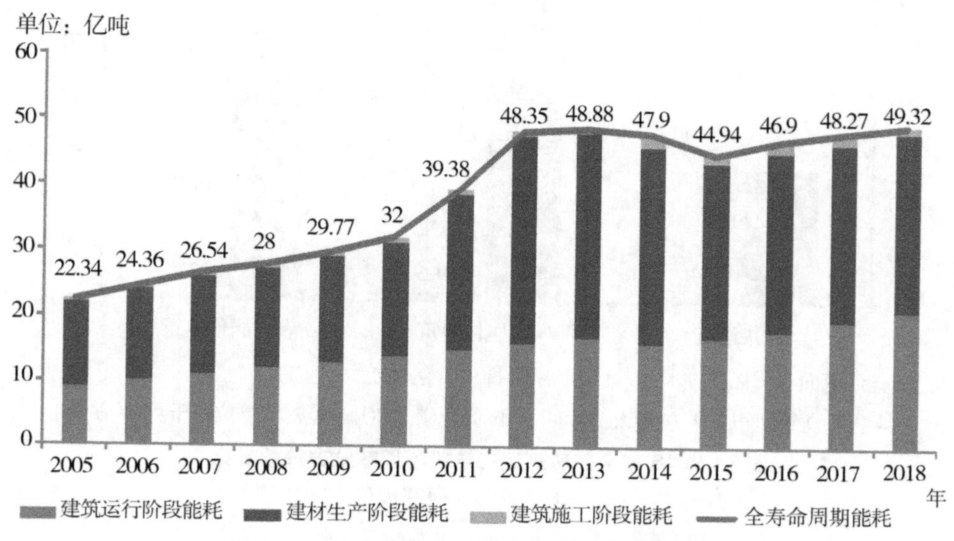

图 1　2005—2018 我国建筑全寿命周期碳排放量

（数据来源：《中国建筑能耗研究报告（2020）》）

该报告显示，2018 年，中国建筑全寿命周期碳排放总量为 49. 3 亿吨，占全国能源碳排放的 51. 2%。其中，建材生产阶段碳排放 27. 2 亿吨，占建筑全寿命周期碳排放的 55. 2%，占全国能源碳排放的 28. 3%。建筑施工阶段碳排放 1 亿吨，占建筑全寿命周期碳排放的 2%，占全国能源碳排放的 1%。建筑运行阶段碳排放 21. 1 亿吨，占建筑全寿命周期碳排放的 42. 8%，占全国能源碳排放的 21. 9%。其中，公共建筑碳排放 7. 84 亿吨，占比 37. 1%，单位面积碳排放为每平方米 60. 78 千克 CO_2；城镇居住建筑碳排放 8. 91 亿吨，占比 42. 2%，单位面积碳排放为每平方米 29. 02 千克 CO_2；农村居住建筑碳排放 4. 37 亿吨，占比 20. 7%，单位面积碳排放为每平方米 18. 36 千克 CO_2（见图 2）。

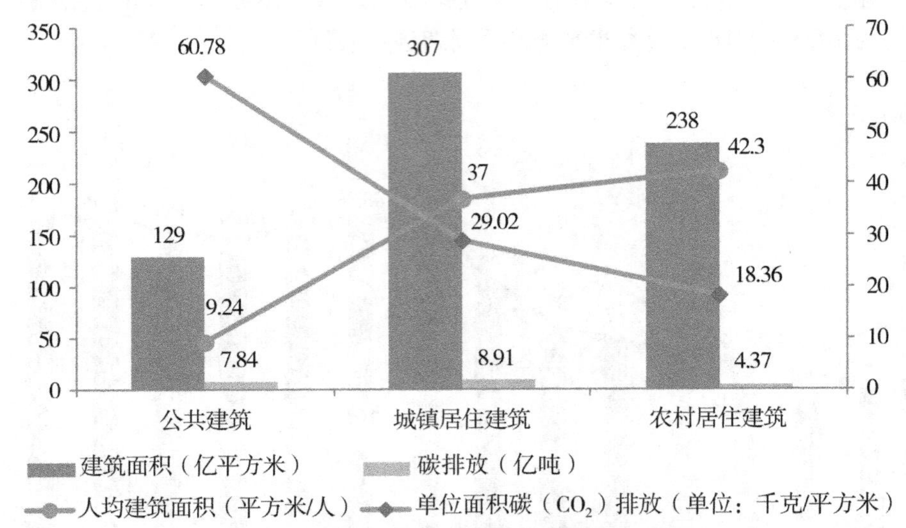

图 2　2018 年全国建筑运行阶段不同建筑碳排放对比

（数据来源：《中国建筑能耗研究报告（2020）》）

综上所述，无论是在世界范围内还是在国内，针对不同类型的土木工程建筑，目前开展的全寿命周期环境和能耗方面的对比性能评价研究，为进一步指导土木工程朝着低碳环保和绿色可持续循环的道路前进提供了一部分理论支撑。但是，目前的工程全寿命周期方面的研究仍旧存在短板，针对环境对人类社会的长期发展量化研究还相对缺乏，只有把这部分研究短板补上，整个工程全寿命周期的环境影响研究才算完整。

二、建筑社会成本的研究方法

自工业革命之后，人类社会对全球能源、生态环境的影响日益加深，大量的含碳气体被排入地球大气圈，加重了温室气体效应，由此引发了一系列自然灾害，如厄尔尼诺现象、海平面上升等，直接危及人类生存。2015 年 12 月，国际社会近 200 个缔约方共同签署了《巴黎气候协定》，各方承诺将 21 世纪全球平均气温上升幅度控制在 2℃以内。随后，各国也做出大幅减排温室气体的承诺。2020 年 9 月，在第 75 届联合国大会上，我国也向国际社会做出 2030 年前碳达峰，2060 年前碳中和的庄重承诺。

房屋住宅是人类社会环境的重要部分，其影响覆盖社会、经济、环境甚至气候变化。房屋建造与使用，需要消耗大量的原材料和能源，无论是原材料的提取、生产还是房屋运营过程都离不开能源的使用，而目前各国初级能源生产的主要方式还是依赖生物化石燃料（石油、煤炭、天然气）的燃烧，燃烧过程会向大气排放大量的含碳物质，从而导致温室效应。因此，房屋建筑对人类社会环境有巨大的影响。

建筑是为社会各项服务而存在的，但如果在建筑过程中不考虑其对环境所造成的负面影响，如大量排放温室气体、污染地下水、持续性制造噪声等，会导致政府等决策机构和社会人群对于大规模建设活动所造成的结果过于乐观，从而忽视大规模的建设活动对环境的长期累积性危害，最终必然会对人类社会以及居住人群的身心产生各种不良的影响，这种影响积累到一定程度将会给人类社会带来严重后果。当然，如果我们可以积极地处理好与周围环境的关系，则可以将对自然环境的不利影响降至最低。

目前，针对建筑全寿命周期社会成本问题，可以通过一些方法将建筑产业对社会和人的影响变成可计算量化的指标，如建筑全寿命周期温室气体排放对人心理的影响，可以通过测量建筑周边的环境噪声、空气污染指数、居住在建筑内人员的工作效率指数等形式来间接表示。建筑全寿命同期温室气体排放对人体健康的影响，可通过在建筑全寿命周期内针对社区内不同年龄段的人群年均医疗费用和大病医疗费用来统计分析和合理评价，并与国内外其他地区的人口统计数据进行对比评价来获得有价值的数据。建筑全寿命同期温室气体排放对人体健康的长期影响程度是评价的最大难点，笔者通过调查问卷的形式来获取更准确地统计信息无疑是一种很好的解决途径。

2016 年，笔者带领研究团队在国家自然科学基金的资助下，对北方某省会城市冬季雾霾环境（含温室气体过度排放）对人的健康损害做统计调查研究，研究结果揭示出建筑全寿命周期社会成本分析的重要性和必要性。该研究是通过问卷调查的形式开展的，具体问卷调查内容如表 1 所示。

表 1　针对雾霾对人心理和身体健康影响的调查问卷内容

序号	问题描述	回答方式
1	您认为雾霾是否会影响到您的心情或者您是否对雾霾感到担忧	是或否
2	发生较重雾霾后，是否导致您有喉咙不适或者感觉肺部有不适的情况	是或否
3	您是否认为雾霾已干扰到了您的正常工作或降低了您的工作效率	是或否

续上表

序号	问题描述	回答方式
4	在雾霾天，您认为是否有必要戴上口罩或以其他方式进行必要的防护	是或否
5	假如有可能的话，您是否会因为雾霾而选择离开这座城市到空气良好的地方去	是或否
6	如果政府能给大家提供舒适快捷的公共交通工具，如轻轨、地铁等，您是否愿意为此而放弃开私家车出行或放弃购买燃油车	是或否
7	您是否认为城市里雾霾最大的来源就是燃油车尾气排放	是或否
8	在过去一年中，您是否因为雾霾而生过病	是或否，（　）天
9	您是否认为，长期在雾霾天气中生活会对人体肺和其他器官产生慢性的长期损害并且积累后会生病	是或否
10	您是否认为，雾霾和现在城市里居民出现的一些病症，如癌症（肺癌、五官癌等）的发生率增加或老人的过早离世有关联	是或否

注：我国目前旧有的经济发展模式，即过度依赖化石燃料的社会经济运行模式，并未得到较大的改变。在这一经济模式下，中国北方地区，尤其是西北地区脆弱的生态环境叠加大量的温室气体排放，导致在冬季北方地区极易出现严重的雾霾现象。但以往对于雾霾气候条件下人的心理和身体健康方面的专题调研极少，而雾霾现象实际上就是人类社会大规模依赖化石燃料的产业发展模式造成的，无论是燃油汽车还是火力发电厂都是旧有经济发展模式下的产物。

针对雾霾对社会人群心理和身体健康影响的调查问卷共发出4000份，收回有效问卷3320份，其中男性被访者1640份，女性被访者1680份。

样本选择覆盖各年龄段（见图3），主要以20～70周岁之间、具有自主判断力的成年人为主。从统计调查结果来看，不同年龄段人群对于同一问题的回答存在一定的趋同性。除第4个问题以外，其余问题在50周岁以上人群，无论男女均存在大致相同的涨落规律，反馈结果大致相同。问题1、问题2分别针对雾霾对居住者的心理和身体是否产生了不利的影响进行调查，这两个问题无论男性还是女性调查者，30～50岁人群均认为对自己心理和身体有影响。而最有意思的地方在于，在50岁以上群体中，无论男女，前两个问题认同的比例不仅没有随着年龄的增长出现上升，反而出现了相当幅度（5%～10%）的降低，这显示出50岁以上的人群由于生活压力和精神压力的降低而呈现出身体和心理抵抗力的反弹。这实际暗示了人的身体和心理会受到外界环境的明显影响，当这种影响显性化以后，会表现为疾病的出现或增加、工作效率的降低等，这些可以用经济性成本指标来理解和衡量。

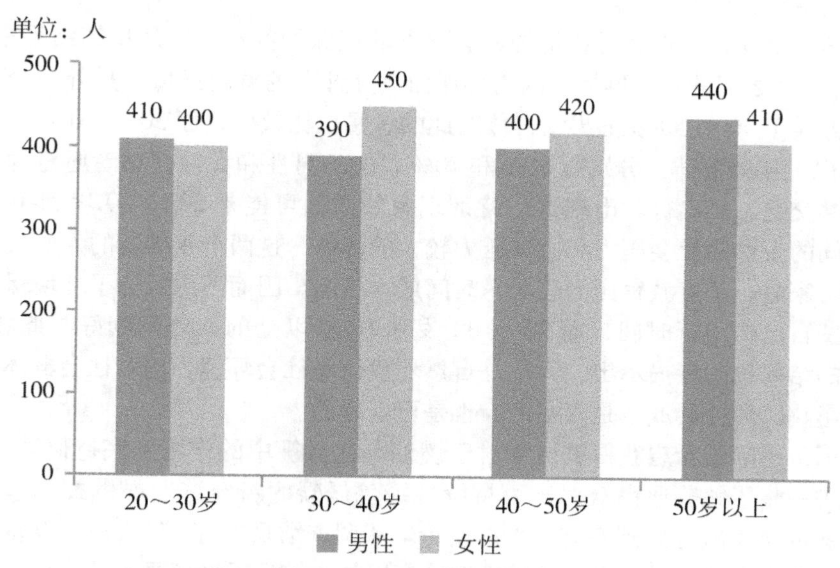

图3　调查样本中不同年龄段男、女被访者人数

第3个问题则更加直接地要求被访者明确雾霾这一环境因素是否影响到工作效率。从问卷反馈来看，无论男女，均显示30～40岁之间的人群为最易受损伤群体，分别有69%的男性和71%的女性认为的确影响到他（她）们的工作效率，其次是40～50岁人群，然后是50岁以上的老年人群。这一调查结果也同样说明了50岁以上的老年人群体反而是仅次于20～30岁之间年轻人群体的较少受雾霾影响的群体。仅从研究结果来看，这一结果是反常的，即随着年龄的增长，抵抗雾霾影响的能力反而增加。针对这一反常结果，只能从社会压力和心理压力等无形的因素来解释。此外，该问题调查显示，女性比男性对于环境的反应更加敏感。

第4个问题同样显示了女性比男性对于外界环境的刺激更敏感，其中，在20～50岁之间有高达80%的女性认为在雾霾天应该戴口罩，而同年龄段男性的比例较低。但50岁以上人群中，女性认为要戴口罩的比例出现大幅降低，推测这可能是由于女性戴口罩部分出于爱护容貌的心理需求，而这一心理需求在其年龄超过50岁以后会大幅减弱。

第5个问题直接将问卷被访者置于选择的境地，要求明确回答是否会因为雾霾这一环境问题而离开所在城市，这个问题可以揭示出雾霾这一环境因素到底会对居住者造成多大程度的影响。从问卷调查结果看出，不同年龄段的人群呈现出基本相同的比例，34%～48%的男性和22%～40%的女性会选择离开此地到空气更好的地方。

第6个问题考查被访者是否具有强烈环境保护的观念。从反馈结果来看，20～30岁之间的年轻群体，因为环保而放弃开车的意愿最低，另外一个奇特的地方在于40～50岁的男女群体对此的意愿也比较低，而30～40岁之间和50岁以上年龄群体，分别有60%和70%以上的男性和女性受访者愿意为此选择公共交通工具出行。出现这一特别现象的原因可能是20～30岁和40～50岁之间的人群是社会压力和心理压力较大的群体，这两个年龄段的人所面临的生计、家庭、子女教育压力较大，时间成本较高，因而不愿意为了环境保护而多耗费自己的出行时间，而20～30岁和50岁以上的群体则刚好与此相反。这样的结果也间接揭示出，无论是自然环境还是社会环境，均对社会群体有较大的影响，即社会成本是存在的，也是可度量的。

第7个问题希望获得被访者对于燃油车在雾霾中的作用到底持何种立场，以此进一步了解普通民众对于可持续性绿色低碳的新经济发展模式（包括新能源绿色交通出行）到底有多大的期待。从调查结果来看，除20～30岁的青年男性受访者对于燃油车的接纳程度较高以外，无论男性还是女性，对于旧有经济模式下的出行方式均有约50%的比例持拒绝的态度，而且随着年龄的增长，对于绿色环保的交通出行方式的需求就越迫切，在50岁以上受访人群中，61%的男性和68%的女性认为燃油车就是导致冬季城市产生雾霾的最大原因。

第8个问题要求被访者回答是否因雾霾而支出了医疗成本，这实际上是要调查雾霾导致人群患病的比例。从调查结果来看，男性在不同年龄段的患病的比例在7%～23%，而女性的患病比例在5%～22%，呈现高度的类似性，其中，20～30岁之间人群生病的比例在5%左右，50岁以上人群生病的比例增加到20%以上，整体呈现随着年龄的增加生病的人数比例也在增加的趋势。

第9个问题关于雾霾对人体的长期影响，从调查的结果可以发现受访群体对该问题具有高度的认同，无论男性还是女性均有超过90%认为雾霾的确对自己的身体造成了长期的影响。

第10个问题进一步调查受访人群是否认为雾霾是造成大病的根源之一，对此问题无论男性还是女性均有超过50%受访者给出了肯定的回答。但奇怪之处在于50岁以下受访人群对该问题的认同率不断提高，并在40～50岁受访群体中达到高峰，即约80%受访人群认为雾霾会导致严重病症。但50岁以上受访群体对此问题认同的比例降低至50%左右，这反映出人群关于雾霾对人体的健康影响普遍比较担忧，这种担忧的情绪在职场适龄人群中可能表现为过度的担忧，并在 40 ～ 50 岁男性或女性群体中表现最严重，而一旦进入 50 岁以后，随着退休年龄临近，其生活压力和工作压力在得到了一定的释放后，这种担忧的情绪也随之得到了部分的缓解。

不同性别受访者对于调查问卷答案的选择如图 4 所示。我们可以发现无论男性还是女性对调查问卷的选择基本呈现同一趋势，这也反映了调查问卷中的问题不存在性别差异过大的无效问题，验证了调查问卷的有效性。

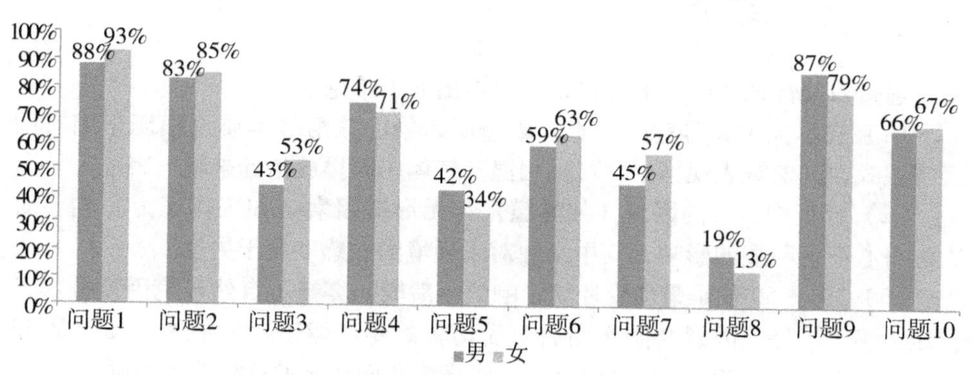

图 4　不同性别受访者选择答案为“是”的占比

此外，从过去一年不同年龄段因为雾霾生病的时间来看，整体呈现典型正态分布特征，30 ～ 50 岁为受雾霾影响生病高峰年龄段，其中，30 ～ 40 岁之间的男性受雾霾影响导致的年均生病天数为 8 天，女性年均 10 天（见图 5）。

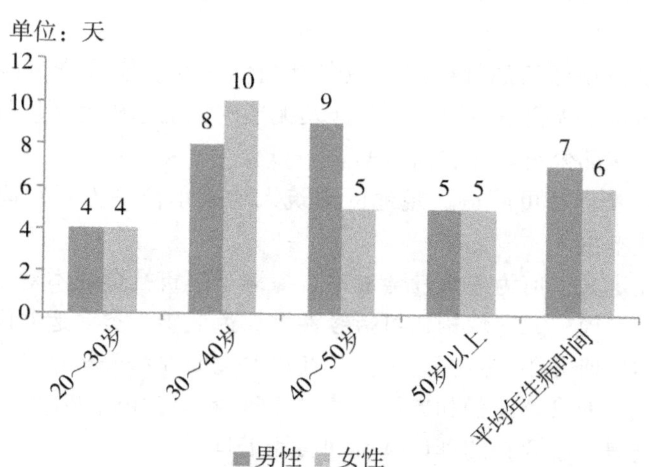

图 5　不同年龄段人群过去一年因为雾霾生病的时间

50 岁以后，无论男性还是女性，反而下降至年均 5 天。该数据为研究者获取选定地区基于人口不同年龄结构的年人均医疗康复成本和误工时间成本研究提供了可靠的基础统计数据。

调查问卷的结果是进一步计算获取建筑全寿命周期社会成本重要的一环，为进一步考虑多年时间跨度的建筑全寿命周期社会成本提供了重要的统计依据。

三、研究结论

通过对统计调查问卷的分析，可以得出如下结论。

（1）自然灾害如雾霾、污水、重金属污染、酸雨等本质上根源于旧有的经济模式，其宏观表现指标均可以用温室气体 - 碳排放指标来统一表征。

（2）环境中有形的因素（如雾霾）和无形的因素（如工作压力）均会对人的身心产生明显的影响，其中女性对于环境的敏感度高于男性。

（3）30 ～ 50 岁是最易受环境影响的年龄段，雾霾等自然环境因素叠加工作压力等无形环境因素共同作用后对受访者的身心健康影响最大，其次是 50 岁以上的老年人。20 ～ 30 岁的年轻人对环境负面影响的抵抗能力最强。

（4）因为雾霾等自然环境因素所导致的居住者群体健康损失或修复成本，可以通过不同年龄段的医疗成本予以量化计算，这部分要计入建筑的社会成本。雾霾等自然环境因素所导致的居住者工作效率降低和心理压力可以通过误工所导致的时间成本来大致估算，这部分也要计入建筑的社会成本。因此，本研究中建筑的社会成本完全可以量化计算，包括医疗康复成本和误工时间成本两部分。

（5）本研究中建筑的社会成本只包括由旧有经济模式产生的自然环境污染导致的人的身心损伤修复成本，不涉及无形的如工作压力环境导致的人的身心损伤成本，这部分也是无法估量的。

（6）进一步计算可获得选定地区建筑人均或单位平方米对应的建筑全寿命周期社会成本值。

本项研究定义了何为建筑社会成本，探讨了建筑社会成本对于促进当前我国转变经济发展模式，尽快构建可持续性、绿色低碳人类命运共同体的重大意义。同时，本项研究还重点探讨了如何通过调查问卷和分析计算来获取某一地区建筑社会成本的具体途径和方法，为“2030 年碳达峰、2060 年碳中和”目标的顺利推进提供了全新的理论基础和实践工具。

参考文献：

[1] 环球网．美国西部大部分地区遭遇极端高温天气　民众冲浪消暑［EB/OL］．（2020－09－07）［2021－06－23］．https://world.huanqiu.com/gallery/3zmX7ZWO44p.

[2] 环球网．2015 全球气温创百余年来新高　伊朗体感温度达 74 ℃［EB/OL］．（2015－08－12）［2021－06－23］．https://world.huanqiu.com/article/9CaKrnJOq1g.

[3] 中国建筑节能协会．中国建筑能耗研究报告 2020［J］．建筑节能，2021，49（2）：1－6.

[4] 新华社．中共中央关于制定国民经济和社会发展第十四个五年规划和二〇三五年远景目标的建议．［EB/OL］．（2020－11－03）［2021－05－23］．https://baijiahao.baidu.com/s?id=1682337394069410916&wfr=spider&for=pc.

[5] KEOLEIAN G A，BLANCHARD S，REPPE P. Life-cycle energy，costs，and strategies for improving a single-family house［J］．J. Ind. Ecol，2000，4：135－156.

[6] CITHERLET S，DEFAUX T. Energy and environmental comparison of three variants of a family house during its whole life span［J］．Build. Environ，2007，42：591－598.

[7] JUNNILA S，HORVATH A. Life-cycle environmental effects of an office building［J］．J. Infrastruct. Syst，2003，9：157－166.

[8] RAMESH T，PRAKASH R，SHUKLA K K. Life cycle energy analysis of buildings：an overview［J］．Energy Build，2010，42：1592－1600.

[9] 国家统计局．2021 年 5 月份能源生产情况［J/OL］．（2021－06－16）［2021－06－23］．http://www.stats.gov.cn/tjsj/zxfb/202106/t20210616_1818432.html.

[10] OYEDELE L，REGAN M，MDING J V，et al. Achieving the UK government target of halving construction waste to landfill by 2012［J］．Economic & Political Weekly，2012，43（32）：23－27.

[11] HUANG B，XING K，PULLEN S. Carbon assessment for urban precincts：integrated model and case studies［J］．Energy build，2017，153：111－125.

[12] AZZOUZ，A，BORCHERS M，MOREIRA J，et al. Life cycle assessment of energy conservation measures during early stage office building design：a case

study in London [J] . Energy build, 2017 (156): 139 – 151.

[13] YI Y, LI J. The effect of governmental policies of carbon taxes and energysaving subsidies on enterprise decisions in a two-echelon Supply chain [J] . J. Clean. Prod, 2018, 181: 675 – 691.

[14] SCHMIDT M, CRAWFORD R H. Developing an integrated framework for assessing the life cycle greenhouse gas emissions and life cycle cost of buildings [J] . Procedia Eng, 2017, 196: 988 – 995.

[15] SIM J. The effect of new carbon emission reduction targets on an apartment building in South Korea [J]. Energy build, 2016, 127: 637 – 647.

[16] MARZOUK M, AHMED E, AL-GAHTANI K. Building information modeling-based model for calculating direct and indirect emissions in construction projects [J]. J. Clean. Prod, 2017, 152: 351 – 363.

城市轨道交通运营发展研究

——以香港铁路和广州地铁为例

卢嘉敏[①]

摘　要：粤港澳大湾区的绿色发展的主调离不开轨道交通的建设。香港地铁发展历史悠久，而且是世界上少有的能盈利的公共交通案例之一。广州地域辽阔，轨道交通的发展潜力巨大，在建设粤港澳大湾区的交通网络上起着先行作用。本文选取了在绿色交通领域里比较相似且有代表性的香港铁路有限公司与广州地铁集团有限公司作为研究对象，对两所企业的运营情况、盈利模式、融资状况、股权结构、发展前景等做了详细的比较，分析了这两所企业在运营和发展方面的现状、前景和存在的问题，并提出相应的政策建议。总的来说，得益于香港的国际金融中心地位，香港铁路的盈利模式更趋成熟和市场化，融资渠道也更多样化，但由于人口的低增长、土地使用的限制，轨道建设正面临发展的瓶颈。而广州地铁近年发展迅速，逐渐从依靠政府投资转向市场化融资，其绿色融资额也在逐年增长并已尝试在香港发债，绿色融资总额也达到了一定规模。在广州城市化和大湾区一体化的进程中，轨道交通发展有着巨大的潜力，其融资需求也较大，如何“走出去”引入更多的投资实现可持续发展是广州地铁面临的问题方面。文章最后对粤港在轨道交通发展的方向、路径及需要解决的问题进行了讨论并提出建议。

关键词：轨道交通；绿色出行；绿色金融

一、引言

工业、建筑和交通运输是我国碳排放最大的三个部门。其中，交通运输部

① 卢嘉敏：博士，暨南大学经济学院讲师，研究方向：环境经济学。电子邮箱：lujiamin@gmail. com。

门二氧化碳排放量占全国总排放量的近9%，是第二大排放源。在交通运输部门的排放中，道路交通排放占绝对多数，2015年道路交通排放占整个交通运输部门排放的82.7%。支持绿色交通，对中国是否能实现“2030年碳达峰”目标及达峰后走势有重要影响。

公共交通是交通部门脱碳的关键，但公共交通系统一般需要巨大的投资。尽管地铁、有轨电车和公交车系统是许多城市低碳交通的支柱，但它们并没有超过私家车的使用频率，而且许多城市对公共交通系统的投资和维修仍然滞后。城市轨道交通每客千米的能源效率是城市汽车出行的7倍，而城市电动公交车的能源效率则高达10倍。

近年来，轨道交通行业持续快速发展，运营规模和规划在建规模持续增加，为支持轨道交通建设，各级政府在资金方面给予了较大支持，但还是不足以满足巨大的资本需求。本文选取了在轨道交通领域里比较相似且有代表性的香港铁路有限公司与广州地铁集团有限公司作为研究对象，对两所企业的运营情况、盈利模式、融资状况、股权结构、发展前景等做了详细的比较，分析了这两所企业在运营和发展方面的现状、前景和存在的问题，并就如何发展粤港澳大湾区绿色交通网络提出政策建议。

二、香港铁路有限公司发展历程

中国香港地区人口非常稠密，陆地面积仅1104平方千米，人口超过700万。每天有超过1100万人次乘坐公共交通工具，包括铁路、有轨电车、公共汽车、小巴、出租车和渡轮。90%以上的机动出行是乘坐公共交通工具，比例是全球最高的。

香港铁路有限公司（简称“港铁公司”）于1975年9月26日创立，当时名为地下铁路公司，于2000年宣布私有化，同年4月26日注册成为有限公司，更名为地铁有限公司。2007年两铁合并，同年12月2日起，改为现在的名称。

截至2019年，港铁公司运营的整个铁路系统绵延218.2千米，拥有84个车站和68个轻轨站。建成如此成熟的网络系统必须对公共交通系统进行重大投资。香港铁路网发展的成功基于它采用的公私联合开发模式和“铁路+物业”的运营模式，该方式成功为其网络建设调动了大量资金，并使其成为世界上成功的案例之一。

（一）公私联合开发模式

公私联合开发模式主要基于土地价值捕获机制理论。土地价值捕获机制遵循的基本逻辑是：增强交通系统的效率和可达性，并且能为土地和房地产增加价值。这种增值模式已被多项研究证实。研究表明，在香港，靠近铁路的房价溢价在5%～17%之间。如果物业采用面向交通的设计，如便于行人进入商业设施或提供与车站相连的通道的结构，则该溢价甚至可以超过30%。

土地价值可以被划分为四个部分，如表1所示。

表1　土地价值划分

土地价值划分	利益相关方
土地内在价值	土地买家（或承租人）向卖家（出租人）付款以获得土地的产权
由于土地所有者的投资，土地价值的增加	私人土地所有者应该从这部分增量中获利
由于对基础设施的公共投资和土地使用法规的变化，土地价值的增加	公共服务提供者应获取这部分增量，以支付公共基础设施和当地服务提供的成本
由于人口增长和经济发展，土地价值的增加	政府应代表公众保留这部分土地价值

［资料来源：Hong and Brubalker（2010）］

由于土地价值溢价部分有以上的区分，因此公共部门和私人投资者试图获取各自的盈余是合理的。而且，公共部门捕获的盈余可用于偿还运输基础设施的部分成本。基于以上各种土地价值获取的存在，香港地铁成功发展出一套联合开发模式。联合开发是一种公私合作伙伴关系，公共实体与私人开发商合作开发基础设施项目，双方共同承担风险、成本和利润。香港地铁开发流程如下。

（1）在规划新铁路线时，地铁公司会与政府一起评估建设成本，然后编制总体规划，以确定铁路沿线的房地产开发用地。

（2）在获得所有必要的批准和谈判条款后，地铁公司向政府购买了为期50年的在火车站和车站上方及铁路附近的土地上开发物业的权利，称为“开发”权利。地铁公司为这项权利支付给政府的“土地溢价”而没有考虑到运输项目带来的增值，通常称为“铁路建前”土地溢价。

（3）地铁公司随后公开招标，将这些物业发展权分配给私人发展商（发展权通常分为多个地块）。对于开发人员来说，在成本方面是可管理的。

（4）地铁公司选定的私人开发商通常会支付包括地价在内的所有开发成本，因而从地铁公司则获得独家开发权。私人开发商则必须承担与住宅和商业物业相关的建设和商业化风险和成本。

（5）地铁公司与私人开发商的协议中包含利润分享机制。对于住宅单位，如果私人资本设法在合同截止日期前出售所有单位，地铁公司将获得销售产生的利润的约定部分。否则，地铁公司将取得未售出的单位，然后决定是否在公开市场上出售或租赁。对于商铺和写字楼，地铁公司则通过直接与开发商租赁或保留部分已开发资产产生长期租金收入来赚取利润。

（6）地铁公司不负责物业的建设，但它负责监督工作，进行土建工程并执行铁路处所与物业发展之间的技术控制标准和要求。

（二）“地铁＋物业”运营模式

虽然全球大多数地铁系统严重依赖公共财政支持，但香港地铁运营不需要政府补贴，且利润丰厚。之所以能取得如此成功，是因为港铁公司从其房地产业务中获得了利润。1998—2013 年，港铁公司与房地产相关的业务实际上产生了几乎两倍于铁路建设支出的金额（房地产业务的利润超过 880 亿港元，约合 110 亿美元）。

港铁公司收入来自与私人开发商（主要用于住宅项目）在房地产销售中的利润分享，以及出租和管理地铁公司拥有的物业（特别是商业和办公室运营）。港铁公司目前是中国香港房地产市场的主要参与者之一，其运输业务的利润仅占总利润的 20%。开发铁路沿线的物业除了给香港铁路公司提供了稳定和丰富的收入来源外，也吸引了居民到车站附近消费和居住，从而增加居民搭乘地铁的次数，这同时有助于铁路运营收入的增加。

“地铁＋物业”模式之所以起作用，部分原因在于香港的特殊特征。该地区人口稠密，土地稀缺，致使房地产具有很高的价值，这有助于获得合理的利润。香港人已经习惯住在交通运输设施附近，并享受铁路和房地产开发所带来的便利。此外，政府要求地铁公司按照审慎的财务原则经营的任务，使得双方都在寻找一种财务可持续的模式来发展沿铁路走廊发展城市的利益。

三、广州地铁集团有限公司发展历程

广州市是广东省省会，位于广东省南部，毗邻香港和澳门，是珠三角都市圈的核心城市，粤港澳大湾区的重要组成部分。广州市域总面积达 7434. 4 平方千米，常住人口约1530.59万人。作为华南地区的制造中心，广州经济实力极强，2019年，广州市实现地区生产总值23628亿元，同比增长6.8%。其中，第一、第二、第三产业增加值分别为251亿元、6454亿元和16923亿元，第三产业对经济增长的贡献率达73.7%。

广州地铁集团有限公司（简称“广州地铁”）前身为广州市地下铁道总公司，成立于1992年，属于广州市政府全资大型国有企业公司。广州地铁业务覆盖从地铁新线规划建设到铁路建设投融资，从地铁线网运营到城际铁路、有轨电车等。目前，广州地铁负责运营的轨道交通总里程达到676.5千米，除了广州本地地铁线网531.1千米、有轨电车22.1千米外，还包括广清、广州东环城际铁路60.8千米，江西南昌地铁三号线28.5千米，海南三亚有轨电车8.4千米，以及巴基斯坦拉合尔橙线25.6千米。同时，广州地铁正同步推进11条（段）、292千米地铁新线建设，统筹负责33个国铁、城际、综合交通枢纽、市政道路项目投资建设，实现了与重大基础设施、产业集聚区和发展平台的配套，拉大了城市布局，拓展了城市空间。为更好地解决地面交通堵塞的问题，以及连接广州市区及外围各区，广州地铁仍在进行大规模的新线建设。截至2020年3月，广州地铁的在建线路为12条、310千米；预计到2023年，地铁线网里程将超过800千米。

从已投入运行的线路来看，截至2021年3月末，广州地铁运营线路达14条（段），包括1～9号线、13号线首期、14号线及知识城线、21号线（首通段）、APM线和广佛线，车站数量总计271座，运营总里程514.77千米，线网里程居全国第三，世界前十。2019年，广州地铁总客运量33.06亿人次，日均客运量905.72万人次，承担了广州市超过50%的公交客流运送任务，实现运营收入55.15亿元。

（一）广州地铁的开发模式

广州地铁在开发融资上经历了三个阶段：阶段一，完全政府性投资阶段，政府财政资金支付超过60%，并辅以部分银行贷款；阶段二，政府引导性投资阶段，由政府提供资本金，注入融资平台，再由融资平台在公开市场上进行多元化融资；阶段三，多元化融资创新阶段，其中以吸引社会资本的PPP模式和一体化开发模式（地铁+物业+资源开发+资本运作）为重点发展方向。

现广州地铁开发投资主要采取政府提供一定比例的资本金和市区共建的模式。在项目资本金的筹集上，由市、区两级政府投入资本金，将地铁建设与沿线土地开发相结合，并与各区的经济发展结合起来。同时，广州也在逐步尝试轨道交通项目的市场化运作，改变项目由政府独家运作的模式，广泛吸引国内外企业投资建设，充分发挥企业的积极性，由企业与政府共同筹集资本金，对规划线路实行产权清晰的项目公司运作，不断规范投资、建设、监管和运营。

（二）“地铁＋物业”的运营模式

得益于香港的成功经验，广州地铁实行建设、运营、资源开发的一体化管理，营业收入主要来源于地铁运营，物业开发，广告、通信等商业资源经营及设计咨询、商品销售等行业对外服务。广州地铁积极开展相关商业、沿线土地资源及物业开发和地铁设计、咨询、培训等业务。2019 年，广州地铁实现营业总收入 122.34 亿元，其中非地铁运营业务收入占比达 54.92%。

票价方面，广州地铁线网属于公益事业，票价低廉，实行按里程分段计价：4 千米以内 2 元；4 ～ 12 千米范围内每递增 4 千米增加 1 元；12 ～ 24 千米范围内每递增 6 千米增加 1 元；24 千米以后，每递增 8 千米增加 1 元。APM 线实行 2 元的单一票制，票务收入相对较少，但有政府补贴，所以其亏损不至于太大。

近年来，广州地铁开始围绕地铁项目开展多元化经营业务。新线路投入运营后，其沿线的商贸、广告等经营性业务通常也一并交给广州地铁公司管理，一般由广州地铁公司联合专业化投资者，对地铁沿线的广告、商贸统一开发，实现规模和专业化经营，通过运营相关资源的收益部分来弥补地铁运营的亏损。

四、香港地铁和广州地铁运营收入和绿色融资比较

以下将从两所企业的股权结构、运营情况、盈利模式、绿色融资状况及发展前景分析和比较香港地铁和广州地铁。

（一）股权结构

港铁公司于 1999 年完成私有化，于 2000 年 10 月在香港联合交易所上市，向香港市民等投资者出售了近 10 亿股股份，港铁公司成为香港上市公司中股票持有人最多的公司。2007 年，港铁公司与九广铁路合并，主要股东为财政司司长法团。财政司司长法团现持有约 46 亿股股份，约占全部已发行股份的 75.28%，为最大股东。

广州地铁于 1992 年成立，是广州市政府全资控股的大型国有企业。

（二）运营情况

港铁公司和广州地铁均采取“地铁 + 物业”的运营模式，两者经营业务大致一致，但收入结构有一定差别。

2018 年港铁公司的收入主要来自香港客运业务和中国内地业务。香港客运业务收入主要指客票的收入，约占总收入的 36%。中国内地业务收入主要指港铁公司在中国内地包括北京、深圳、杭州等与当地地铁合作共建地铁和物业业务的收入。而在澳门、欧洲和澳洲的铁路业务收入，约占总收入的 39%。香港车站商务收入主要来源于车站零售设施管理、广告业务和电信业务，约占总收入的 12%。另外，香港物业租赁和管理业务收入主要包括港铁公司持有物业的租售，物业管理收入和物业发展收入，约占总收入的 9%。

2011—2019 年，港铁公司的收入稳中上涨，2019 年的社会事件和 2020 年的新冠肺炎疫情，导致 2020 年的收入有所减少（见图 1）。

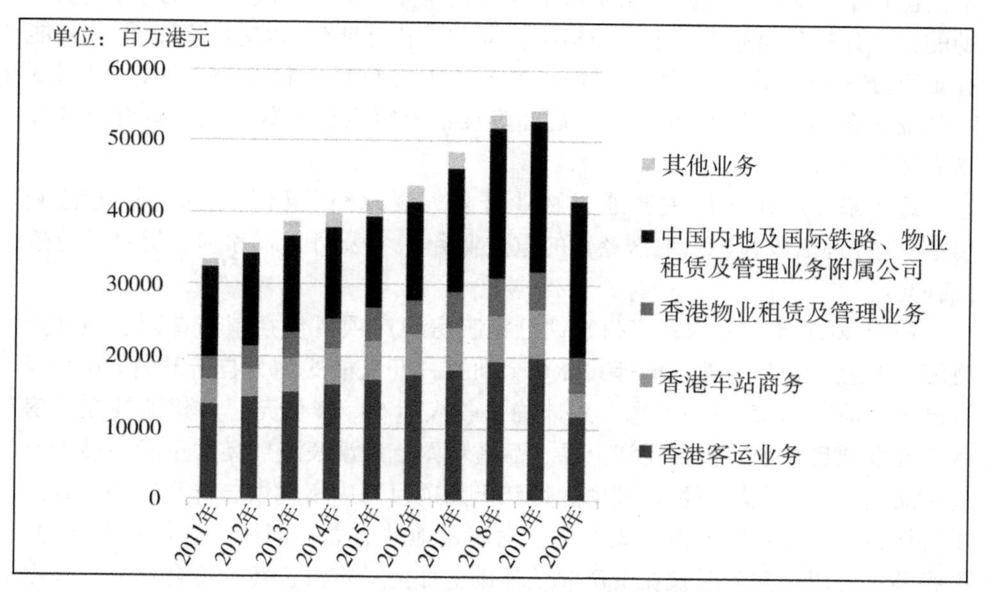

图 1　2011—2020 年港铁公司营收情况

（数据来源：港铁公司年报）

广州地铁的营收以运营业务收入为主，运营业务收入和其他收入大概各占一半。跟港铁公司相比，广州地铁的其他业务包括物业开发和资源经营，还有很大的发展空间和潜力。近年来，广州地铁开始大力开展物业开发业务，营收增长迅速。另外，行业对外服务的收入也在稳定上升。

（三）盈利模式

港铁公司的“地铁+物业”运营模式使它的利润来源多元化，而且香港的消费水平较高，车费也遵循市场化定价逐年增加。1990—2019年，香港薪金指数平均年增长率达5.1%，而本地铁路服务车费平均年增长率只有2.6%，低于综合消费物价指数年增长率3%。港铁公司年运营利润基本能维持在20亿港元以上。但2017年香港发生社会事件，导致旅客人数减少，到2019年事件升级，2020年新冠肺炎疫情，使得本地乘客数量也锐减，致使从2019年开始其客运业务利润为负。相反，其物业租赁和车站商务的利润一直维持较高水平，直到2020年新冠肺炎疫情影响才有所下降。

广州地铁利润总额主要来自其他收益和投资收益，2017—2020年的地铁运营业务利润均为负。这主要是由广州地铁运营的公益性所致，地铁运营的维护支出水平较高，而低廉的票价水平难以覆盖固定支出。政府虽有通过提供补助的方式弥补公司业务亏损，包括票价补贴、利息补贴和安检补贴，但也只能补足部分亏损。总体来说，广州地铁运营业务都呈亏损状态，2019年达到9.81亿元的亏损。2020年因为新冠肺炎疫情，客运量大跌，地铁运营业务亏损更是直线上升。

近年来，广州地铁主要通过物业开发、资源经营和提供对外服务盈利（这些业务逐渐成为广州地铁经营的重点业务）为公司收入和利润提供了有效的补充。

截至2021年3月末，广州地铁已完工房地产项目包括紫薇花园、地铁金融城、万胜广场和荔胜广场等共计6个项目，开发模式均为自行开发。6个项目已销售面积达45万平方米，累计确认收入达58.49亿元。广州地铁在建房地产开发项目6个，包括悦江上品、品秀星图、汉溪长隆、品秀星瀚、品秀星樾和品实·云湖花城项目，其中除悦江上品项目为广州地铁自行开发外，其余项目均为合作开发。合作模式主要系由广州地铁成立不同项目公司获取土地，再将项目公司大部分股权在资产评估基础上加上一定溢价转让给合作方，并由合作方操盘，待未来项目出售并偿还借款后即可向公司现金分红。

（四）绿色融资状况

港铁公司和广州地铁都是上市公司，资产状况良好，评级都是AAA，融资能力较强。

香港铁路发展历史悠久且背靠香港国际金融中心，融资渠道和结构相对多样化，包括发行多种币值的债券、绿色债券、贷款及各种金融市场工具（见表2）。广州地铁融资主要来源于财政拨款、银行贷款和发行企业债券，另外还有一些资产证券化和超短期融资券等。近年来，港铁公司和广州地铁都转向绿色融资。

港铁公司于2016年建立“绿色债券框架”，为发行绿色债券提供指引；其后在2018年建立“绿色融资框架”，为绿色融资工具增加绿色贷款及其他信贷；2020年建立“可持续融资框架”，涵盖更广泛的融资工具，筹集所得的资金将投放于促进可持续的城市基建发展，以配合联合国可持续发展目标。

表2　2016—2020年港铁公司发行的绿色债券

发行年份	名称	期限（年）	金额（亿）	币种	票息率（%）
2016年	MTRCIGB_USD_261102XS1509084775	10	6.00	美元	2.500
2017年	MTRCIGB_AUD_270628XS1637858546	10	1.71	澳元	3.300
2017年	MTRCIGB_HKD_320920HK0000365228	15	7.22	港元	2.460
2017年	MTRGB_HKD_470717HK0000352432	30	3.38	港元	2.980
2017年	MTRCIGB_HKD_470906HK0000362761	30	3.15	港元	2.830
2017年	MTRGB_USD_470927XS1690683211	30	1.00	美元	3.375
2018年	MTRCIGB_HKD_210502HK0000416609	2	4.13	港元	2.560
2018年	MTRCIGB_HKD_480328HK0000409455	3	2.30	港元	3.150
2020年	MTRGB_HKD_210304HK0000579323	30	3.00	港元	1.835
2020年	MTRGB_HKD_210507HK0000603180	1	2.50	港元	1.020
2020年	MTRGB_USD_210603XS2174507058	1	0.60	美元	0.700
2020年	MTRGB_CNY_210607HK0000611290	1	2.20	人民币	2.150
2020年	MTRGB_CNY_210610HK0000611381	1	5.50	人民币	2.350
2020年	MTRGB_USD_300819XS2213668085	10	12.00	美元	1.625
2020年	MTRGB_HKD_550624HK0000612025	35	5.00	港元	2.550%

（数据来源：根据Wind数据整理）

与港铁公司同期发行的普通企业债券（见表3）相比，绿色债券有比较明显的成本优势。

表3　2016—2020年港铁公司发行的普通企业债券

发行年份	名称	期限（年）	金额（亿）	币种	票息率（%）
2016年	MTR CORP N4306	30	0.90	美元	3.650
2016年	MTR CORP N4607	30	0.30	美元	2.875
2016年	MTR CORP N4606	30	0.40	美元	3.375
2016年	MTRC（CI）N4606	30	0.50	美元	3.375
2017年	港铁公司3.375% N2047	30	1.00	美元	3.375
2017年	港铁公司2.98% N2047	30	3.38	港元	2.980
2017年	港铁公司3.375% N2047	30	0.90	美元	3.375
2020年	港铁公司1.625% B20300819	10	12.00	美元	1.625
2020年	港铁公司2.45% N20230703	13	2.10	人民币	2.450
2020年	港铁公司2.35% N20210610	1	5.00	人民币	2.350
2020年	港铁公司2.15% N20210607	1	2.20	人民币	2.150%

（数据来源：根据Wind数据整理）

广州地铁从2019年才开始发行绿色债券（见表4），平均融资成本相比银行贷款基准利率下降了24%，但跟同期发行的企业债券的成本没有明显的差异。虽然广州地铁发行绿色债券起步比港铁公司晚，但是发行规模增长较快，有赶超港铁公司的态势。

表4　2019—2020年广州地铁发行的绿色债券

发行年份	名称	期限（年）	金额（亿）	币种	票息率（%）
2019年	19广州地铁ABN001优先01	1	6.3	人民币	3.600
2019年	19广州地铁ABN001优先02	2	6.5	人民币	3.790
2019年	19广州地铁ABN001优先03	3	6.9	人民币	4.000
2019年	19广州地铁ABN001优先04	4	4.4	人民币	4.100
2019年	19广州地铁ABN001优先05	5	4.4	人民币	4.100
2019年	19广铁绿色债01/G19广铁1	5	30	人民币	3.900

续上表

发行年份	名称	期限（年）	金额（亿）	币种	票息率（%）
2019 年	19 广铁绿色债 02/G19 广铁 2	5	20	人民币	3.575
2019 年	19 广铁绿色债 03/G19 广铁 3	5	20	人民币	3.400
2019 年	19 广铁绿色债 04/G19 广铁 4	5	15	人民币	3.530
2020 年	20 广铁绿色债 01/G20 广铁 1	5	15	人民币	3.720
2020 年	20 广铁绿色债 02/G20 广铁 2	7	15	人民币	3.600
2020 年	20 广铁绿色债 03/G20 广铁 3	3	15	人民币	2.500
2020 年	20 广铁绿色债 04/G20 广铁 4	3	15	人民币	3.600
2021 年	21 广铁绿色债 01/G21 广铁 1	0.5	20	人民币	2.460

（数据来源：根据 Wind 数据库整理）

（五）发展前景

广州市国际化、城市化进程的加速为广州轨道交通行业带来了良好的发展机遇，广州地铁已进入加快建设时期，但在建地铁线路仍面临较大的投资需求，公司轨道交通建设面临较大的资本支出压力。香港作为国际金融中心，在融资和管理方面能助大湾区基础建设一臂之力。但是，香港铁路在香港本地的发展空间比较有限，因而应放眼大湾区，通过提供专业咨询服务，为其寻找新的增长点。

五、总结和建议

综上所述，港铁公司建成了世界上最成功的城市交通网络，其采取的开发模式和运营模式对大湾区其他城市有着良好的示范作用。广州地铁作为后起之秀，发展潜力巨大，且在发展绿色融资上有赶超港铁公司的势头。在应对气候变化问题上，各级政府应加强沟通合作，进一步推动粤港澳大湾区的绿色轨交网络建设，立足于包括广州、深圳和香港几个大城市，以点带面，发展粤港澳大湾区的绿色交通网络，实现交通脱碳。根据以上分析，我们对大湾区城市轨交网络的建设发展有以下建议。

（一）提高城市居民地铁出行需求

提高城市居民地铁出行需求，保持有足够乘客和经济效益，撬动更大的社会效益，实现交通脱碳。具体做法如下：

（1）在提高主营业务服务质量，保持高客运量运营的同时，保持高质量运营，保障乘客安全和舒适。可以考虑更有弹性的票价系统，鼓励错峰出行，提高乘客体验。

（2）倡导绿色出行，以平衡激励和消极因素，并推动实质性的行为改变，可考虑实施提高停车收费或限行等行政措施，以减少化石燃料车的使用。

（3）推动城市化发展，做好规划和配套建设，吸引居民流入新修线路沿线居住生活。

（4）明确城市区域定位，发展相应线路配套。

（二）加强轨道交通运营的风险控制能力，实现可持续发展的绿色网络

（1）完善突发事件响应机制。新冠肺炎全球大流行，导致地铁客流量减少，商业租赁收入减少，香港地铁和广州地铁都有不同程度的亏损。

（2）发展多元化业务，深耕多元化经营模式，扩大业务布局。广州房地产市场受宏观调控政策影响明显，应尽量防范“地铁 + 物业”的综合开发模式的持续性所带来的一定风险。

（3）积极推动行业发展，为轨道交通企业提供规划、设计、建设、监理、运营、咨询、培训、信息化服务等多业务维度的全方位解决方案。

（4）着力推动“地铁 + 城际”的业务格局，积极开展珠三角城际铁路运营筹备，着力构建联通共享的大湾区轨道交通格局，为粤港澳大湾区经济发展及企业自身资源运营服务拓展打下良好基础。

（三）发展企业自身的特色，吸引更多投资，争取更多利益相关方的关注和支持

（1）发展本地绿色金融，推动本地投资者的绿色投资意愿，提高银行的社会责任担当，争取利用市场机制拉低绿色融资的成本。

（2）提高信息透明度，特别是减碳情况。可仿效香港铁路定期发行的可持续报告，通过收集相关数据，计算和追踪轨道交通运行的减碳成效，吸引更多责任投资者。

（3）在应对气候变化问题上体现国际城市的担当，争取其他非政府组织、

国际机构和国际绿色基金的支持。

（4）充分发挥香港国际金融中心的功能，发展以绿色融资为主的多元化融资。优质企业（如广州地铁、深圳地铁）在香港发外币债，筹集更多低成本的资金，支持本地绿色轨道交通建设。同时，也要积极防范国际汇率波动带来的风险。

参考文献：

[1] MTRC. 绿色融资报告 2016—2019 [R]. Hong Kong：MTR Corporation Limited，2020.

[2] 高伟绅律师行．大中华地区绿色债券市场的拓展[R]. 香港：高伟绅律师行，2019.

[3] 广州地铁集团公司．广州地铁公司年报 2016—2020 [R] 广州：广州地铁集团公司，2020.

[4] 薛露露，靳雅娜，禹如杰，等．中国道路交通 2050 年“净零”排放路径[J]. 世界资源研究所，2019（10）：1－52.

[5] 中诚信国际．广州地铁集团有限公司 2020 年度跟踪评级报告[R]. 北京：中诚信国际，2020.

[6] 中诚信国际．广州地铁集团有限公司 2021 年度跟踪评级报告[R]. 北京：中诚信国际，2021.

[7] CERVERO R，MURAKAMI J. Rail and property development in Hong Kong：experiences，impacts，and extensions [J]. Urban studies，2009，46（10）：2019－2043.

[8] HONG Y H，DIANA B. Integrating the proposed property tax with the public leasehold system [M] //China's local public finance in transition. London：Lincoln Institute of Land Policy Press，2015.

[9] YANG J W，ZHOU J P. Metropolitan Shenzhen：rail ＋ property for transit-oriented development. [M] //Mehrotra S，Lewis L，Orloff M，et al. Greater than parts：a metropolitan opportunity. Washington：World Bank，2015.

[10] DING L Y，XU J. A review of metro construction in China：Organization，market，cost，safety and schedule [R]. Beijing：Frontiers of Engineering Management，2017.

[11] MTRC. Annual Reports 2016—2020 [R] . Hong Kong ：MTR Corporation Limited，2020.

[12] SUZUKI H，MURAKAMI J，HONG Y H，et al. Financing transit-oriented

development with land values：adapting land value capture in developing countries. Overview booklet ［R］. Washingtong：World Bank，2005.

中国居民生活用水水质及其支付意愿的调查分析

郑筱婷　温家喻①

摘　要：中国城市供水长期处于低水价、低水质和低供水服务的均衡中。随着经济和社会的不断发展，城市居民改善水质的需求日益迫切。为分析居民对自来水水质和水价的看法，本课题组开展了“中国居民生活用水情况有偿调查”，共1147名受访者参与了调查。调查结果显示，绝大多数受访者认为饮用水水质对健康比较重要或非常重要，有不少居民对当前供水的水质不满，多数受访者希望通过改善水源和采用新的净水技术改善水质，不少家庭通过饮用桶装水或安装净水器提升水质，且这两项的月平均支出远远超过自来水费月均支出，这与绝大多数受访者愿意为水质达到新国家标准支付超过2元/吨一致。因此，通过与公众充分沟通，水务企业因为提升水质而造成供水成本上升，申请水价上涨是可以被大部分人所接受的。

关键词：水质；水价；支付意愿；涨价

一、问题的提出

水是生命之源，但中国人均水资源拥有量仅仅为世界平均水平的1/4，全国2/3以上的城镇缺乏充足的供水，根据世界卫生组织和联合国儿童基金会2017年发布的报告，在世界范围内约有3/10的人口（约21亿人）无法获得安全且易于获得的家庭用水，另有3/5的人（约45亿人）缺乏安全管理的环境卫生设施。许多发展中国家城市供水的可及性、可负担性及其水质等问题仍

① 郑筱婷：博士，暨南大学经济学院副教授，博士研究生导师。研究方向：行为和实验经济学、劳动经济学、公共经济学和互联网经济学。电子信箱：zhengxt@ jnu. edu. cn。温家喻：暨南大学经济学院硕士研究生，研究方向：公共经济学。

亟待改善。

城市供水行业属于典型的自然垄断行业。在中国，城市供水由地方政府负责。过去，城市水务设施直接由地方政府投资、运营和监管。这种模式曾一度造成城市水价远低于供水成本，城市水务企业缺乏监督、运营效率低下、水质得不到保障。改革开放以来，尽管城市水务企业经历了多轮改革，例如公司化改革、引进社会资本、国资委作为出资人管资本而不直接参与企业经营，在一定程度上解决了城市水务企业监督和运营效率的问题。

中国城镇居民的用水需求在未来较长一段时期内仍将持续增长。与此同时，主要水体的供水水质持续变差，即便是水资源丰富的南方城市也面临水质性缺水问题。城镇水源主要污染物已由微生物污染转为溶解性的有机物污染和重金属离子污染，国家 2006 年就制定了新的水质标准《生活饮用水卫生标准》（GB 5749—2006）以应对工业和农业等造成的水污染，但是该水质标准却迟迟不能得到全面实施。其主要原因是城市水务设施原有的技术和设备无法达到新标准的要求，而低水价不能覆盖全成本，只能覆盖部分运营成本。要改善城市供水的水质，达到新的国家水质标准，城市水务企业需要投资更好的净水技术、设备，更新城市管网，以及使用更多的净水材料和能源，这些都会增加供水的单位成本。

但水价改革远远滞后于经济社会的发展，大多数城市长期维持低水价。低水价带来的问题之一是水务企业难以筹措提升城市供水水质所需的投资，难以覆盖高质量供水的成本，也难以提升供水服务的质量。而水污染会影响人的健康水平（Cai et al. ，2016；Chen et al. ，2018；He et al. ，2020），水质变差在短期内对人们的健康水平影响更大（Lippman，2009）。与水污染相关的疾病有很多。经消化道传播的疾病有霍乱、沙门氏菌病、变形虫病、等孢球虫病、斑疹伤寒和副伤寒、甲型肝炎、小儿麻痹症、钩端螺旋体病、蛔虫病等；经昆虫媒介传播的疾病有淋巴丝虫病、疟疾、恰加斯病、登革热、黄热病、利什曼病、昏睡病；通过与水接触传播的疾病有血吸虫病、蠕虫病、絛虫病、囊尾蚴病（Cairncross、Feachem，1990；Mara、Feachem，1999）。人们饮用了污染的水还更加容易导致消化道癌症的发生（Ebenstein，2012）。因此，提升城市供水水质有助于降低居民患病的概率，提升人们的健康水平。水质的改善还有利于增加小孩的身高和体重（Zhang，2012），提升受教育年限（Zhang、Xu，2016），增强认知能力（Chen et al. ，2020）。

如果城市居民愿意为提升水质而支付更高的水价，那么将实现水务企业和居民的双赢。郑新业等人（2012）用 2008 年的各个地级市自来水供水企业的截面数据分析了水价对居民用水量的影响，发现中国居民对自来水用水的需求会随着收入的增加而增加。然而，目前仍无较严谨的研究调查中国居民对改善水质的支付意愿。

为此，本课题组开展了“中国居民生活用水情况有偿调查”，以深入了解当前中国居民对城市供水的水价、水质等问题的看法，改善水质的需求，以及不同特征的居民对改善水质的支付意愿。调查结果显示，目前仅有部分受访者认为其现在的自来水供水水质比较好（占比 33.13%）或者非常好（占比 11.25%），仍然有不少受访者认为所在城市的供水水质非常差（占比 9.68%）或者比较差（占比 2.79%）。大部分的受访者并不了解国家最新的《生活饮用水卫生标准》（GB 5749—2006）。对改善水质的支付意愿的调查则发现，为使水质达到国家最新的《生活饮用水卫生标准》（GB 5749—2006），人们愿意支付更高的价格：有 741 位受访者（占比 64.6%）能接受为使水质达到国家最新的《生活饮用水卫生标准》（GB 5749—2006）而使每吨水价上调超过 2 元；有 83 位受访者（占比 7.24%）能接受每吨水价上调 1.5 ～2 元；有 73 位受访者（占比 6.36%）能接受每吨水价上调 1 ～1.5 元；有 104 位受访者（占比 9.07%）表示能接受每吨水价上调 0.5 ～ 1 元；有 71 位受访者（占比 6.19%）能接受每吨水价上调 0 ～ 0.5 元；仅有 58 位受访者（占比 5.06%）希望提升水质之后维持现有水价。

接下来将介绍受访者的基本情况，受访者对水价、水源和水质的看法，受访者的特征与提升自来水水质支付意愿的关系，最后提出本研究的结论和政策建议。

二、受访者基本情况

本课题的问卷通过“志愿汇”平台，采用网络调查的方式招募受访者进行填写。使用网络调查的一个优点是能够调查来自全国各地不同地方的受访者，从而使本调查能较为全面地反映不同地区的差异。此外，网络调查能避免受访者与调查员面对面的接触，使得人们在回答时往往不会说谎（Abeler et al.，2019）。本调查成功回收 1147 份问卷，其中，726 份来自男性受访者，占比 63.3%，421 份来自女性受访者，占比 36.7%。

从受访者的受教育程度来看，除 3 名受访者没有接受过任何教育，9 名受访者只接受过小学教育外，其他受访者均具有初中及以上的学历水平，895 名受访者获得大学专科以上学历，584 名获得大学本科以上学历。（见图 1）由于“志愿汇”的活跃用户以在校大学生、毕业的大学生和退休的人士为主，这使得获得大学专科以上学历的受访者更容易。

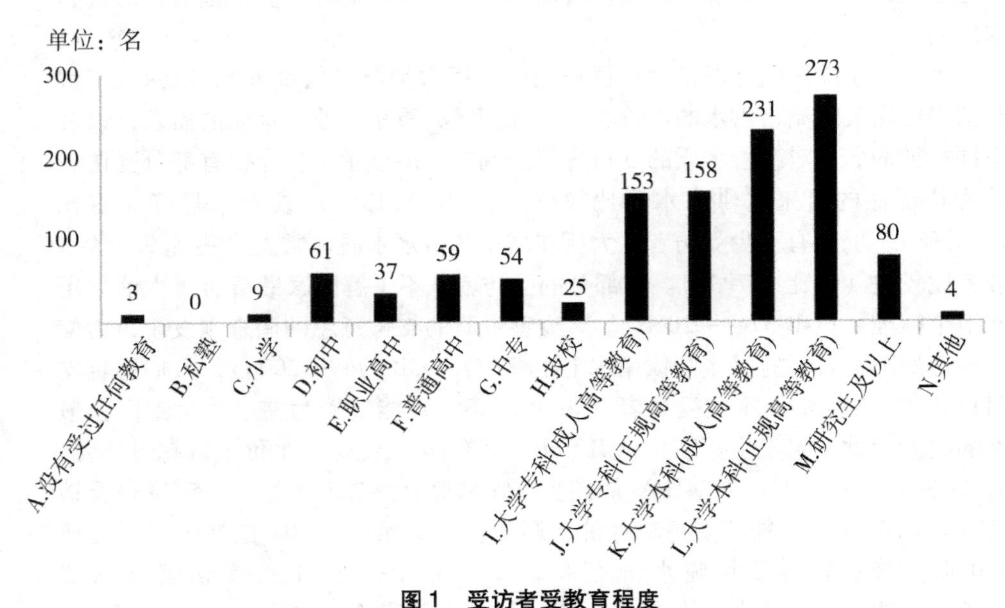

图1　受访者受教育程度

从受访者的居住类型来看，受访者居住在各种类型的小区（见图2）。因此，本调查覆盖了居住在各种类型小区的居民。从调查收集到的数据来看，居

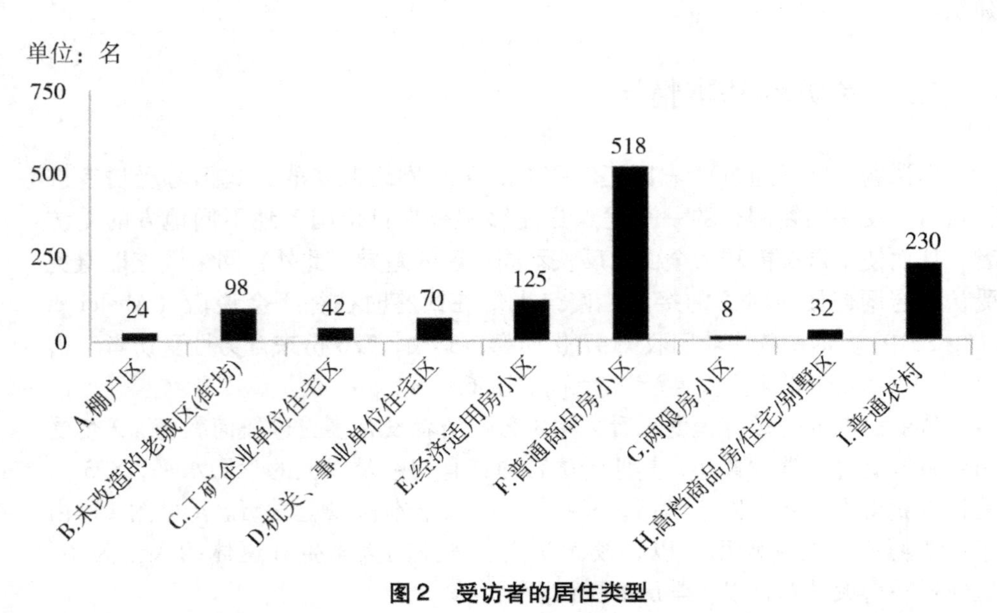

图2　受访者的居住类型

住在普通商品房小区的人最多，共有518名受访者居住在普通商品房小区，有230名受访者居住在普通农村，有125名受访者居住在经济适用房小区，有70名受访者居住在机关、事业单位住宅区。另外，有98名受访者居住在未改造的老城区（街坊）里面，还有24名受访者居住在棚户区。有32位受访者居住在高档商品房、高档住宅或者高档别墅区。有42名受访者表示住在工矿企业单位住宅区。有8位受访者居住在两限房小区。

从居住的房屋所有权属性的角度来看，在受访者当中，一共有252名受访者居住在出租房，有295名受访者表示居住在自有的住房但需要偿还房贷，还有600名受访者表示居住在自有住房没有偿还房贷的压力（见图3）。

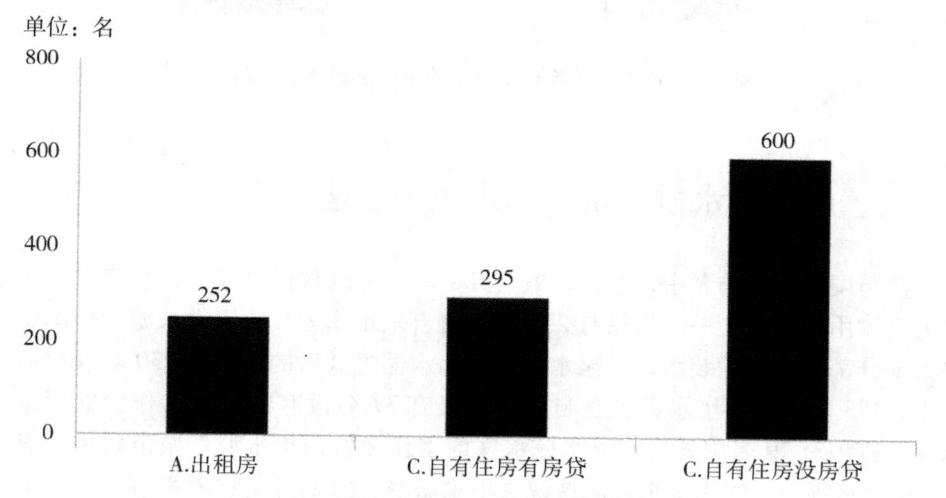

图3　受访者居住的房屋所有权属性

当人们发现水污染严重时，便会用更清洁的水源来替代污染的水源（He、Perloff，2016），而小孩的健康更容易受到水质的影响，比如与6岁以下小孩居住在一起的受访者可能会更重视自来水的供应水质。因此，问卷中调查了受访者是否与6岁以下的小孩子居住在一起。图4显示了调查结果，即有316名受访者与6岁以下的小孩子居住在一起，有831名受访者没有与6岁以下的小孩子居住在一起。

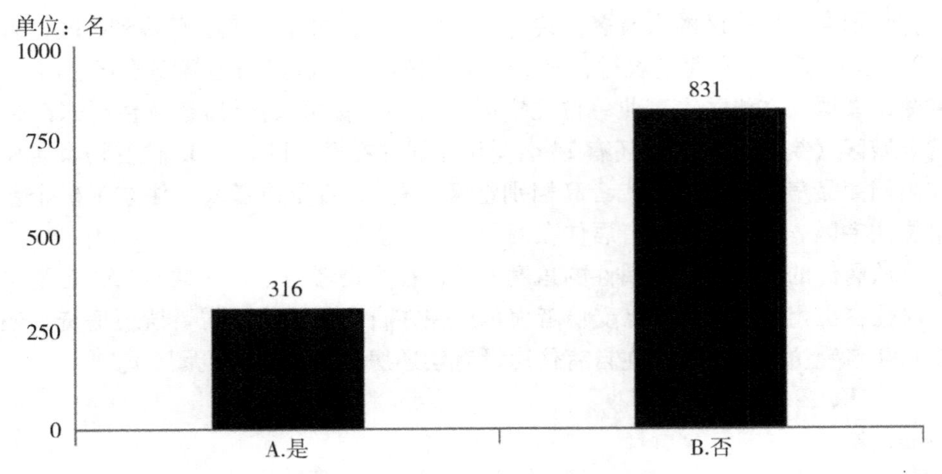

图 4　受访者是否与 6 岁以下的小孩子居住在一起

三、居民对水质、水价和水源的看法

参与调查的受访者中，绝大多数（908 人）可以获得自来水，且将自来水作为其饮用水水源之一。虽然有 239 人未将自来水作为其饮用水水源，但其中绝大部分都是饮用桶装水、矿泉水或家庭净水器过滤后的水。在 230 名农村居民中，193 名的饮用水水源包含自来水，仅有 37 名没有将自来水作为饮用水水源，其中有 29 名将井水、河水或水库的水作为饮用水水源。城市居民仅有 2 名将井水等作为饮用水水源。这说明不论城乡，大部分受访者都可以获得集中供应的自来水，自来水是受访者主要的饮用水水源（使用净水器的水作为饮用水水源的受访者默认其安装了自来水）。378 名受访者购买了净水器，而且有部分受访者住所中已有净水器，这表明在中国，使用家庭净水器已经相当普及，且多数是最近 10 年内购买的净水器，这也侧面反映了中国家庭对于水质的需求日益上升。不过，只有 288 人将家庭净水器过滤后的水作为饮用水水源之一，有不少人购买了净水器但仍以桶装水作为饮用水水源。这表明不少中国居民不仅通过投资净水器，而且还花钱购买桶装水来提升自己的饮用水的水质。

绝大多数受访者认为饮用水水质对健康很重要。755 名受访者认为饮用水水质对健康非常重要，237 名受访者认为饮用水水质比较重要，两者合计占受访者总人数的 88.26%，19 人认为比较不重要，53 人认为一般，仅有 60 人认为饮用水水质非常不重要。但是，对水质重要性的看法和对改善饮用水水质的支付意愿没有什么联系，这可能是因为绝大多数人都认为水质对健康非常重要。

有380名受访者认为自来水水质比较好，129名受访者认为自来水水质很好。有111名受访者认为自来水水质比较差，32名受访者认为自来水水质非常差。因此，不到一半的受访者满意当前的自来水水质。有143名受访者对自来水水质表示很不满意。还有495名受访者认为自来水水质一般，表明当前的水质并不能让这些受访者满意（见图5）。男性受访者中有94人认为自来水水质非常好，有254人认为自来水水质较好，有297人认为自来水水质一般，有58人认为自来水水质较差，有23人认为自来水水质非常差。女性受访者中有35人认为自来水水质非常好，有126人认为自来水水质较好，有198人认为自来水水质一般，有53人认为自来水水质较差，有9人认为自来水水质非常差。如果受访者认为自来水水质较好或非常好，则其将自来水作为饮用水水源的可能性就非常高。但也有86人认为自来水水质较好或非常好，却并没有将自来水作为饮用水水源，而是饮用桶装水、矿泉水或山泉水。

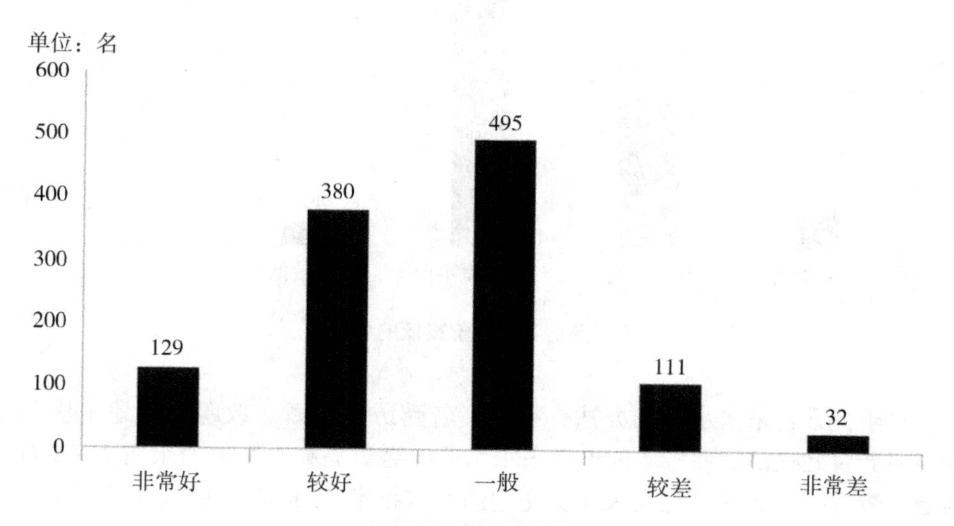

图5 受访者对自来水水质情况的评价

受访者对当前水价的看法如图6所示。超过一半的受访者（692名）认为水价不高也不低，这表明大多数人对于当前的低水价是满意的。但仍有76名受访者表示水价非常高，有323名受访者表示水价比较高。仅有7名受访者认为水价非常低，有49名受访者表示水价比较低。新疆、贵州、江苏、广东、北京、福建、云南、青海、天津和湖南的受访者中，40%以上认为水价较高或非常高。四川、河南、辽宁、湖北、海南、广西、河北、浙江的受访者中，30%～40%认为水价较高或非常高。从地域分布，我国缺水干旱地区的受访者并没有更大比例的人认为水价高。年龄在 30 ～ 39 岁之间的受访者，认为水价较高或比较高的占比最高；而年龄处于 20 ～ 29 岁之间的受访者，认为水价高的占比最低；年龄处于 40 ～ 49 岁和 50 ～ 59 岁之间的受访者，认为水价高的占比在前两组人群之间。年纪较大的受访者可能习惯了低水价，从而形成了水价高的看法。即过去的水价成为比较当前水价高低的参考点，而不是基于供水成本来评价水价的高低。未来可能需要通过宣传和教育，逐步影响居民评价水价的参考点。

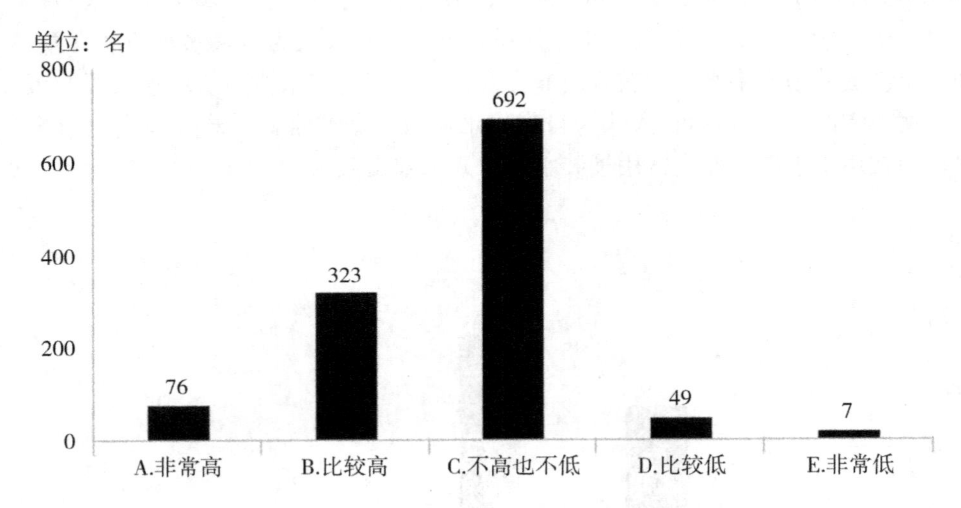

图 6　受访者对水价高低的看法

对于提升自来水水质的办法，有 431 名受访者选择“改善水源地水质”。这说明老百姓很清楚要根本改善自来水水质，需要提高水源地的水质。有 371 名受访者选择“自来水公司采用更先进的净水技术”。即在水源地水质无法提升的情况下，受访者认为自来水公司应采用更先进的净水技术。有 184 名受访者选择“减少输水和二次加压供水产生的污染”。有 144 名受访者选择“家里安装净水器”。最后，有 17 位受访者表示应该采取上述选择之外的其他办法来提升水质，如“物业及时清理水箱”“加强管理，增强责任心，减少污染”“入户水井加装前置净水”“保护环境”“保护水资源环境”“处理长年累积在小区管道和市政水管里的污渍”“小区进水过滤”等。（见图 7）

此外，调查发现只有 259 名受访者表示了解国家最新的《生活饮用水卫生标准》（GB 5749—2006），剩下的 888 名受访者均表示不了解国家最新的《生活饮用水卫生标准》（GB 5749—2006）。

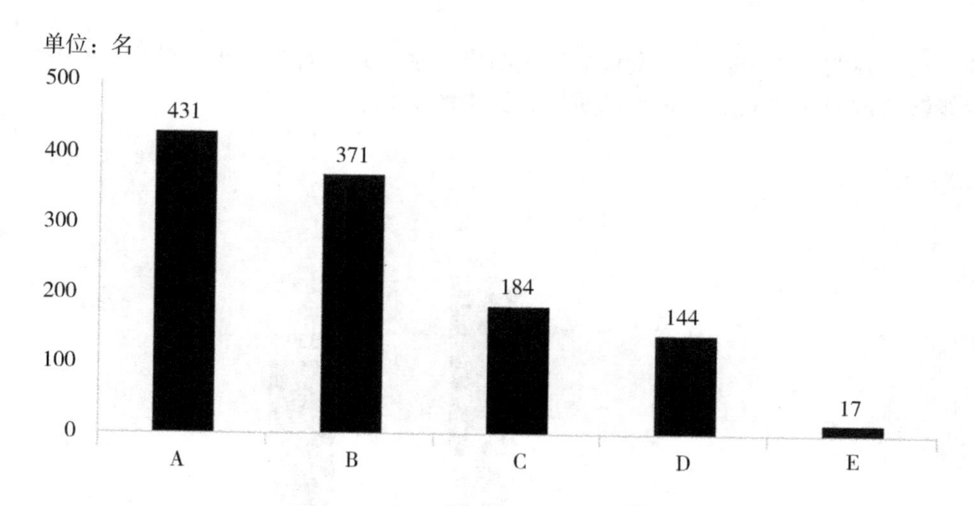

图7　受访者认可的提升水质的办法

注：A. 改善水源地水质，B. 自来水公司采用更先进的净水技术，C. 减少输水和二次加压供水产生的污染，D. 家里安装净水器，E. 其他。

图8给出了居民对水资源丰沛程度的看法。有489名受访者认为所在城市的水资源丰沛程度一般，359名受访者认为水资源是丰沛的，只有119名受访者认为水资源是非常丰沛的。还有35位受访者表示自己所生活的地方严重缺水，有145位受访者表示仍然生活在缺水的地方，两类受访者合计占比16.04%。笔者认为所在地区缺水的受访者比重较高的省份应是新疆、甘肃、山西、内蒙古、河北等省，但即便是这一些省份，认为不缺水的受访者仍占多数。由此可见，人们对水资源丰沛程度的看法和实际丰沛程度存在较大的出入，这也表明需要广泛开展水资源保护和节约用水的宣传教育活动的必要性。本调查还发现，有457人表示在过去一年内所在社区没有开展过节约用水有关的宣传教育活动。

根据我国现行的水质划分标准，将地表水水质划分为六类，从Ⅰ类水质到劣Ⅴ类水质。水质划分标准等级越低，表明水质越高。详细的水质划分标准如下：Ⅰ类，主要适用于源头水、国家自然保护区。地下水只需消毒处理，地表水经简易净化处理（如过滤）、消毒即可供生活饮用者。Ⅱ类，主要适用于集中式生活饮用水、地表水源地一级保护区、珍稀水生生物栖息地。经常规净化处理（如絮凝、沉淀、过滤、消毒等），其水质即可供生活饮用。Ⅲ类，适用于集中式生活饮用水源地二级保护区、一般鱼类保护区及游泳区。Ⅳ类：适用于一般工业保护区及人体非直接接触的娱乐用水区。Ⅴ类，适用于农业用水区及一般景观要求水域。劣Ⅴ类：超过五类水质标准的水体基本上已无使用功能。在问卷调查当中，笔者设置的问题给出了水质划分标准的提示信息，受访者能够通过问卷的问题了解到水质划分标准的信息。

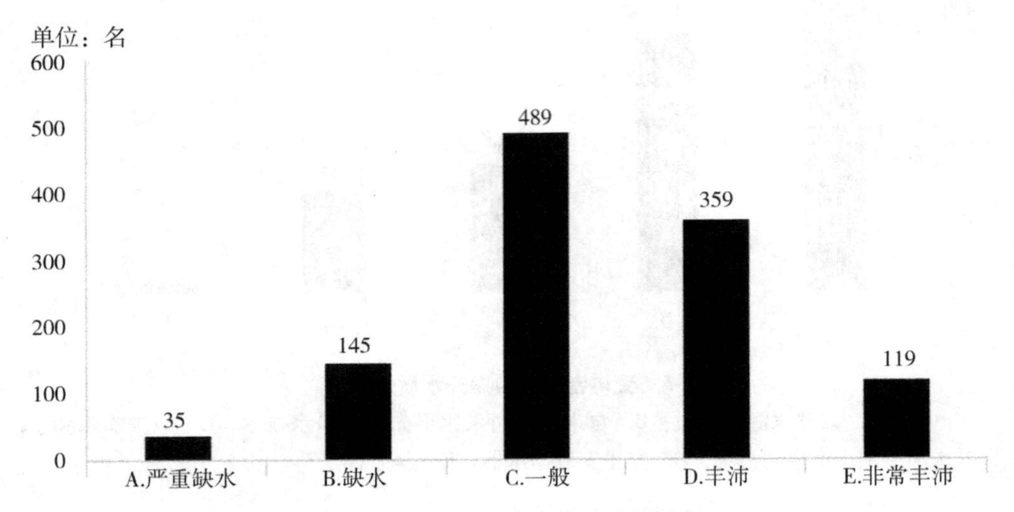

图 8　居民对水资源丰沛程度的感受

图 9 给出了受访者对所在城市水源水质的评价。在 1147 名受访者中，有 244 名受访者认为所在城市水源水质为Ⅰ类水质，有 476 名受访者表示所在城市水源水质达到Ⅱ类水质，这两项加起来有 720 人，占比 62.77%。以上数据说明大部分受访者认为所在城市的水源水质较好。与此同时，有 333 名受访者表示水源水质仅达到Ⅲ类水质标准，有 49 名受访者表示所在城市水源水质是Ⅳ类水质，有 35 名受访者表示所在城市水源水质是Ⅴ类水质，甚至有 10 名受访者认为所在城市水源水质是劣五类水质。

受访者期望城市水源的水质（见图 10）。此外，629 位受访者期望水质能够达到Ⅰ类水质，412 位受访者期望水质能够达到Ⅱ类水质，84 位受访者期望水质能够达到Ⅲ类水质。1125 名受访者（占全部受访者数的 98.08%）期望的水质为Ⅲ类水质或以上。因为Ⅲ类及以上的水质才能够成为城市供水的水源。

根据图 9 和图 10 给出的受访者的回答数据，可以发现，受访者认为目前达到的水质等级与期望能够达到的水质等级还存在着一定的差距。为更好地对比两者的差异，用期望达到的用水水质的等级减去认为目前达到的水质等级，从而得到两者的差值，结果详见表 1。差值越低，表示受访者认为目前达到的水质等级离其期望的水质等级越远，也就是受访者认为水质需要提升的空间越大。

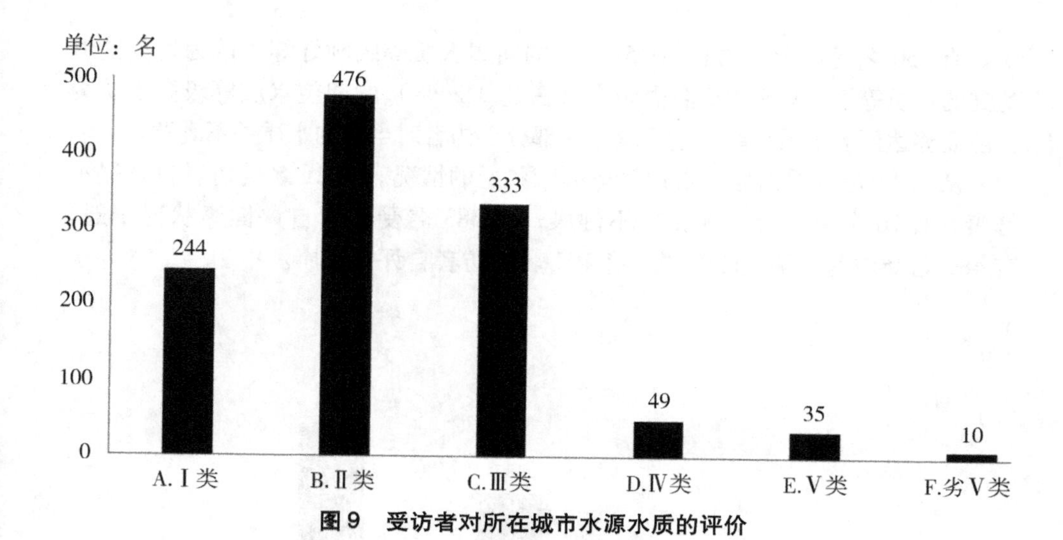

图 9　受访者对所在城市水源水质的评价

图 10　受访者期望的水质

表 1　居民期望达到的水质等级与当前的水质等级之差

两者之差	−5	−4	−3	−2	−1	0	1	2	3	4
受访者数/名	1	10	37	169	474	350	79	20	5	2

（数据来源：经作者计算整理得出）

从表 1 中可以看到，有 691 名受访者（占比 60. 24%）的期望水质等级低于认为目前能够达到的水质等级，这表明这些受访者期待提高城市地表水的水质。有350名受访者（占比30.51%）的期望水质等级刚好等于认为目前能够达到的水质等级。只有106名受访者（占比9.24%）的期望水质等级高于认为目前能够达到的水质等级。这反映出大部分受访者对当前的水质并不满意。

从图11可以看出居民自评身体健康状况的情况。有21名受访者自评很不健康，有70名受访者自评比较不健康，有383名受访者自评健康状况一般，有480名受访者自评比较健康，有193名受访者自评很健康。

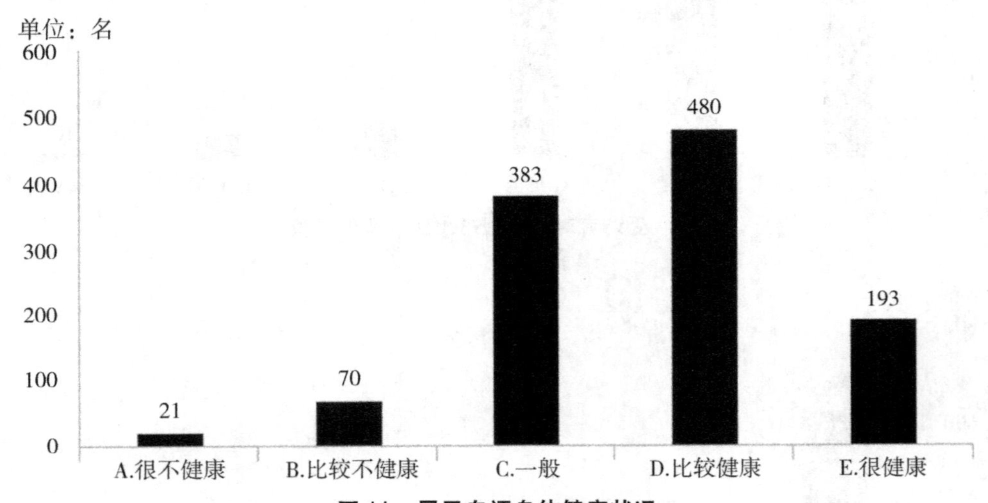

图11 居民自评身体健康状况

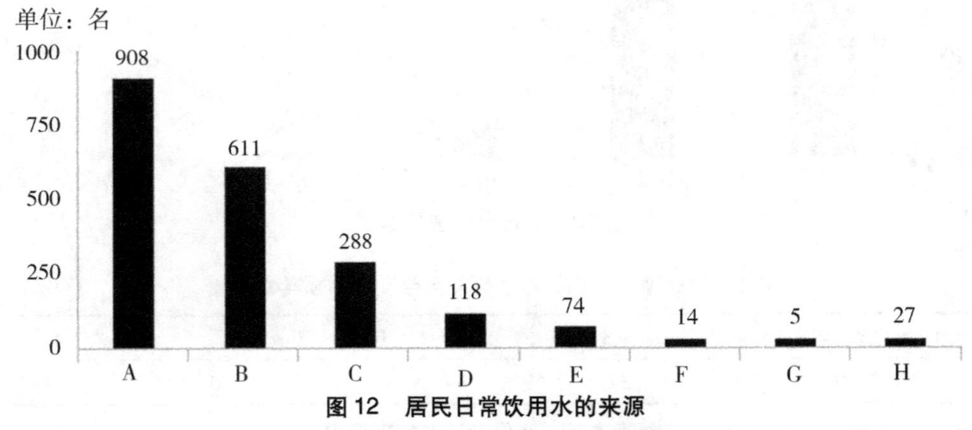

图12 居民日常饮用水的来源

注：A. 自来水，B. 饮用桶装水，C. 家庭净水器过滤的水，D. 小区直饮水机的水，E. 井水，F. 河水，G. 收集的雨水，H. 其他。

从图12可以看到居民的日常饮用水的来源情况。① 有908名受访者使用自来水作为日常饮用水，有239名受访者没有把自来水作为日常饮用水，而其中有一半人在家里装了净水器。在没有将自来水作为日常饮用水的受访者中，2/3不满意自来水水质。在所有装了净水器的受访者中，2/3不满意自来水水质。由此可见，很大一部分人是因为不满意自来水水质而安装了净水器。可见，提升自来水供水水质是非常必要的。

四、受访者特征与提升自来水水质的支付意愿

这一部分分析了受访者特征，包含性别、家庭结构、教育获得、健康程度、居住社区类型、收入水平、感受到的物价上涨程度和社会收入不平等程度等，与提升自来水水质的支付意愿之间的关系。

对于改善自来水水质，不同性别的受访者的支付意愿是否有差异？调查发现，为了使得水质达到国家最新的《生活饮用水卫生标准》（GB 5749—2006），无论是男性还是女性，可以接受每吨水费上调超过2元的人数最多，不能接受上调0元（即希望降价②）的人数最少。（见图13）在男性受访者中，有456人（占男性受访者人数的62.81%）能接受每吨水价上调超过2元；有14人（占1.93%）希望降价，不能接受每吨水价上调0元；有40人（占5.51%）可以接受现价，每吨水价上调0元；有45人（占6.20%）能接受每吨水价上调0～0.5元；有68人（占9.37%）能接受每吨水价上调0.5～1元；有46人（占6.34%）能接受每吨水价上调1～1.5元；有57人（占7.85%）能接受每吨水价上调1.5～2元。在女性受访者中，有285人（占女性受访者人数的67.70%）能接受每吨水价上调超过2元；有3人（占0.71%）希望降价，不能接受每吨水价上调0元；有18人（占4.28%）可以接受维持现价，有26人（占6.18%）能接受每吨水价上调0～0.5元；有36人（占8.55%）能接受每吨水价上调0.5～1元；有27人（占6.41%）能接受每吨水价上调1～1.5元；有26人（占6.18%）能接受每吨水价上调1.5～2元。

对于提升自来水水质，如图14所示，为了使水质达到国家最新的《生活

---

① 在问卷中，这题是多选题，因此，回答的总数值超过了受访者数量。

② 本调查先问是否接受涨价2元以上，如果接受就跳到下一题；如果不接受继续再问是否接受每吨水价1.5～2元之间的涨价，如果不接受再问是否接受每吨水价涨价1～1.5元；若一直拒绝，则一直问直到每吨水价涨价0元是否接受再跳到下一题，如果不接受每吨水价涨价0元即意味着希望降价，接受涨价幅度为0则表示希望维持现价。

饮用水卫生标准》（GB 5749－2006），无论受访者是否与6岁以下儿童一起居住，可以接受每吨水价上调超过2元的人数最多，不能接受每吨水价上调0元的人数最少。就支付意愿而言，是否与6岁以下儿童一起居住并不存在明显的差异。在与6岁以下儿童一起居住的受访者中，有206人（占65.19%）能接受每吨水价上调超过2元；有3人（占0.95%）希望降价，不能接受每吨水价上调0元；有20人（占6.33%）希望维持现价，有21人（占6.65%）能接受每吨水价上调0～0.5元；有29人（占9.18%）能接受每吨水价上调0.5～1元；有16人（占5.06%）能接受每吨水价上调1～1.5元，有21人（占6.65%）能接受每吨水价上调1.5～2元。在没有与6岁以下儿童一起居住的受访者中，有535人（占64.38%）能接受每吨水价上调超过2元；有14人（占1.68%）不能接受每吨水价上调0元，有38人（占4.57%）可以接受每吨水价上调0元；有50人（占6.02%）能接受每吨水价上调0 ～0.5元；有75人（占9.03%）能接受每吨水价上调0.5～1元，有57人（占6.86%）能接受每吨水价上调1 ～1.5元；有62人（占7.46%）能接受每吨水价上调1.5 ～2元。

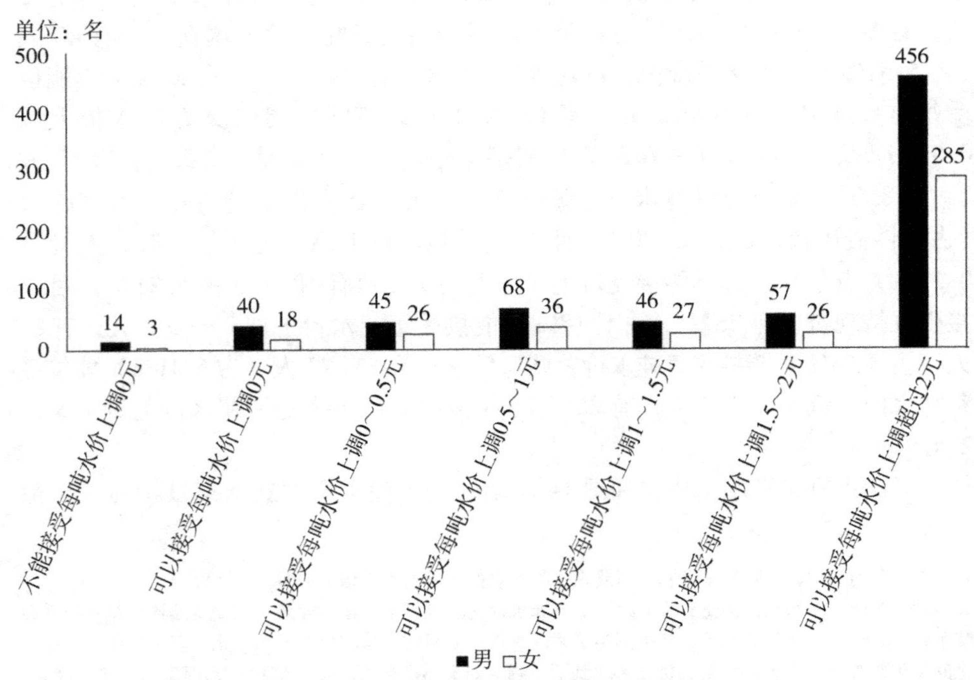

图13 居民对提升自来水水质的支付意愿（根据性别分类）

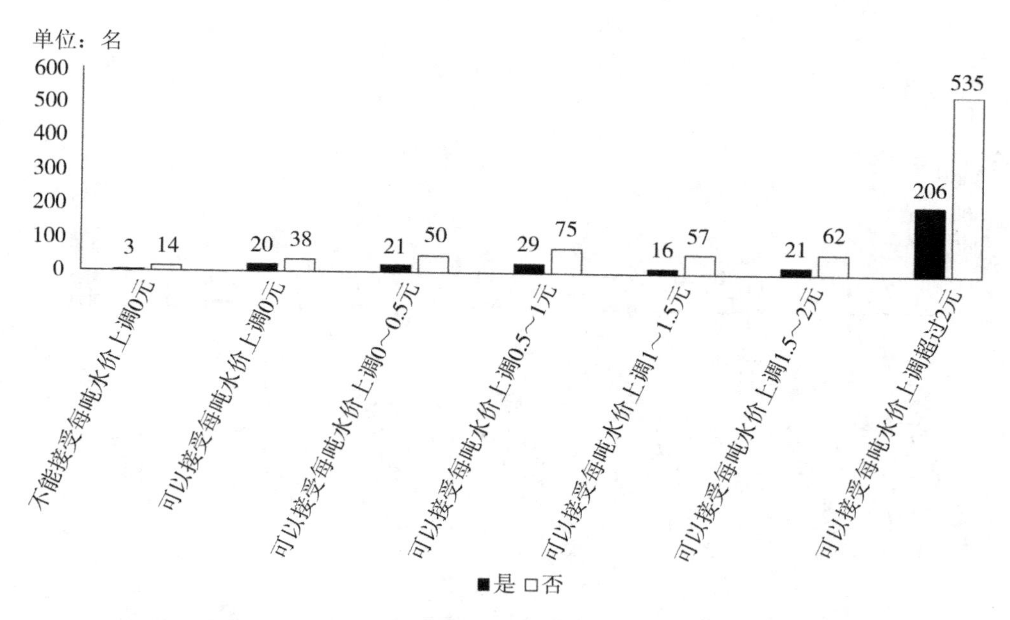

图 14　居民对提升自来水水质的支付意愿（根据是否与 6 岁以下儿童的一起居住分类）

对提升自来水水质的支付意愿，住宅安装了净水器的受访者和未安装净水器的受访者是否有显著差异？如图 15 所示，为了使得水质达到国家最新的《生活饮用水卫生标准》（GB 5749—2006），无论受访者住宅是否安装了净水器，可以接受每吨水价上调超过 2 元的人数最多，不能接受上调 0 元的人数最少，且两类受访者的支付意愿不存在统计上显著的差异。在安装了净水器的受访者中，有 255 人（占 67.46%）能接受每吨水价上调超过 2 元；有 7 人（占 1.85%）不能接受每吨水价上调 0 元，即希望降价；有 14 人（占 3.70%）可以接受每吨水价上调 0 元，即维持现价；有 22 人（占 5.82%）能接受每吨水价上调 0 ～ 0.5 元；有 40 人（占 10.58%）能接受每吨水价上调 0.5 ～ 1 元；有 16 人（占 4.23%）能接受每吨水价上调 1 ～ 1.5 元；有 24 人（占 6.53%）能接受每吨水价上调 1.5 ～2 元。在住宅没有安装净水器的受访者中，有 486 人（占 63.20%）能接受每吨水价上调超过 2 元；有 10 人（占 1.30%）不能接受每吨水价上调 0 元，即希望降价；有 44 人（占 5.72%）可以接受每吨水价上调 0 元，即维持现价；有 49 人（占 6.37%）能接受每吨水价上调 0 ～ 0.5 元；有 64 人（占 8.32%）能接受每吨水价上调 0.5 ～ 1 元；有 57 人（占 7.41%）能接受每吨水价上调 1 ～1.5 元；有 59 人（占 7.67%）能接受每吨水价上调 1.5 ～ 2 元。

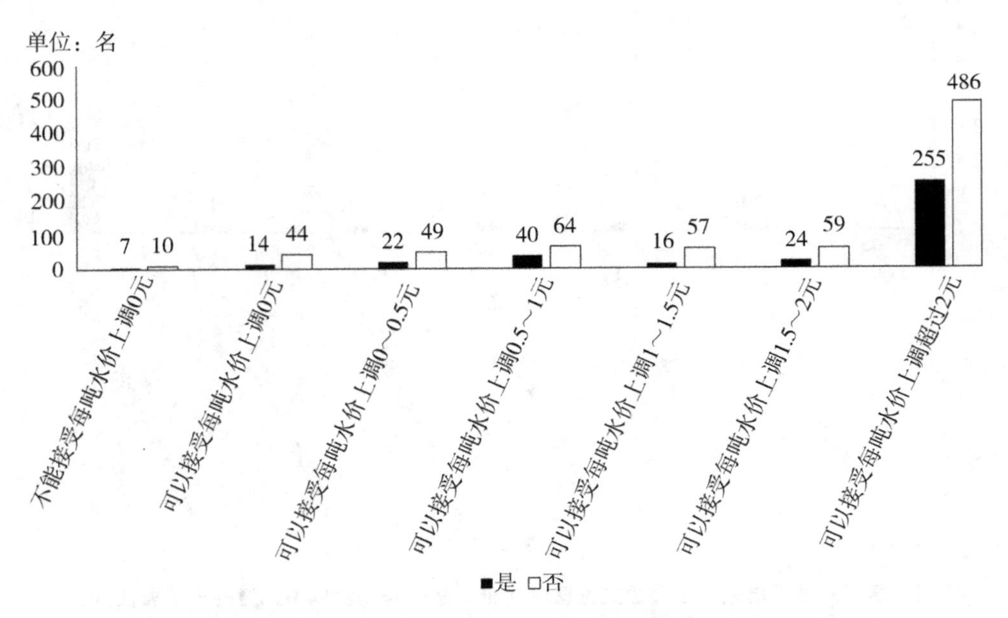

图 15 居民对提升自来水水质的支付意愿（根据住宅是否安装净水器分类）

大学本科及以上学历与大学本科以下学历受访者的改善水质的支付意愿相比①，大学本科及以上学历的受访者加权水价支付意愿为每吨 1.48 元，而大学本科以下学历的受访者加权水价支付意愿为每吨 1.54 元，两者并不存在显著差异。对于改善水质，不同健康状况的受访者，支付意愿差异稍大些。比较不健康和很不健康的受访者的加权水价支付意愿为每吨 1.41 元，比较健康和健康的受访者的加权水价支付意愿为每吨 1.58 元。不同居住类型的受访者，加权水价支付意愿存在较大的差异，总体来说，居住条件较差的受访者支付意愿要低一些，棚户区的受访者的支付意愿为每吨 1.25 元，未改造的老城区的受访者的支付意愿为每吨 1.43 元，工矿企业单位住宅区的受访者的支付意愿为每吨 1.39 元，机关、事业单位住宅区的受访者的支付意愿为每吨 1.67 元，经济适用房小区受的访者的支付意愿为每吨 1.60 元，普通商品房小区的受访者

---

① 此处及接下来的水价支付意愿分析都是按照不同类别的受访者人数进行加权，并且以区间下限计算的水价支付意愿。比如，计算大学本科及以上学历受访者的加权水价支付意愿时，有 11 人不能接受每吨水价上调 0 元，有 26 人可以接受每吨水价上调 0 元，有 47 人能接受每吨水价上调 0 ～ 0.5 元，有 52 人能接受每吨水价上调 0.5 ～ 1 元，有 40 人能接受每吨水价上调 1 ～ 1.5 元，有 30 人能接受每吨水价上调 1.5 ～2 元，有 378 人能接受每吨水价上调超过 2 元，计算公式为：$(11\times0+26\times0+47\times0+52\times0.5+40\times1+30\times1.5+378\times2)/584\approx1.48$。下同。

的支付意愿为每吨 1.49 元，两限房小区的受访者的支付意愿为每吨 1.81 元，高档商品房、高档住宅、别墅区的受访者的支付意愿为每吨 1.52 元，普通农村的受访者的支付意愿为每吨 1.52 元。

这可能是因为居住的类型反映了受访者的收入，而收入越高的受访者对改善水质的支付意愿越高。2019 年个人平均月工资收入，棚户区的受访者为 7733 元，未改造的老城区的受访者为 6767 元，工矿企业单位住宅区的受访者为 7800 元，机关、事业单位住宅区的受访者为 8303 元，经济适用房小区的受访者为 13380 元，普通商品房小区的受访者为 9573 元，两限房小区的受访者为 19531 元，高档商品房、高档住宅、别墅区的受访者为 10336 元。

将受访者根据其 2019 年个人平均月工资收入，划分为低、中、高三档收入[①]。低收入的受访者 2019 年个人平均月工资收入介于 2000 ～ 10000 元之间，中收入的受访者 2019 年个人平均月工资收入介于 10000 ～ 60000 元之间，高收入的受访者 2019 年个人平均月工资收入高于 60000 元。低收入的受访者的加权水价支付意愿为每吨 1.50 元，中收入的受访者的加权水价支付意愿为每吨 1.62 元，高收入的受访者的加权水价支付意愿为每吨 1.68 元。

在过去 5 年里，受访者认为其所在城市物价上涨的幅度为 0% 的有 36 人，在 0% ～ 5% 之间的有 242 人，在 5% ～ 10% 的有 341 人，在 15% ～ 20% 的有 207 人，在 20% ～ 25% 之间的有 95 人，在 25% ～ 30% 之间的有 56 人，在 30% 以上的有 147 人。有意思的是，受访者感受到其所在城市物价上涨的幅度越大，其对改善饮用水水质的支付意愿就越低。这可能是因为通货膨胀使居民的实际收入下降，受访者更不希望供水的价格上升，而没有考虑到通货膨胀也会造成供水成本上升。受访者认为收入差距越大，对改善饮用水水质的支付意愿越低。

此外，去除不清楚自来水费月均支出，不清楚饮用桶装水、矿泉水和纯净水合计月均支出，不清楚最近半年净水器滤芯的月均支出，以及不清楚小区直饮水机的水月均支出的受访者[②]之后，受访者的自来水费月均支出约为 60.63 元，饮用桶装水、矿泉水和纯净水合计月均支出约为 46.59 元，最近半年净水器滤芯月均支出约为 65.03 元，以及小区直饮水机水的月均支出约为 19.36 元。饮用桶装水、矿泉水和纯净水合计月均支出，最近半年净水器滤芯的月均

---

① 此处将报告中 2019 年个人平均月工资收入低于 2000 元的 158 名受访者予以剔除。

② 不清楚自来水费月均支出的受访者有 51 人，不清楚饮用桶装水、矿泉水和纯净水合计月均支出的受访者有 47 人，不清楚最近半年净水器滤芯月均支出的受访者有 61 人，不清楚小区直饮水机水的月均支出的受访者有 88 人。此外，有部分受访者有多项支出不清楚。因此，这部分分析只对 1011 名受访者的数据进行分析。

支出和小区直饮水机水的月均支出之和约为130.98元，远远高于自来水费月均支出60.63元。这个结果与大部分受访者愿意接受为提升水质每吨水价上调2元以上的结果一致。

五、结论与讨论

本课题组调查了中国居民对水价、水质及水源的看法，并分析了不同特征的个体对改善水质的支付意愿。绝大多数受访者认为饮用水水质对健康很重要，其中755名受访者认为饮用水水质对健康非常重要，237名受访者认为饮用水水质比较重要，两者合计占受访者的88.26%。不到一半的受访者满意当前的水价，超过一半的受访者认为水价不高也不低，但很少有人会觉得水价低。对于改善水质的办法，受访者认为最应该改善水源地水质以及自来水公司采用更先进的净水技术和减少输水和二次加压供水产生的污染。只有少数受访者了解国家最新的《生活饮用水卫生标准》（GB 5749—2006）。很多缺水地区的受访者并不认为其所在城市缺水。62.77%的受访者认为自己所在城市水源的水质达到了Ⅰ类或Ⅱ类水质标准，绝大多数受访者（90.75%）期望所在城市水源水质达到Ⅰ类或Ⅱ类水质标准。

就提升自来水水质的支付意愿而言，本调查结果不存在明显的性别差异，是否安装了净水器对自来水水质支付意愿的提升也不存在统计上显著的差异。调查显示，居住条件较差、收入较低的居民支付意愿较低。通货膨胀使居民的实际收入下降，受访者更不希望供水的价格上升，而没有考虑到通货膨胀也会造成供水成本上升。通货膨胀可能会通过降低居民的实际收入而降低了居民的支付意愿。受访者认为当地的收入不平等程度越大，对改善饮用水水质的支付意愿则越低。这可能是因为收入差距越大，被剥夺感越强，从而降低了对水质改善的支付意愿。

除自来水以外的其他饮用水源的平均支出是自来水费支出的2倍还多，因此，受访者通过选择安装净水器，购买饮用桶装水、矿泉水和纯净水，用以改善饮用水水质，但支付了较高的成本。如果城市水务部门统一改善水质，如打造更清洁水源的引水工程、引入深度净水技术等，将拉动较大的规模经济，与一家一户改善水质的努力相比，单位成本将会低很多且效果也会好很多。水质的改善具有很强的外部性，水质提升有助于减少疾病发生，提升居民的身体健康水平，从而有可能降低居民和社会的医疗支出。调查还发现，绝大多数受访者认为当地水资源不存在短缺现象，甚至在水资源严重缺乏的地区也是如此。因此，需要当地部门广泛开展水资源保护和节约用水的宣传教育活动。

本研究也有一定的局限性。由于本研究的调查问卷通过“志愿汇”平台推送发布，故受访者都是“志愿汇”用户，所得的结论外推到其他群体的时候要谨慎。但是，因为“志愿汇”用户有7000多万，且大多是在网络上很活跃的群体，所以也能够代表很大一部分中国居民的看法。

参考文献：

[1] 郑新业，李芳华，李夕璐，等．水价提升是有效的政策工具吗？[J]．管理世界，2012（4）：47－59.

[2] ABELER J，NOSENZO D，RAYMOND C. Preferences for truth-telling [J]. Econometrica，2019，87（4）：1115－1153.

[3] CAI H，CHEN Y，GONG Q. Polluting Thy Neighbor：Unintended consequences of China's pollution reduction mandates [J]. Journal of environmental economics and management，2016，76：86－104.

[4] CAIRNCROSS S，FEACHEM R. Environmental health engineering in the tropics ：an introductory text [M]. Hoboken ：John Wiley & Sons，1990.

[5] CHEN Y J，LI L，XIAO Y. Early-life exposure to tap water and the development of cognitive skills [J]. Journal of human resources，2020，R3：917－931.

[6] CHEN Z，KAHN M S，LIU Y，et al . The Consequences of spatially differentiated water pollution regulation in China [J]. Journal of environmental economics and management，2018，88：468－485.

[7] EBENSTEIN A. The Consequences of Industrialization：evidence from water pollution and digestive cancers in China [J]. The Review of economics and statistics，2012，94（1）：20－27.

[8] GALIANI S，GERTLER P，SCHARGRODSKY E. Water for life：the impact of the privatization of water services on child mortality [J]. Journal of political economy，2005，113（1）：83－120.

[9] HE G，PERTLER M. Surface water quality and infant mortality in china. [J]. Economic development and cultural change，2016，65（1）：119－139.

[10] HE G，WANG S，ZHANG B. Watering down environmental regulation in China [J]. The quarterly journal of economics，2020，135（4）：2135－2185.

[11] JIN J，WANG W，FAN Y，et al. Measuring the willingness to pay for drinking water quality improvements：results of a contingent valuation survey in songzi China [J]. Journal of water & health，2016，14（3）：504－512

[12] LIPPMAN M. Environmental toxicants: human exposures and their health effects [M]. Hoboken: John Wiley & Sons, 2009.

[13] MARA D D, FEACHEM R G A. Water and excreta related diseases: unitary environmental classification [J]. Journal of environment engineering, 1999, 125 (4): 25-29.

[14] ZHANG J. The impact of water quality on health: evidence from the drinking water infrastructure program in rural China [J]. Journal of health economics, 2012, 31 (1): 122-132.

[15] ZHANG J, XU L C. The Long-run effects of treated water on education: the rural drinking water program in China [J]. Journal of development economics, 2016, 122: 1-15.

粤港澳大湾区绿色债券助推产业转型的实践探索

傅京燕　刘玉丽　钟　艺[①]

摘　要：粤港澳大湾区（简称“大湾区”）生态环境问题亟待解决，产业绿色转型需要大量社会资本支持，发行绿色债券能有效缓解企业绿色转型升级过程中的融资难题。《粤港澳大湾区发展规划纲要》提出，重点发展绿色金融。近年来粤港澳大湾区绿色债券发行量持续上涨，绿色金融标准也逐步发展，同时香港市场也为绿色债券发行商带来便利，大湾区具备发行绿色债券的政策和市场基础，但大湾区在交易所信息披露（无专设绿色债券板块）、绿色债券标准不统一、募集投向较为集中、绿色债券指数起步晚等方面还需改善。本文针对以上问题，提出以绿色债券助力推动粤港澳大湾区产业转型的思路：构建粤港澳大湾区经济合作机制，提高信息披露力度，构建统一的绿色标准，鼓励更具针对性的产业投向，丰富绿色金融产品，从而实现产业与金融有效对接。

关键词：绿色金融；绿色债券；粤港澳大湾区

一、引言

改革开放以来，中国经济在取得高速增长的同时，正面临着人口红利优势丧失、经济下行与环境压力加大等因素制约。绿色发展与高质量发展已成为新时代中国经济发展的主题。绿色债券作为“绿色发展”的重要组成部分，是一种相对较新的固定收益类别，在定价和评级方面与传统公司债券和政府债券相似，其特点是专项用于低碳项目、信用评级较高、本金收益有保障且市场投资主体广泛。2014 年 1 月，国际资本市场协会发布了《绿色债券原则》，以便

---

① 傅京燕：博士，暨南大学经济学院教授、博士研究生导师，暨南大学资源环境与可持续发展研究所所长。研究方向：开放条件下的环境问题。电子邮箱：fuan2@163.com。刘玉丽：暨南大学经济学院硕士研究生，现就职于前海开源基金管理有限公司。钟艺：暨南大学经济学院硕士研究生。

于投资者区分固定收益投资对替代投资的环境效益。鉴于全球转向气候适应性强的经济，以及2015年《巴黎气候协议》下的广泛国家参与，绿色债券市场有望通过吸引不同发行人而蓬勃发展。2016年是中国绿色金融迅速发展的一年，在政策、行业、国际合作等领域均取得了重大突破。绿色债券作为绿色金融落地的重要手段，不仅为绿色项目提供了长期资金，满足了企业的绿色金融需求，同时也成为满足投资者参与绿色金融发展、投身绿色金融建设的有效渠道。绿色债券市场正在为绿色发展、经济转型、产业升级、可持续发展注入强劲的绿色功能。

近几年来，美国、中国、法国一直是绿色债券发行额排名前三的国家，美国累计发行额达到2186亿美元，中国为1327亿美元，法国则为1233亿美元（见图1）。2020年开局，绿色债券增势强劲，但随后新冠肺炎疫情迅速影响了各国绿色债券的发行，2020年9月份后市场信心恢复，绿色债券成为缓解疫情造成的经济冲击和促进绿色复苏的重要工具，使第三季度绿色债券发行量创下新高。美国、德国、法国、中国是2020年绿色债券发行额排名前四的国家，发行额分别为521亿美元、418亿美元、370亿美元和224亿美元，其中，中国绿色债券市场表现明显受到了新冠肺炎疫情的影响。2020年，中国获得气候债券认证的债券比例也有所增加，截至当年10月总发行量累计达1500亿美元，占市场的15%。在募集资金投向上，新能源行业、建筑行业和交通行业仍是绿色债券募集资金投向最大的三大领域，资金规模合计占比85%。

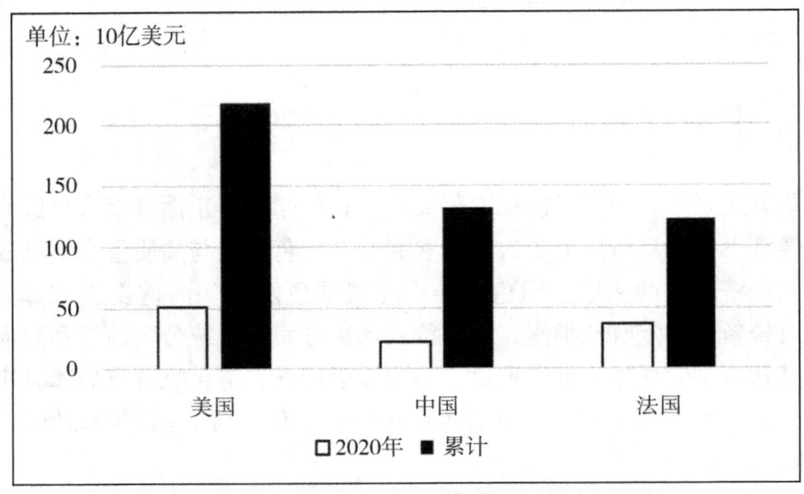

图1　近几年美国、中国、法国绿色债券总发行量

（数据来源：CBI）

学者和政策制定者们越来越认识到金融机构是推动可持续发展的关键的经济部门。2016 年的政府工作报告中提出，在深化金融体制改革的过程中要“大力发展普惠金融和绿色金融”。作为服务性行业，金融业产生的直接的环境或生态影响是非常有限的；但作为“国民经济的血脉”，金融业可以通过不同的金融工具和金融产品设计来影响和改变经济活动的发展方向。2019 年 2 月 18 日，中共中央、国务院印发《粤港澳大湾区发展规划纲要》（简称《纲要》），这是“一个国家、两个系统、三个区域”的创新合作。《纲要》明确提出，要大力发展特色金融业。目前，粤港澳三地产业结构存在显著差异，香港和澳门拥有高端且相对稳定的产业结构，而广东虽作为中国东南沿海的发达地区，拥有最高的国内生产总值，但仍面临着高能耗、高污染问题。大湾区面临着绿色转型升级的迫切压力和要求，绿色产业的培育需要资金支持。

由此可见，中国的绿色债券市场建设正处于起步阶段，需要相应的理论研究来指导具体的实践操作。宏观上看，从金融的角度研究绿色债券市场将进一步完善中国绿色金融相关问题的研究，从而有助于尽快建成更全面的绿色金融体系。微观上看，本文对绿色债券出现和发展过程的梳理将有助于加深金融市场参与者对这一新兴市场的了解，对国内外绿色债券的发行、债券市场的建立、开拓新的投资渠道、激活私人投资者的热情、提供新的高质量的投资机会等亦可以提供有益的借鉴。本文通过分析国内外绿色债券发行现状以及粤港澳大湾区经济环境，探究大湾区发展绿色债券助推产业绿色转型的路径方向。

二、粤港澳大湾区产业绿色转型迫在眉睫

目前，我国经济进入新常态，经济增速放缓，经济发展模式亟需寻找突破口，优化产业结构和发展绿色经济便是下一阶段的目标。因此，作为产业创新融资手段的“绿色金融”概念越来越受到广泛关注。早在 2007 年，绿色金融实践便在我国逐渐起步，我国相继出台了“绿色信贷”“绿色保险”“绿色证券”等政策。2016 年我国出台《关于构建绿色金融体系的指导意见》，标志着绿色金融体系建设迅速上升为国家战略，此后绿色金融与实体经济的结合明显提速。2016 年 9 月的 G20 峰会一致通过了由中国倡议、推动的《G20 绿色金融综合报告》，绿色金融作为典型议题也加入各国讨论当中，绿色金融在产业结构性改革中的重要性愈加明显。改革开放以来，我国的产业结构正不断实现从“一二三”到“二三一”，从“低级”到“高级”的模式转变，产业结构将迎来深度优化与调整的过渡期。目前，产业升级转型对金融服务的依赖性很强，高质量、低能耗发展需要大量的绿色投资。而绿色金融则可以同时聚集政

府、社会及公众资金弥补绿色项目的投融资需求，支持部分轻工业、重化工业的改造，引导资金逐步退出“两高一剩”企业，进而优化产业结构、促进节能减排。因此，广东省需要发展绿色金融，积极发挥资金配置的激励和引导作用，通过金融支持绿色产业的发展也就成为绿色金融未来必须支持的重要方面。大湾区绿色金融促进产业绿色转型的必要性主要归纳为以下三点。

（一）大湾区生态环境与资源利用问题日益突出

大湾区的迅速工业化，尤其是广东省的传统产业在过去快速扩大过程中采用的是粗放式发展模式，使生态环境面临种种困境：能源消耗过快，空气、土壤、水质污染，$PM_{2.5}$含量超标，等等。长期来说，环境问题给省内进一步发展带来沉重的自然资源压力，空气污染、水污染和土壤污染等问题始终是影响广东省经济发展的严峻问题，循环经济和可持续发展成为广东省乃至全国都需要重视的问题。绿色金融随生态文明发展的关注度持续升温，以其可持续发展和环保理念日益成为环境保护的有效对策。大湾区应积极把绿色理念纳入生态文明建设和产业转型战略中，在金融经营活动中注重考虑环境因素，借助于顶层制度安排，引导资金融入传统产业的绿色改造和新兴产业的绿色扩张中，以确保金融机构资金流的绿色性质，从而实现绿色发展中金融与实体经济的结合。

（二）大湾区绿色产业的转型面临融资难问题

大湾区虽然取得了瞩目的经济成就，但是产业结构不平衡正约束着经济的稳健增长。目前，地方政府都在寻求新的产业经济增长点，鼓励将“两高一剩”产业转型为绿色产业，挖掘更多潜在的绿色项目，以实现可持续发展。但是绿色项目首先面临的就是资金问题，以新能源汽车的发展为例，需要依托与之相适应的政策、资本、人力、技术等配套要素。由于大部分绿色项目都是长期项目，且其盈利性和风险性具有不确定性，因此，筹集经营资金应用于项目发展的过程较为困难。倘若能够借助金融机构的资金配置功能来加快促成产融结合，便是为大湾区绿色经济的发展添加了“催化剂”。

（三）产业转型是建设绿色大湾区的发展需要

综观《纲要》，绿色发展理念贯穿全文，顺应了我国生态文明建设的总体要求，也体现出粤港澳大湾区打造高质量发展典范的理念。其中，大湾区绿色金融发展成为亮点之一。《纲要》中明确提出在大湾区大力发展绿色金融，大湾区发展绿色金融顺应了国家发展战略，体现了经济与环保的共存，也能够加快大湾区的绿色建设，促其成为世界级绿色金融发展示范区。

总之，大湾区发展绿色金融从多方面呼应了环境资源优化和产业结构调整的发展要求。首先，在企业融资流向方面，在业务实践中，环保企业将借助其项目的绿色性质优先获得资金融通，绿色金融利用差异化的信贷政策遏制了高污染、高能耗产业的资金来源，“倒逼”传统污染严重产业进行绿色改革，优化产业结构、促进节能减排。其次，通过金融市场，即通过金融中介和金融工具实现社会总资本的有效循环，满足市场资金的需求方和供给方的投资需求。绿色金融系统的三大主要功能是：绿色资本配置、绿色资本供给及环境和社会风险管理。绿色资本配置是绿色金融系统的核心功能，绿色资本供给是绿色金融系统的基础功能，而环境和社会风险管理则是绿色金融系统区别于其他金融系统最突出的特点。基于以上三种功能的实现，绿色金融的作用如下：第一，社会资本被有效地引导到绿色金融领域；第二，融资效率提高，融资成本降低；第三，保费和惩罚性费用有助于将污染行为的负外部性成本转化为内部成本；第四，企业环境和社会风险意识有所提高；第五，环境相关事项的风险披露将更加有效；第六，环境监管日趋严格，从而逐渐改善和消除环境污染的负外部性影响。

三、大湾区绿色债券的市场现状

（一）大湾区绿色债券发行量持续上涨

从发行量来看，根据 Wind 数据统计，2020 年，我国境内及境内主体在境外共发行绿色债券 239 只，发行规模 2786.62 亿元，较 2019 年降低了 23.78%，但我国仍是全球第二大绿色债券发行市场。聚焦大湾区，2016—2019 年，广东省绿色债券发行总额快速增长，各年份发行总额分别为 15 亿元、93 亿元、166.13 亿元、411.46 亿元；这 4 年间，广东省绿色债券发行总额在全国占比也稳步提升，由 0.75% 增加到 14.40%。2020 年，广东省发行绿色债券总额为 222.5 亿元，占全国的 7.98%，规模仅次于北京。（见图 2）

（二）粤港澳大湾区绿色金融标准正在逐步发展

大湾区绿色金融标准有助于促进绿色债券的发行和流通，大湾区也不断探索和发展具有本地特色的绿色金融标准。2018 年 3 月，香港品质保证局（Hong Kong Quality Assurance Agency，HKQAA）正式启动“绿色金融认证计划”。该认证计划的制订主要参照国家发展改革委的绿色产业标准及多个国际机构的标准。绿色债券发行前及发行后均要求获得 HKQAA 签发认证的证书，经认证的绿色债券在 HKQAA 的绿色金融网上披露。绿色债券发行前的认证旨在审定申请者提出的“环境方法声明”于认证当日的充分程度，发行绿色债券后的认证用于确认香港品质保证局“环境方法声明”[①] 的实施进度和有效性。广州市聚焦本地产业特色，也出台了《绿色企业认定办法》和《绿色项目认定办法》，对相关认定标准进行了界定。

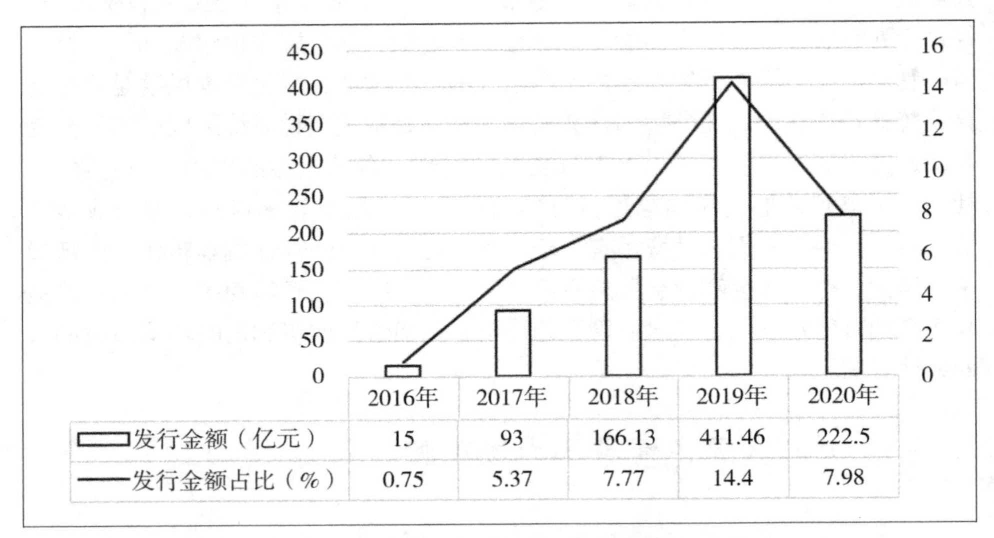

图 2　2016—2020 年广东省绿色债券发行总额及占全国比重

（数据来源：Wind 数据库）

（三）香港的绿色债券市场于 2018 年开始起飞

2017 年底，香港政府释放了一系列政策信号激励发行商发行绿色债券，以促进绿色金融发展，并于 2018 年初宣布发行主权绿色债券，总额为 1000 亿港元（128 亿美元），是世界最大型的主权绿色债券发行计划。除此之外，HKQAA 推出符合国际标准的绿色金融认证计划，这为境内外发行人和投资者建立了国际认可的绿色债券认证计划。从市场规模看，根据气候债券倡议组织（Climate Bonds Initiative，CBI）发布的《香港绿色债券市场简报 2020》，2020 年香港本土绿色债券发行者共发行 20.9 亿美元绿色债券，在香港安排发行的

① 绿色金融发行人按照香港品质保证局环境方法声明的要求，有能力作出对环境产生正面影响的声明，比如项目能减少碳排放、有利于环境保护等。

绿色债券总额达到107亿美元，募集资金主要投向低碳建筑与低碳交通。香港交易所在全球绿色债券交易平台中排名第五，香港交易所是最大的离岸绿色债券交易场所。大湾区注册发行人在香港的绿色债券发行总量逐年上升，但在2020年受新冠肺炎疫情影响，其规模有所缩减。总体来看，香港的绿色债券发行具有很强的国际性和市场性。

（四）发行商在香港发行绿色债券将受惠于较低的资金成本

香港是全球流动性最强的外汇市场之一，且香港的外币基准利率较内地低，因此，中资发行商在香港发行以外币计价的绿色债券可享受更优惠的条款，并且这些发行商的绿色债券供应恰好符合香港市场上大多数国际投资者对绿色债券日益增长的需求。此外，香港获认证的绿色债券在资金成本方面也享有较低的利率成本。2017年12月—2018年8月，HKQAA向8只绿色债券及贷款签发发行前认证，其中包括于2018年1月由太古地产发行的首批绿色债券。经绿色认证的债券会获得较低的票息率，太古地产10年期美元绿色债券的票息率为3.5%，比2016年发行的一只同类型传统债券低0.125%。为降低发行人融资成本，香港政府还额外向绿色债券发行人提供资助。绿色债券的外部评审费用通常会增加大约10000～100000美元的额外成本，为此，香港政府于2018年6月推出绿色债券资助计划，资助涵盖外部评审全部费用，上限为80万港元（按每只债券发行计），资助大大减低了绿色标签所涉及的额外费用。

四、大湾区绿色债券发展的特点

（一）大湾区除香港交易所外，无专设的绿色债券板块

自2015年以来，全球许多证券交易所都设立了绿色债券板块，以支持绿色金融投资。根据CBI的资料，2018年10月，全球有10家证券交易所已专设绿色债券板块用于呈列绿色债券及其披露的环境信息。上市绿色债券的披露要求并非都一样。例如，卢森堡和英国要求在绿色债券板块上市的企业必须经过外部评审，但卢森堡证券交易所亦要求绿色债券发行人必须经过独立的外部评审及事后汇报，英国的伦敦证券交易所则要求绿色债券发行商接受外部评审，而进行认证的机构须符合交易所有关指引列明的准则，并鼓励自愿性的事后汇报。市场重视环境信息披露有助于引入更多新的绿色概念投资者，而交易市场流动性提高，更增加了债券上市的好处。虽然大湾区的相关市场近年正不断扩

大，但欧洲多个交易所仍是绿色债券上市数目最多的市场。大湾区内的深圳证券交易所没有专设绿色债券板块来披露相关信息，一定程度上降低了市场透明度。

（二）大湾区发行绿色债券标准不统一

大湾区绿色金融标准主要包括《绿色债券原则》和《气候债券标准》等国际标准、中国人民银行和国家发展改革委的绿色金融标准、绿色产业标准，以及地方性的广州标准和香港地区标准（见表1）。由此可以看出，大湾区的绿色金融标准虽然在逐步发展，但在绿色金融合作方面缺乏统一标准。香港和澳门尚未明确颁布绿色金融的强制执行标准和规范，只有参考性指南文件，从而影响了市场参与者在绿色金融领域的合作。此外，就绿色债券的发行而言，绿色企业债、公司债和结构性融资工具的审批分属于国家发展改革委、证监会、中国人民银行等不同部门。不同品种的债券发行场所不同，且商业银行只能在银行间市场发行债券，这在很大程度上限制了交易所绿色债券市场规模的扩大，也不利于推动绿色债券指数和交易型开放式指数基金[①]（Exchange Traded Fund，ETF）产品的创新。

表1　粤港澳大湾区绿色债券的部分标准

发布时间	标准体系	发布机构	内容
2014年	《绿色债券原则》	国际资本市场协会	由10类绿色项目目录组成，涵盖可再生能源、能效提升、污染防治等
2015年	《气候债券标准》	气候债券倡议组织	CBS分为能源、建筑、工业等八大类。项目含3个子类别，即包含项目、非包含项目和待确定的项目
2015年	《绿色债券支持项目目录》	中国人民银行	将符合条件的项目分为六大类和31个子类别，包括节能、污染预防等
2018年	《绿色企业认定方法》和《绿色项目认定方法》	广州市绿色金融改革创新试验区	试验区绿色项目范围包括一级分类（9类）和二级分类（50类）

① 交易型开放式指数基金，代表一篮子股票的所有权，是指像股票一样在证券交易所交易的指数基金，其交易价格、基金份额净值走势与所跟踪的指数基本一致。

续上表

发布时间	标准体系	发布机构	内容
2019 年	《绿色产业指导目录（2019 年版）》	国家发展改革委	涵盖 6 大类，并细化出 30 个二级分类和 211 个三级分类，其中每一个三级分类均有详细的解释说明和界定条件
2020 年	《绿色债券支持项目目录（2020 年版）》	中国人民银行、国家发展改革委、中国证监会	囊括 6 大类，并对《绿色产业指导目录（2019 年版）》的三级分类进行了细化，增加为四级分类
2020 年	《广州市绿色金融改革创新试验区绿色企业与项目库管理实施细则》	广州市地方金融监督管理局	绿色企业认定涵盖 4 个一级指标，16 个二级指标；绿色项目认定涵盖 9 个一级类别，69 个二级类别

（资料来源：作者根据相关材料整理）

（三）大湾区募集绿色债券主要用于推动能源与低碳交通发展

无论是国际还是国内，绿色金融资金的募集投向很大一部分是在能源与低碳交通方面，受益于中国在清洁能源和轨道交通领域的大力度政策及资金支持，绿色金融在清洁能源领域的投资可能继续增加。2020 年，在中国境内绿色债券募集的 1961. 50 亿元资金中，有 1647. 76 亿元投向绿色产业，占比超过 80%，其中 628. 76 亿元用于清洁交通项目，占比达到 32%，357. 95 亿元用于清洁能源项目，占比为 18%（见图 3）。例如，广东省电力开发公司在 2020 年 11 月发行绿色中期票据，募集资金 3 亿元专项用于广东粤电织篢农场三期光伏复合项目建设。

对于大湾区，根据 CBI 的统计，截至 2020 年，低碳建筑的募集投向比例最大，其次是低碳交通、清洁能源等，低碳建筑和低碳交通成为大湾区主要的绿色金融模式。根据 CBI 发布的《香港绿色债券市场简报 2020》显示，2020 年香港市场的绿色债券募集投向也主要应用于低碳建筑，投向比例高达 35. 74%，其次是低碳交通（26. 33%）、废弃物（18. 92%）、清洁能源（9. 21%）及水（9. 20%）（见图 4）。例如，香港朗诗地产于 2020 年初发行 2 亿美元绿色债券即用于低碳建筑领域。2018 年，广州地铁获批发行 300 亿元绿色企业债，主要用于轨道交通工程建设，小部分用于补充流动资金。2020

年1月，广州地铁发行了2020年第一期绿色债券，发行规模为20亿元，其中12亿元拟用于轨道交通工程项目建设，8亿元拟用于补充流动资金。

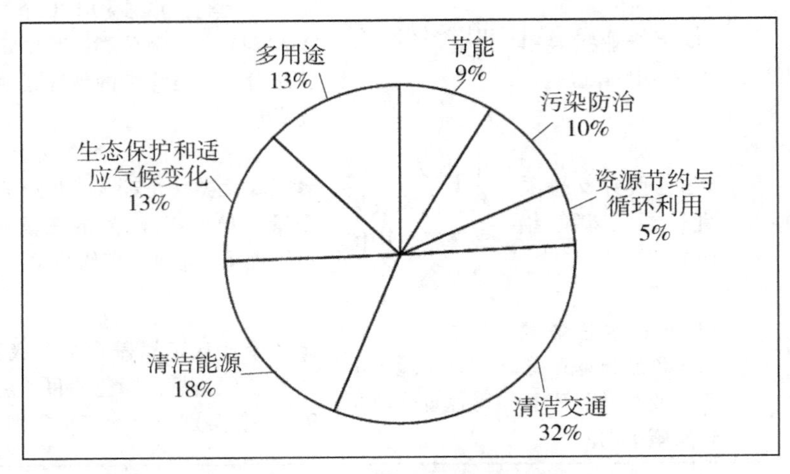

图3　2020年中国绿色债券募集资金投向

（数据来源：IIGF）

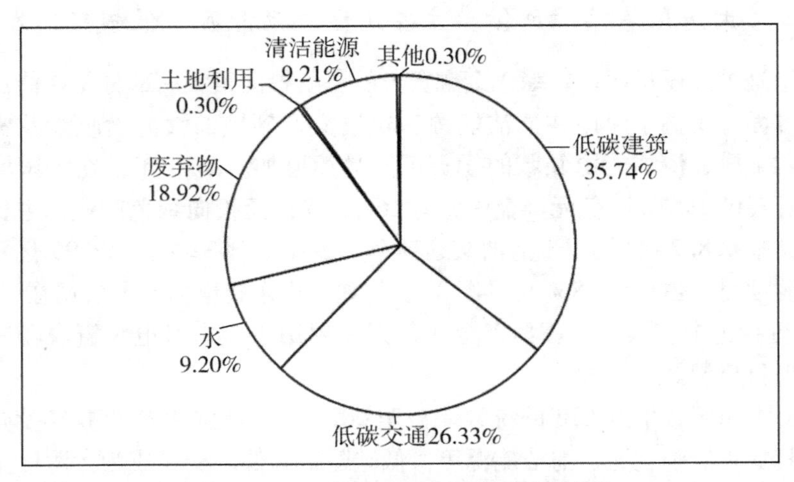

图4　2020年香港绿债市场募集资金投向

（数据来源：《香港绿色债券市场简报2020》）

（四）大湾区绿色债券指数发展起步较晚

绿色债券指数是针对绿色债券投资者的需求而推出的。目前，国际市场上有4个比较有影响力的绿色债券指数，即Solactive绿色债券指数、标普道琼斯绿色债券指数、巴克莱－明晟绿色债券指数和美银美林绿色债券指数。这4个绿色债券指数均在2014年被推出。Solactive绿色债券指数和标普道琼斯绿色债券指数的样本债券要求为被CBI认定的绿色债券，巴克莱－明晟绿色债券指数的样本债券要求满足明晟（Movgan Stanley Capital International，MSCI）评估的环境标准，美银美林绿色债券指数的样本债券要求资金必须明确用于气候环境改善。相较于国际市场，我国绿色债券指数起步较晚，自2016年开始，基于我国市场的绿色债券指数相继推出。我国目前有10个绿色债券指数系列，发布时间集中在2016—2017年，2018年年化收益率最高的是中债－中国气候相关债券指数，可达到9.35%，最低的是中债－兴业绿色债券指数，为7.47%。

然而，目前没有ETF可追踪这些绿色债券指数。香港拥有向国际投资者提供绿色债券ETF的优势，香港市场可推动其发展，以跟踪这些内地绿色债券指数，从而增加内地绿色债券的流动性。ETF发行商可通过债券流通进入中国银行间债券市场及透过人民币合格境外机构投资者（RMB qualified foreign institutional investor，RQFII）及合格的境外机构投资者（qualified foreign institutional investor，QFII）进入内地的交易所债券市场来管理其标的绿色债券资产，从而有助于推动发展绿色债券的ETF产品。

五、以绿色债券助力推动粤港澳大湾区产业转型的思路

（一）构建粤港澳大湾区经济合作机制，提高资本配置效率

粤港澳大湾区的绿色项目及绿色基础设施的建设需要广泛的资本需求，因此，应进一步增强粤港澳大湾区的空间合作，良性的资本形成机制可促进绿色金融更好地服务于产业绿色转型。湾区内部产业体系完整，制造业发展势态良好，除此之外，还有以深圳为核心的高科技产业集群，在香港和澳门设有2个先进的服务业中心，各城市之间取长补短，有利于培育世界级竞争力创新中心。同时，可借助香港平台创新湾区离岸人民币业务，内地和港澳地区通过加强湾区与“一带一路”沿线地区绿色金融和绿色投资的战略合作，探索建立跨境绿色金融资产交易平台，开拓绿色债券等绿色金融产品的发行和转让交易，有助于拓展湾区绿色金融市场双向开放、互联互通的新格局。

（二）大湾区交易所专设绿色债券板块，提高信息披露程度

湾区的深圳证券交易所可考虑专设附有专属环境披露要求的绿色债券板块，来进一步支持绿色债券发展。信息披露可以有效解决投资者与融资者双方信息不对称问题，及时地进行详细信息披露，有利于降低发行债券的成本。而专设绿色债券板块可作为双向信息平台，提供香港地区及内地绿色债券的全面清单，包括每项绿色债券的环境信息披露以及外部评审和事后报告。2020 年，中国人民银行总行发布《金融机构环境信息披露指南》，对环境信息披露形式和内容进行了细化，并在国家绿色金融改革创新试验区进行试点。商业银行和资产管理机构应定期整理核实绿色投资数据，进一步提高相关基础数据质量，督促被投资企业持续提升相关基础数据的披露范围、准确度及可信度。

（三）规范大湾区绿色标准，吸引全球发行商

目前，统一和公认的绿色标准无疑是湾区绿色金融发展的基石之一。当前粤、港、澳在湾区绿色金融合作中并未制定统一且受多方认可的标准，各方标准存在着差异与侧重点，增大了沟通与管理的障碍，加大了合作的不确定性，从而减缓了合作的推进，这也对整个市场在判断什么是绿色项目、如何识别绿色债券和未来其他监管机构如何监管造成困惑。今后，应努力促进粤、港、澳地区金融机构、评估认证机构和政府部门的参与，加快建立互认互通的绿色金融产品服务、绿色项目认定、绿色信用评级、绿色金融统计等标准体系，吸引全球更多发行商在湾区发行绿色债券，扩大湾区绿色债券规模和国际影响力。

（四）根据大湾区的发展阶段和生态修复需求，鼓励针对性的产业投向

在大湾区，产业修复比创建更为重要。与珠三角在 20 世纪 90 年代初的粗放型发展模式相比，现阶段对湾区的发展提出了更高的产业生态要求。考虑到珠三角作为最早开放的地区，承接了很多现在看来是“三高”的污染产业，所以与其他地区相比，其产业修复的压力很大，特别是流域和土壤污染以及土地的粗放使用所需要的城市修复、更新将会更加迫切，所需投入的资金需求需要绿色金融的制度创新以提高有效供给。因此，在绿色交通领域，可以把未来的收入作为收益抵押发行绿色债券以发展城市轨道交通；在绿色建筑领域，可以通过提高容积率和低息贷款来降低开发商的成本；在绿色制造领域，可以通过绿色产业收入和绿色供应链发行绿色债券进行转型升级；在绿色基础设施领域，包括污水处理和“棕色地块”的整治和修复，可以通过财政补贴和 PPP

模式进行融资，从而建立湾区在环境治理、“三旧”改造和基础设施建设等方面多维度、多层面、高质量发展所需要的可持续融资模式。

（五）增加绿色金融产品，实现产业与金融的有效对接

未来可探索设立湾区绿色基金，大力推进绿色债券的发行及湾区环境权益交易市场的建设，如碳排放权、林业碳汇等环境权益交易市场的建设。建议加快推进银行间市场与交易所市场的互联互通，允许商业银行在交易所市场发行绿色债券，提高整个绿色债券市场的运行效率。加强信息共享对接平台建设，建立湾区绿色产业、企业、项目信息库，使产业融合更高效对接。此外，根据项目信息库对绿色项目的“深浅”给予不同程度的贷款贴息，如可分为15%、10%和5%的不同等级。同时，对落后产能项目也可根据不同等级降低不同的贴息，从而淘汰落后产能，推动实现产业更新和迭代。

参考文献：

[1] 巴曙松，丛钰佳，朱伟豪．绿色债券理论与中国市场发展分析[J]. 杭州师范大学学报（社会科学版），2019，41（1）：91－106.

[2] 鲁政委，汤维祺．发展绿色债券正当其时[J]. 清华金融评论，2016（5）：79－82.

[3] 崔创雄．我国绿色债券市场发展现状与问题研究[J]. 金融经济，2018（2）：31－32.

[4] 马中，周月秋，王文．中国绿色金融报告2017[M]. 北京：中国金融出版社，2018.

[5] 傅京燕，刘映萍．绿色金融促进粤港澳大湾区经济高质量发展的机制分析[J]. 环境保护，2019，47（24）：36－38.

[6] 马骏．中国绿色金融的发展与前景[J]. 经济社会体制比较，2016（6）：25－32.

[7] 史英哲，王遥．绿色债券[M]. 北京：中国金融出版社，2018.

[8] 万志宏，曾刚．国际绿色债券市场：现状、经验与启示[J]. 金融论坛，2016，21（2）：39－45.